...dnose sevengill shark/Bramble shark/Prickly shark/Roughskin spurdog/Australian mandarin spurdog/Longnose spurdog/Bighead spurdog/Greeneye spurdog/Fatspine spurdog/Cuban dogfish/Indonesian shortsnout spurdog/Japanese spurdog/Seychelles spurdog/Shortnose spurdog/Blacktail spurdog/Cyrano spurdog/Kermadec spiny dogfish/North Pacific spiny dogfish/Needle dogfish/Dwarf gulper shark/Western gulper shark/Taiwan gulper shark/Seychelles gulper shark/Leafscale gulper shark/Mosaic gulper shark/Birdbeak dogfish/Arrowhead dogfish/Longsnout dogfish/Hooktooth dogfish/Highfin dogfish/Black lanternshark/Blurred smooth lanternshark/Shorttail lanternshark/Dense lanternshark/Cylindrical lanternshark/Blackmouth lanternshark/Pygmy lanternshark/Broadband lanternshark/Southern lanternshark/Slendertail lanternshark/Dwarf lanternshark/Caribbean lanternshark/Great lanternshark/Fringefin lanternshark/Thorny lanternshark/Velvet belly lanternshark/Splendid lanternshark/Black dogfish/Portugese dogfish/Roughskin dogfish/Longnose velvet dogfish/Largespine velvet dogfish/Knifetooth dogfish/Southern sleeper shark/Frog shark/Greenland shark/Pacific sleeper shark/Angular roughshark/Japanese roughshark/Sailfin roughshark/Kitefin shark/Taillight shark/Largetooth cookie-cutter shark/Pocket shark/Smalleye pygmy shark/Spined pygmy shark/Sixgill sawshark/Bahamas sawshark/Sawback angelshark/African angelshark/East Australian angelshark/Sand devil/Taiwan angelshark/Hidden angelshark/Japanese angelshark/Indonesian angelshark/Angular angelshark/Angelshark/Ornate angelshark/Ocellated angelshark/Horn shark/Port Jackson shark/Galapagos bullhead shark/Whitespotted bullshark/Zebra bullhead shark/Arabian carpetshark/Longtail carpetshark/Rusty carpetshark/Ginger carpetshark/Necklace carpetshark/West Australian wobbegong/Japanese wobbegong/Indonesian wobbegong/Spotted wobbegong/Northern wobbegong/Cobbler wobbegong/Arabian carpetshark/Burmese bambooshark/Gray bambooshark/Banded bambooshark/Indonesian speckled carpetshark/Papuan epaulette shark/Epaulette shark/Zebra shark/Whale shark/Sandtiger shark/Smalltooth sandtiger shark/Bigeye sandtiger shark/Crocodile shark/Basking shark/Great white shark/Shortfin mako/Longfin mako/Salmon shark/Porbeagle shark/Brown catshark/Bighead catshark/Hoary catshark/Flaccid catshark/Stout catshark/Humpback catshark/Japanese catshark/Longnose catshark/Iceland catshark/Lollipop catshark/Harlequin catshark/Largenose catshark/Smallfin catshark/Fat catshark/Sparsespot catshark/Deepwater catshark/Panama ghost catshark/Grey spotted catshark/Blotched catshark/Starry catshark/West African catshark/Variegated catshark/Gulf catshark/Tail catshark/Banded sand catshark/Australian marbled catshark/Dusky catshark/Broadhead catshark/New zealand catshark/Bristly catshark/Spotless catshark/Reticulate swellshark/Australian reticulate swellshark/Whitefin swellshark/Australian swellshark/Flagtail swellshark/Indian swellshark/Draughtboard shark/Stephen's swellshark/Balloon shark/Australian sawtail catshark/North Australian sawtail catshark/Antilles catshark/Roughtail catshark/Longnose sawtail catshark/Blackmouth catshark/Atlantic sawtail catshark/Mouse catshark/Dwarf sawtail catshark/Springer's sawtail catshark/Blotched catshark/Nagasaki catshark/Brown speckled catshark/Puffadder shyshark/Leopard catshark/Dark shyshark/Crying izak/Short-tail catshark/Campeche catshark/Velvet catshark/New Zealand filetail catshark/Blackgill catshark/Narrowmouth catshark/Redspotted catshark/Narrowtail catshark/Lizard catshark/Slender African catshark/Comoro catshark/Brownspotted catshark/Freckled catshark/Whitesaddled catshark/Harlequin catshark/Cuban ribbontail catshark/Pygmy ribbontail catshark/African ribbontail catshark/Barbeled houndshark/Whiskery shark/Tope shark/Sailback houndshark/Deepwater sicklefin houndshark/Whitefin topeshark/Blacktip topeshark/Longnose houndshark/Bigeye houndshark/Common smoothhound/Spotless smoothhound/Brown smoothhound/Smalleye smoothhound/Spotted estuary smoothhound/Speckled smoothhound/Venezuelan dwarf smoothhound/Arabian smoothhound/Grey gummy shark/Narrownose smoothhound/Gulf of Mexico smoothhound/Whitefin smoothhound/Flapnose houndshark/Sharpfin houndshark/Spotted houndshark/Spotted weasel shark/Snaggletooth shark/Whitetip weasel shark/Atlantic weasel shark/Slender weasel shark/Grey reef shark/Pigeye shark/Borneo shark/Bronze whaler/Spinner shark/Nervous shark/Pacific smalltooth shark/Smoothtooth blacktip shark/Bull shark/Blacktip shark/Oceanic whitetip shark/Hardnose shark/Blackspot shark/Night shark/Spottail shark/Australian blacktip shark/Tiger shark/Borneo river shark/Pondicherry shark/Whitecheek shark/Dusky shark/Sandbar shark/Smalltail shark/Blacknose shark/Broadfin shark/Borneo broadfin shark/Silkeye shark/Whitenose shark/Sharptooth shark/Gray sharpnose shark/Caribbean sharpnose shark/Australian sharpnose shark/Atlantic sharpnose shark/Scalloped hammerhead/Scoophead shark/Great hammerhead/Bonnethead shark/Smalleye...

SHARKS
サメ —海の王者たち—
改訂版

仲谷 一宏
Kazuhiro Nakaya

ブックマン社

はじめに

本書の初版が出版されたのは２０１１年のことである。以降もサメに関する新たな情報が次々に発信され、初版から５年が経って改訂版の必要性を感じていたところだった。本改訂版では、サメの高位分類体系を改め、新しい生物情報を取り込んで書き改め、最新のサメ被害目録に基づき、シャークアタックに関する内容を充実させた。また、初版以来多くの変更がなされた世界のサメ全種の新たな分類表を作成した。

私が魚に興味を感じたのは、確か小学校低学年の時だった。私の育った千葉県野田市の郊外には沼や川が沢山あり、父はよく釣りに連れて行ってくれた。父の得意だったのはヘラブナ釣り。小さかった私も父のとなりに座り、一人前の顔をして細長い浮きを見つめ、大きなヘラブナが釣れるのを心待ちしたものだった。付近の小川では、フナやメダカが澄んだ水の中を泳いでいた。ある時、父が大きなヘラブナを釣り上げた。無重力の水中世界から引き抜かれ、草の上に横になったフナは驚いたような目つきで、口をパクパクさせていた。その後、何年も経ってから大学受験を迎え、大学で勉強したいことを考えた。その時、突然頭に浮かんできたのが、父が釣ったヘラブナの目だった。今になって考えてみると、あの時フナの目に一目惚れしていたのだろう。北海道の大学に入学し、魚の勉強を始めたが、これで私の人生が半分決まってしまった。４年生になると卒業論文のテーマが与えられる。そこで私に回ってきたのがサメだった。同期の女性がサメを勉強したいと言い、指導教官が、では君もサメをやりなさいと言った。これで私の人生が決まり、サメの研究を続けてもう５０年にもなった。

本書は、そんな５０年の間に、国内外の研究者や学生たちと、共に学び、研究し、蓄積してきたサメに関する知識をまとめたものである。

多くの人々がサメに興味を感じている。サメの本をインターネット検索してみると実に多くの著書が引っかかってくる。しかし、その大部分の著者は魚類やサメの専門家ではなく、その本には誤った情報や誇張された情報が含まれていることもある。また、専門家の書いた出版物は難しすぎたり、一般

の読者には理解しにくいものが多い。そのような反省から、アマチュアから専門家、子供から大人までが理解でき、正しい情報を盛り込んだサメ学の"専門"書を作ることを考えた。それが本書である。

　第1章では、世界各地の海に生息しているサメ類全属（１０５属）を写真（一部イラスト）で紹介し、サメの世界の多様性を概説した。第2章ではサメ類の基本的な形態や生理の特徴を解説し、第3章から第6章では、サメ類の生活、つまり摂餌、遊泳、生殖の方法や分布について詳説した。最後の7章は、多くの方が関心を抱いているシャークアタックの現状や対策である。
　近年では国内の水族館でも世界中のサメが飼育展示され、簡単に見ることができるようになった。水族館では、海外のサメを展示する場合に解説文に英語名をそのまま表記したり、和訳した名称を使うなどの混乱も見られる。したがって、本書ではサメ全属に適切な新和名を提唱し、日本に関連深い種などには新和名を与え、和名の整理も行った。また、巻末には２０１６年３月時点での世界の現生サメ類全種をとりまとめ、分類リストを付けておいた。

　執筆するにあたっては、小学生から大人まで多くの方々を読者として想定して、文章は正確さを損なわない範囲で易しい表現をし、難しい単語には読みがなをふり、可能な限り多くの写真や図を採用した。理解を助けるためにイラストによる解説図なども作成した。

　私の思いが改めて読者の皆さんに伝われば幸いである。

２０１６年５月

仲谷　一宏

CONTENTS

はじめに　　　　　　　　　　　　　2

序章・サメの形

1) 体の形　　　　　　　　　　　　8
2) 各部の形　　　　　　　　　　　10
   2-1) 頭　2-2) 口　2-3) 眼　2-4) 鼻孔　2-5) 噴水孔　2-6) 鰓孔　2-7) 鰭　2-8) 鱗　2-9) 歯
3) 体色・模様　　　　　　　　　　14

第1章・サメの図鑑

1) サメを調べる　　　　　　　　　16
2) サメたちの顔ぶれ　　　　　　　17
   2-1) カグラザメ目　2-2) キクザメ目　2-3) ツノザメ目　2-4) ノコギリザメ目　2-5) カスザメ目
   2-6) ネコザメ目　2-7) テンジクザメ目　2-8) ネズミザメ目　2-9) メジロザメ目

第2章・サメの特徴

1) サメの解剖学　　　　　　　　　58
   1-1) 骨格　1-2) 筋肉　1-3) 消化器　1-4) 生殖器　1-5) 脳・神経
2) サメの知覚　　　　　　　　　　61
   2-1) 嗅覚　2-2) 視覚　2-3) 聴覚　2-4) 側線感覚　2-5) 電気受容感覚　2-6) 味覚
3) サメの生理学　　　　　　　　　65
   3-1) 血液循環・呼吸　3-2) 排泄・浸透調節　3-3) 内分泌

第3章・サメの摂餌

1) サメの食事方法　　　　　　　　68
   1-1) ジョーズはサメの顎　1-2) なぜ口が下にある？　1-3) 歯の形
   1-4) 歯の交換システム　1-5) 歯の役割と餌の食べ方
2) 特徴的なサメ　　　　　　　　　78
   2-1) ツイストダンサー　ダルマザメ
   2-2) 剣の達人　オナガザメ
   2-3) 一網打尽の風船大作戦　メガマウスザメ

第4章・サメの遊泳

1) 遊泳方法の進化　　　　　　　　　　96
1-1) 大昔の祖先たち　1-2) クラドドント類　1-3) ヒボドント類　1-4) 新生板鰓類

2) 体形と遊泳　　　　　　　　　　　　98
2-1) 体を軽くする　2-2) 抵抗を減らす　2-3) 鱗の力

3) サメの泳ぎ方　　　　　　　　　　　100
3-1) サメの生活のタイプ分け

4) 鰭の役割　　　　　　　　　　　　　102
4-1) 尾鰭　4-2) 胸鰭　4-3) 腹鰭　4-4) 背鰭・臀鰭

5) 特徴的なサメ　　　　　　　　　　　112
5-1) 海の飛ばし屋　アオザメ

5-2) 外洋のグライダー　ヨゴレ

5-3) 頭でカジをとる　アカシュモクザメ

5-4) 海底散歩がお得意　マモンツキテンジクザメ

5-5) 背鰭は1つ、鰓孔は7つ　エビスザメ

5-6) 背鰭がなくなる？　オオテンジクザメ

5-7) 臀鰭がなくてもスイスイ泳ぐ　ユメザメ

第5章・サメの生殖

1) サメの生殖方法　　　　　　　　　　120
1-1) 軟骨魚類の生殖法　1-2) 軟骨魚類の単為生殖　1-3) サメ類の生殖法

1-4) サメ類の生殖方法の進化　1-5) おちんちんは2つ

2) 特徴的なサメ　　　　　　　　　　　136
2-1) 太っ腹母さん　ホホジロザメ

2-2) スーパー・ママゴン　ジンベエザメ

2-3) あなたはオトコ？　テングヘラザメ

2-4) 父なき子　ウチワシュモクザメ

第6章・サメの分布

1) 水温による分布　　　　　　　　　148

　1-1) 目グループの分布

　1-2) 各水温帯のサメ

　熱帯・亜熱帯海域　浅い所も何のその ツマグロ／温帯・寒帯海域　冬眠もする？ ウバザメ／

　寒帯海域　冷たい海の重要種 アブラツノザメ／極海　氷海の巨大ザメ オンデンザメ

2) 水深による分布　　　　　　　　　154

　2-1) 目グループの分布

　2-2) 各水深帯のサメ

　沿岸　手出しをするな ネムリブカ／大陸棚上部底　トレードマークは白い星 ホシザメ／

　大陸棚下部底　まるで風船 ナヌカザメ／大陸斜面上部底　ノコギリ尾鰭は懐刀 ニホンヤモリザメ／

　大陸斜面下部底　ヒフはほとんどおろし金 モミジザメ／

　深海底　深海のレコードホールダー フトカラスザメ／

　沖合表層　ちょっと危ない クロヘリメジロザメ／外洋表層上部　海のジャイアント ジンベエザメ／

　外洋表層下部　もっとも小さいネズミザメ ミズワニ／外洋中深層　でっかい目玉が上を向く ハチワレ／

　外洋漸深層　外海の風来坊 オキコビトザメ

3) 海洋による分布　　　　　　　　　168

　3-1) 目グループの分布

　3-2) 各海洋（地域）のサメ

　全海洋　スマートな体で世界を泳ぐ ヨシキリザメ／南半球　超子だくさん オジロザメ／

　インド洋・太平洋　長いしっぽは叩くため ニタリ／

　インド洋・西部太平洋　長いしっぽは何のため？ トラフザメ／

　北太平洋　冷たい海はお手のもの ネズミザメ／東部太平洋　頭でっかち オタマトラザメ／

　大西洋・北極海　私の体には毒がある ニシオンデンザメ／

　新大陸周辺海域　お父さんはいらないわ ウチワシュモクザメ／日本近海　名前は恐いが根はやさしい トラザメ／

　南アフリカ海域　アフリカの美人ザメ ヒョウモントラザメ

4) 塩分濃度による分布

　淡水域　川も私の縄張りだ オオメジロザメ／汽水域　甘い水も何のその ドチザメ

第7章・サメの攻撃

1) シャークアタック　　　　　　　　**186**
　　1-1) サメの攻撃と人の攻撃　1-2) サメはどのくらい危険？　1-3) 増える事故

2) 世界のシャークアタック　　　　　**188**
　　2-1) 国際サメ被害目録　2-2) 世界の被害　2-3) アジアの被害
　　2-4) 被害の実態

3) 日本のシャークアタック　　　　　**192**
　　3-1) 恐怖の1992年

4) 危険なサメはどんなサメ？　　　　**198**
　　4-1) 世界の危険ザメ　4-2) 日本の危険ザメ　4-3) 危険なサメの見分け方

5) 危険なサメ　　　　　　　　　　　**202**
　　5-1) ホホジロザメ　5-2) オオメジロザメとメジロザメ属　5-3) イタチザメ　5-4) シロワニ

6) サメの攻撃パターンと知覚　　　　**208**
　　6-1) サメの攻撃パターン
　　6-2) サメの知覚メカニズム

7) サメに襲われないために　　　　　**210**
　　7-1) 事故を避けるための基本原則
　　7-2) サメが接近してきたら
　　7-3) サメに攻撃を受けたら
　　7-4) サメに咬まれたら

世界のサメリスト　　　　　　　　　**213**

和名索引　　　　　　　　　　　　　**234**

学名索引　　　　　　　　　　　　　**236**

用語索引　　　　　　　　　　　　　**238**

写真の借用先一覧　　　　　　　　　**239**

図の引用先一覧　　　　　　　　　　**241**

おもな参考文献と引用論文　　　　　**242**

謝辞　　　　　　　　　　　　　　　**245**

おわりに　　　　　　　　　　　　　**246**

序章・サメの形

1）体の形

サメの体は頭部、胴部、尾部、鰭の4部分に大きく分けられる。
各部には、細かな名称が与えられている。

サメの眼の名称

瞬皮
（眼の下の未発達のまぶたのこと）

瞬膜
（眼の内側から出る発達したまぶたのこと）

サメの口の名称

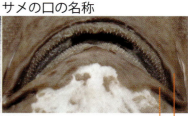

唇褶
（口の角にあるひだのこと）

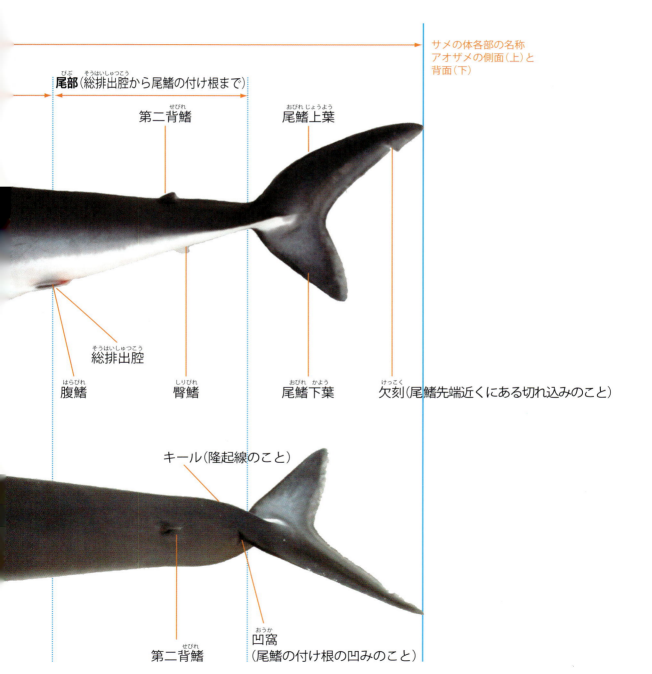

サメの体各部の名称
アオザメの側面（上）と背面（下）

尾部（総排出腔から尾鰭の付け根まで）
第二背鰭
尾鰭上葉
総排出腔
腹鰭
臀鰭
尾鰭下葉
欠刻（尾鰭先端近くにある切れ込みのこと）
キール（隆起線のこと）
第二背鰭
凹窩（尾鰭の付け根の凹みのこと）

2) 各部の形

2-1) 頭

頭部の最前端は吻部（眼より前の部分）で、吻の形は一般には紡錘形からやや扁平で、吻端は尖ったり、円い（右図 A,D）。シュモクザメ科では頭部の前半が大きく翼状に張り出し（右図 B）、ノコギリザメ目では吻部が前方に板状に伸びる（右図 C）。

A アオザメ
B アカシュモクザメ
C ノコギリザメ
D ニホンヘラザメ

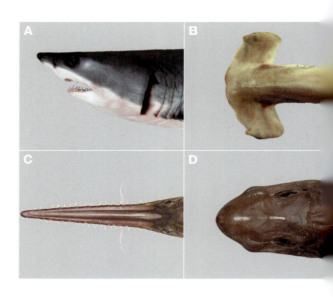

2-2) 口

口はふつう頭部の下側にあって、眼の下かやや後ろに位置するが（下図 A,B）、テンジクザメ目やネコザメ目では眼より前にある。またラブカ（下図 C）、カスザメ目、オオセ科、メガマウスザメ（下図 D）などでは口は頭部のほぼ前端にある。口の形や大きさは餌の種類や形により色々だ（下図 E, F）。

A ニホンヘラザメ　B ミズワニ　C ラブカ　D メガマウスザメ　E アブラツノザメの腹面　F アオザメの腹面

A ヒョウザメ
B ハチワレ
C ネコザメ
D アカシュモクザメ
E アオザメ

ヨシキリザメの瞬膜の動き（F から H へと瞬膜が上がる）

2-3) 眼

眼はよく発達している。眼の上下にはまぶたがあるが、ほとんど動かないために眼を閉じることができない。外側から見るとサメの眼は横長の楕円形が多いが（左図 A,C）、ネズミザメ目（左図 E）やメジロザメ科、シュモクザメ科（左図 D）の眼は円い。眼はふつう頭部の側面か背側面にあるが、カスザメ目やオオセ科では背面に位置する。ハチワレ（オナガザメ科）の眼は非常に大きく、頭部側面から背面に開いている（左図 B）。メジロザメ科やシュモクザメ科などには瞬膜とよばれる第二のまぶたが発達していて、この瞬膜をもち上げて眼を完全におおい、保護することができる（左図 F〜H）。ネズミザメ目には瞬膜がないが、眼を保護するために眼球を回転して裏返しにできる。

2-4) 鼻孔

　鼻孔は左右1対で、ふつう吻の下面にあるが（下図A,F）、カスザメ目（下図C）やシュモクザメ科（下図B）などでは頭の前縁にある。鼻孔の穴は1つしかないが、その外側は前向きになっていて、泳いでいると自然に水が入ってくる仕組みになっている（下図D,E）。この水は水圧で鼻の中を流れる。鼻孔の内側には鼻弁があり、その後側から鼻の中を回ってきた水が流れ出る。このようなサメでは、泳いでいるだけで、においを感じることができるのだ。一方、底生性のテンジクザメ目（下図F）、ネコザメ目、メジロザメ目の一部には鼻孔と口を連絡する溝（鼻口溝）がある。これらのサメ類はたまに泳ぐ以外は海底にジッと静止しているので、呼吸をするために口の開閉や口腔のポンプ作用を使って水をのみ込んでいる。その水の一部が鼻孔から入り、鼻の中を流れてから、鼻口溝を通って口の中に吸い出される。つまり彼らは呼吸をすると自然ににおいを感じるわけだ。テンジクザメ目、ヒゲツノザメなど一部のサメ類では、鼻弁の一部がヒゲ状に伸びている（下図F,G）。

A ニホンヤモリザメ
B ウチワシュモクザメ
C カスザメ
D フジクジラ（斜め前から）
E フジクジラ（真正面から）
F シロボシテンジク
G ヒゲツノザメ

2-5) 噴水孔（呼吸孔）

　噴水孔は眼の後ろや下に開いている小孔で、底生性サメ類に良く発達し、遊泳性サメ類では小さめか、痕跡的か、またはない。カスザメ目、ノコギリザメ目では大きく、ツノザメ目（右図B）、テンジクザメ目（右図C）では大小さまざまで、キクザメ目、ネコザメ目（右図D）では小さく、ネズミザメ目では非常に小さい。一方、メジロザメ目のサメは小さな噴水孔をもつのがふつうだが（右図A）、遊泳性のメジロザメ科（イタチザメ、ネムリブカなどを除く）やシュモクザメ科には噴水孔がない。噴水孔は底生性サメ類では呼吸のための水を取り込む重要な役割を果たしているが、そのほかの役割はよく分かっていない。

A ニホンヘラザメ　B フジクジラ　C イヌザメ　D ネコザメ

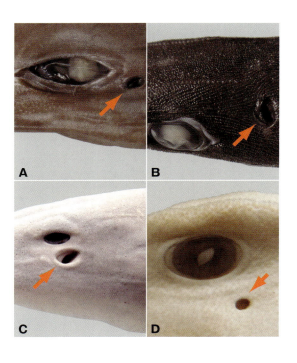

2-6) 鰓孔

　鰓孔は頭部の側面にあって、ふつうは 5 対あるが（下図 B～E）、カグラザメ目は 6～7 対（下図 A）ある。ただし、ノコギリザメ目の 1 属（ムツエラノコギリザメ属）だけには、なぜか 6 対ある。

最大の鰓をもつのはウバザメで、頭の腹側から背中まで達し、頭のまわりをほとんど 1 周するほどだ。鰓孔の位置はカグラザメ目（下図 A）、キクザメ目、ツノザメ目（下図 B）、カスザメ目などでは胸鰭の前、ネコザメ目（下図 E）、メジロザメ目などでは胸鰭の上側にある。

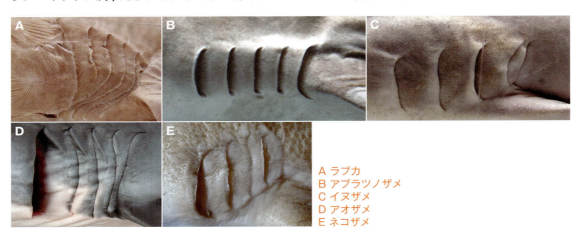

A ラブカ
B アブラツノザメ
C イヌザメ
D アオザメ
E ネコザメ

2-7) 鰭

　サメ類には 2 対の対鰭、つまり胸鰭と腹鰭、そして 3 つの正中鰭（体の正中線上にある鰭）、つまり背鰭、臀鰭、尾鰭がある（上図 A）。背鰭はふつう 2 つあるが、カグラザメ目には 1 つしかない（右図 B）。キクザメ目、ツノザメ目（右図 C）、ノコギリザメ目、カスザメ目には臀鰭がない。また、ネコザメ目（右図 D）、ツノザメ目の一部には背鰭に強い棘がある。鰭の役割は第 4 章（P.102）も参照。

A メガマウスザメ　B シロカグラ
C トガリツノザメ　D ネコザメ

2-8) 鱗

　サメ類の鱗は正式には楯鱗とよばれ、外側からエナメル質、象牙質と髄の3層でできている（右図A）。この構造は基本的にサメの歯と同じなので、サメ類の鱗を皮歯ということもある。楯鱗の形はサメの種類により違っている（下図B〜D）が、同じ個体でも体の場所で形が異なっている。背鰭の棘（下図E, F）、ノコギリザメの吻部の棘（下図G）は楯鱗が巨大化したものだ。鱗の役割は第4章（P.99）も参照。

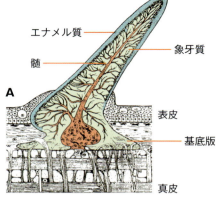

A 鱗の模式図　B テングヘラザメ　C タロウザメ
D トラフザメ　E ネコザメの第一背鰭棘
F カラスザメの第二背鰭棘　G ノコギリザメの吻棘

2-9) 歯

　歯は、楯鱗と同じように、エナメル質、象牙質、髄の3層からなり、さしずめ巨大化した楯鱗といっても良い（下図A）。

　サメの歯は顎骨の内側で次々に作られ、古くなった歯は抜け落ちてしまう。新しい歯がエスカレーターに乗っているように顎骨の内側から外側に回転し、古い歯は顎の端に追いやられて、ポロリと落ちてしまう（下図B）。古い歯が新しい歯に交換されるサイクルは2〜8日といわれているが、種類や年齢によって差があり、若い時は早い。

　歯の形や歯並びはサメの種類により色々で、歯を調べれば何を食べているかが、ある程度推測できる（下図C,D）。また歯の形は上顎歯と下顎歯、前歯と奥歯で異なり、雌雄によっても形が異なることもある。

　歯の役割は第3章（P.76）も参照。

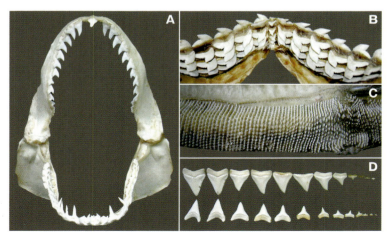

A ヨシキリザメの顎歯
B イタチザメの機能歯と内側に並んだ多くの補充歯
C ジンベエザメの下顎歯
　（プランクトンを食べる）
D ホホジロザメの左顎の上下顎歯
　（魚や哺乳類を食べる）

A アブラツノザメ B オンデンザメ C オオセ

3) 体色・模様

　サメ類の体色や模様は硬骨魚類と比べると比較的単純だ。ふつう浅海性のサメ類は背側が暗い色で、腹面が白っぽい。このようなサメは上から見ると背中側の色が暗い海底にとけ込み、下から見上げると腹側の白が海面の明るい色と同化して敵から見つかりにくくなる（上図 A）。カスザメ目、ネコザメ目、テンジクザメ目（上図 C）、メジロザメ目トラザメ科などの底生性サメ類には、生息場所に調和した色や形の斑紋があり、海底の景色にとけ込んでしまう。暗黒の世界にすんでいる深海性のサメ類では、体全体が黒っぽく、ほとんど模様はない（上図 B）。フジクジラなどは発光器をもち、暗い環境にうまく適応している。

　硬骨魚類は体色や模様を周囲の色や模様にあわせて簡単に変化させることができる。餌を食べたり、求愛したり、闘争する時にも短時間に体の色や模様を変えるが、サメ類はそのような器用なことができない。しかし、成長するにつれて体色や模様が大きく変化する種もいる。例えばトラフザメ（下図）は、幼魚のときは白地に黒い派手な帯状の斑紋をたくさんもっているが（下図 A）、成魚になると薄い帯状の斑紋や褐色点だけになる（下図 B）。

　サメの形や特徴をある程度分かってもらえたと思う。それでは、この地球上にはどんなサメがいるのか、次の章で見てみよう。

A トラフザメの幼魚 B 成魚

2-1）カグラザメ目 Hexanchiformes

鰓孔は 6〜7 対。背鰭は 1 基で、棘はない。臀鰭がある。2 科（ラブカ科、カグラザメ科）からなる。

ラブカ科 Chlamydoselachidae

体はウナギ型で細長い。口は大きく、体の最前端にある。鰓孔は 6 対。胸鰭以外の鰭は体の後半にある。両顎歯は先の開いたフォーク状。1 属からなる。

ラブカ *Chlamydoselachus anguineus*

鰓孔は 6 対で大きく、とくに第一鰓孔は頭の腹面で左右の鰓孔がつながっている。体色は一様な灰褐色や暗褐色。胎生で、妊娠期間は 2 年に及び、2〜15 尾の子を産む。最大で全長 2m になる。世界各地のおもに 50〜1,500m の大陸棚や大陸斜面にすむ。ラブカは長い間、世界で 1 属 1 種と考えられてきたが、2009 年に南アフリカ近海からもう 1 種が報告された。（ラブカ属，2 種）

カグラザメ科 Hexanchidae

体は円筒状、またはずんぐり型。口は大きく、頭部の下側にある。鰓孔は 6 または 7 対。下顎歯は櫛状。3 属からなる。

エドアブラザメ *Heptranchias perlo*

体は細長く、吻端は尖る。眼は大きい。口は頭部の下側にあり、口を下から見ると大きい逆V字形を呈する。鰓孔は 7 対で大きい。上顎歯は小さくフック状で、下顎歯は片側 5 枚の薄く幅広い櫛状歯と数個の小形の歯からなる。体色は一様な暗灰色で、腹面は色が淡い。おもに大陸棚上から 1,000m ほどの大陸斜面の深海にすむが、時に浅い所にも来る。胎生で 20 尾程度の子を産む。最大で全長 1.5m ほどになる。ほとんど全世界に分布するが、北東太平洋域からは知られていない。（エドアブラザメ属，1 種）

シロカグラ *Hexanchus nakamurai*

体は細長い。吻端は短くて、やや尖る。眼は大きい。口は頭部の下側にあり、逆V字状で、幅は長さの1.5倍以下。鰓孔は6対で大きい。上顎歯は小さく、数尖頭からなるフック状で、下顎歯は片側5枚の薄く幅広い櫛状歯と数個の小形の歯からなる。体色は一様な灰色で、腹面は白い。水深100～700mの大陸棚や大陸斜面の底近くにすむ。胎生で13～26尾の子を産む。最大で全長2mほどになる。北西太平洋、メキシコ湾、カリブ海、西部インド洋などに分布する。（カグラザメ属，2種）

エビスザメ *Notorynchus cepedianus*

体は太い。吻は短くて、吻端は円い。口は頭部の下側にあり幅広い。鰓孔は7対で大きい。上顎歯は小さく、数尖頭からなるフック状で、下顎歯は片側6枚の薄く幅広い櫛状歯と数個の小形の歯からなる。体色は地色が暗色で、多くの暗色点や暗色斑紋がある。水深50～600mの大陸棚や大陸斜面にすむ。胎生で、妊娠期間は1年、67～104尾の子供を産む。最大で全長4mになる。北大西洋を除く世界の亜熱帯から温帯域に分布する。（エビスザメ属，1種）

2-2) キクザメ目 Echinorhiniformes

体は太い。鰓孔は5対。背鰭は2基で、棘がない。第一背鰭は腹鰭の上にある。1科（キクザメ科）からなる。

キクザメ科 Echinorhinidae

目の特徴と同じ。1属からなる。

コギクザメ *Echinorhinus cookei*

吻は短く、吻端は円い。第一背鰭と第二背鰭はほぼ同形同大。腹鰭は大きく、体の後方にあり、第一背鰭とほぼ対在する。鱗は小さくて数が多く、規則的に並ぶ。体色は灰褐色や黒褐色で、赤や黒の斑点があることがある。浅海から水深1,000mを超える大陸棚や大陸斜面の海底付近にすむ。胎生で、100尾以上の子を産む。最大で全長4.5mになる。太平洋とその縁海に分布する。（キクザメ属，2種）

2-3）ツノザメ目 Squaliformes

鰓孔は5対。背鰭は2基で、棘があるもの、ないものがある。第一背鰭は腹鰭より前にある。臀鰭はない。
6科（ツノザメ科、アイザメ科、カラスザメ科、オンデンザメ科、オロシザメ科、ヨロイザメ科）からなる。

ツノザメ科 Squalidae

両顎歯は外側に傾いた刀状で、隣の歯と接する。第一背鰭は第二背鰭よりふつう大きい。背鰭には溝のない大きな棘がある。尾柄側面にはキールがある。尾鰭先端付近に欠刻がない。2属からなる。

ヒゲツノザメ *Cirrhigaleus barbifer*

体は太い。鼻孔前部に口に達する非常に長いヒゲがある。第一背鰭起部は胸鰭内角上かやや後方に位置する。第一背鰭と第二背鰭はほぼ同形同大で高く、先端が尖る。上下顎歯は同形で、尖頭部が外側に大きく傾く。体の鱗は大形で、体表は粗雑。体は一様な暗褐色で、鰭の縁辺は白っぽい。卵黄依存型（P.124）の胎生で、10尾ほどの子を産む。最大で全長1.3mになる。水深150～650mの北西太平洋に分布する。（ヒゲツノザメ属, 3種）

トガリツノザメ *Squalus japonicus*

吻は長く、口前吻長は口幅より大きい。鼻孔は吻端よりも口に近い。第一背鰭起部は胸鰭内角上にある。胸鰭の内角部は円い。上下顎歯は薄く、尖頭部が外側に強く傾き、隣の歯と接し、それぞれが1本の切縁を形成する。体は一様な灰褐色で、腹面は白い。胸鰭や尾鰭の上葉と下葉の先端は白っぽい。卵黄依存型の胎生。最大で全長95cmほどになる。南日本、沖縄舟状海盆などに分布する。（ツノザメ属, 25種）

アイザメ科 Centrophoridae

上顎歯は直立したトゲ状、下顎歯は外側に傾いた刀状で、隣の歯と接する。背鰭には溝のある大きな棘がある。尾鰭先端付近に欠刻がある。2属からなる。

タロウザメ *Centrophorus granulosus*

吻は短い。第一背鰭棘は胸鰭の上方にある。第二背鰭は腹鰭直後に始まる。胸鰭の内角部は大きく伸長する。上顎歯は1尖頭で直立し、下顎歯は上顎歯と比べて幅広く、尖頭部は外側に強く傾く。鱗はブロック状で敷石状に並ぶ。体や鰭は黒褐色で腹側は淡い。水深 50～1,500m の大陸棚と大陸斜面にすむ。卵黄依存型の胎生で、1～2 尾の子を産む。最大で全長 1.7mほどになる。西部太平洋、西部インド洋、東部大西洋、地中海に分布する。（アイザメ属，11種）

ヘラツノザメ *Deania calcea*

吻はヘラ状に薄く長い。第一背鰭棘は胸鰭と腹鰭の間にある。第一背鰭は基底が非常に長く、低い。第二背鰭棘は第一背鰭棘に比べてより大きい。胸鰭の内角部は突出しない。上顎歯は1尖頭で直立し、下顎歯は上顎歯と比べて幅広く、尖頭部は外側に強く傾く。鱗はフォーク状で、皮膚は粗雑。体や鰭は黒褐色。水深 60～1,500mの大陸棚と大陸斜面にすむ。卵黄依存型の胎生で、6～12 尾の子を産む。最大で全長 1.6mほどになる。西部および南部太平洋、インド洋、東部大西洋に分布する。（ヘラツノザメ属，4種）

カラスザメ科 Etmopteridae

上顎歯は 1～数尖頭のトゲ状で、下顎歯は上顎歯と同形か、外側に傾き隣の歯と接する刀状。体に発光器がある。第二背鰭は第一背鰭より大きい。
背鰭には溝のある大きな棘があり、第二背鰭の棘がより大きい。尾鰭先端付近に欠刻がある。4属からなる。

トゲカスミザメ *Aculeola nigra*

体は太く、吻は短い。第一背鰭は胸鰭内縁上、第二背鰭は腹鰭起部のやや後部から始まる。上下顎歯はトゲ状で、細長い主尖頭のみからなるが、稀に小さな側尖頭がある。鱗は円錐形で、直立する尖頭と星形の基底からなる。体は全体に暗色。水深 100～1,400m の大陸棚や大陸斜面にすむ。卵黄依存型の胎生で、全長 15cmほどの子を数尾産む。最大で全長 60cmになる。南東太平洋に分布する。（トゲカスミザメ属：新称，1種）

カスミザメ *Centroscyllium ritteri*

第一背鰭の外縁は円い。上下顎歯は同形で、大きな主尖頭と数本の側尖頭からなり、両顎歯共にサイコロの5の目状に配列する。体全体が密に尖った鱗でおおわれる。体は全体に暗色で、特に体の腹面には黒色斑やスジがある。鰭の縁辺は白っぽい。水深150〜1,100mの大陸棚や大陸斜面にすむ。卵黄依存型の胎生。最大で全長60cmほどになる。北西太平洋に分布する。（カスミザメ属，7種）

カラスザメ *Etmopterus pusillus*

第二背鰭棘は第一背鰭棘に比べて大きい。上顎歯と下顎歯は異形で、上顎歯は大きな1尖頭とその両側にいくつかの小さな尖頭が直立し、下顎歯は1尖頭で外側に強く傾く。鱗は中央が凹んだブロック状で、ヒフは滑らか。体は全体に黒褐色で、特に腹部は黒い。水深200〜1,000mの大陸斜面にすむ。卵黄依存型の胎生。最大で全長50cmほどになる。中西部太平洋、西部インド洋、大西洋に分布する。（カラスザメ属，37種）

ワニグチツノザメ *Trigonognathus kabeyai*

口は大きく、逆V字型で、両顎は大きく突出する。噴水孔は眼の後方にあり、斜めに極めて大きく開口する。第一背鰭は第二背鰭より小さい。両顎歯は長い犬歯状でまばらに並ぶ。体は背面が暗褐色で、腹面はより黒く、尾柄腹面や尾鰭に黒色斑や黒色線がある。水深150m以浅から1,000m位の大陸棚や大陸斜面の中底層域にすむ。長大な犬歯をもち、ハダカイワシ（外洋深海性魚類）などに噛みつき、丸飲みする。卵黄依存型の胎生であるが、詳しくは不明である。最大で全長50cmを超える。北西太平洋や中央太平洋（ハワイ周辺）に分布する。（ワニグチツノザメ属，1種）

オンデンザメ科 Somniosidae

上顎歯は直立したトゲ状、下顎歯は直立、または外側に傾いた刀状で、隣の歯と接する。
両背鰭に小さな棘をもつもの、もたないものがある。
尾鰭の先端付近に欠刻がある。
7属からなる。

ユメザメ *Centroscymnus owstoni*

吻が長く、口前吻長と口幅はほぼ等しい。背鰭は2基で、その前縁に小さな棘がある。第一背鰭は第二背鰭より細長く、小さい。上顎歯は細長く、1尖頭で直立し、下顎歯は上顎歯と比べて幅広く、尖頭は外側に傾く。体全体が密に鱗でおおわれる。腹部の両側に肉質の隆起線がある。体や鰭は黒色。水深150〜1,500mの大陸棚と大陸斜面にすむ。卵黄依存型の胎生で、30尾ほどの子を産む。最大で全長1.2mになる。西部太平洋、南東太平洋、大西洋に分布する。（ユメザメ属, 2種）

フンナガユメザメ *Centroselachus crepidater*

吻は非常に長く、口前吻長は口から胸鰭起部までの長さとほぼ等しい。上顎の唇褶は非常に長く、左右の唇褶間の長さは両鼻孔間の長さより極めて短い。背鰭は2基で、その前縁に小さな棘がある。第一背鰭は第二背鰭より細長い。上顎歯は細長く、1尖頭で直立し、下顎歯は上顎歯と比べて幅広く、尖頭は外側に傾く。体や鰭は黒色。水深200〜2,000mの大陸斜面にすむ。卵黄依存型の胎生で10尾程度の子を産む。最大で全長1mを越える。太平洋、西部インド洋、東部大西洋に分布する。（フンナガユメザメ属：新称, 1種）

オジロザメ *Scymnodalatias albicauda*

背鰭は2基で、低く、第二背鰭の方が大きい。両背鰭には棘がない。尾鰭先端は尖る。両顎歯は単尖頭であるが、上下顎歯は異形で、上顎歯は細いトゲ状で直立し、下顎歯は幅広で尖頭部が外側に若干傾く。体は暗色と白色のまだら模様で、とくに体の後方が白っぽい。外洋表層域から水深500mの大陸斜面にすむ。卵黄依存型の胎生で、60尾ほどの子を産む。最大で全長1.1mになる。南太平洋、南インド洋、南大西洋の中緯度海域に分布する。（オジロザメ属：新称, 4種）

ミナミビロウドザメ *Scymnodon plunketi*

体は太い。吻は短く、口前吻長は口と第一鰓孔の距離より小さい。背鰭は2基で、その前縁に小さな棘がある。第一背鰭は第二背鰭よりやや小さい。上顎歯は細長く、1尖頭で直立しトゲ状。下顎歯は幅広くて薄く、尖頭は外側に傾き、隣の歯と密着する。体や鰭は黒色。水深200〜1,500mの大陸斜面にすむが、500〜800mに多い。卵黄依存型の胎生で35尾ほどの子を産む。最大で全長1.7mになる。南部太平洋に分布する。(フトビロウドザメ属：新称, 4種)

カエルザメ *Somniosus longus*

体は円筒形。背鰭は2基で小さく、両背鰭に棘がない。尾鰭は下葉が大きく発達してうちわ状。両顎歯は単尖頭であるが、上下顎歯は異形で、上顎歯はナイフ状に直立し、下顎歯は幅広で尖頭部が外側に若干傾く。鱗は平らで葉状をなし、皮膚は滑らか。体は全体に黒褐色。水深250〜1,200mの大陸斜面にすむ。卵黄依存型の胎生。小形のオンデンザメ類で、記録されている最大個体で全長1.4mである。西部太平洋(日本とニュージーランドの海域)から知られている。(オンデンザメ属, 5種)

ビロウドザメ *Zameus squamulosus*

背鰭は2基で、第二背鰭は第一背鰭より高い。両背鰭の前縁に小さな棘がある。両顎歯は単尖頭であるが、上下顎歯は異形で、上顎歯は細いトゲ状で直立し、下顎歯は幅広で尖頭部が外側に若干傾く。鱗は3尖頭で、その表面には横スジがある。体は全体に黒褐色。水深0〜1,500mの大陸棚と大陸斜面や中層にすむ。卵黄依存型の胎生で全長20cmほどの子を産む。最大で85cmになる。中央・西部太平洋、インド洋、大西洋に分布する。(ビロウドザメ属, 1種)

オロシザメ科 Oxynotidae

吻は短く円い。鱗は非常に大きく、体表面は粗雑。両背鰭は巨大で高く、棘がある。背鰭は胸鰭よりも前に始まる。尾鰭の先端付近に欠刻がある。1属からなる。

ミナミオロシザメ *Oxynotus bruniensis*

体は高く側扁し、体の断面は三角形状。吻は豚鼻状。口は小さく、その周囲は唇状。両背鰭は高い帆状の三角形状で、その前部に小さな棘がある。尾鰭下葉は大きいが、あまり突出しない。体はほぼ一様な暗褐色。水深46〜1,067mの大陸棚と大陸斜面から報告されているが、おもに350〜650mにすむ。卵黄依存型の胎生で、7尾程度の子を産む。最大で全長90cm以上になる。オーストラリア南部とニュージーランドに分布する。(オロシザメ属, 5種)

ヨロイザメ科 Dalatiidae

吻は短い。上顎歯は直立したトゲ状、下顎歯は直立、または外側に傾き、隣の歯と接する。第一背鰭は胸鰭付近にあるものと、腹鰭に近接するものがある。背鰭の棘は第一背鰭にはあったりなかったり、第二背鰭には棘がない。尾鰭の先端付近に欠刻がある。7属からなる。

ヨロイザメ *Dalatias licha*

体は円筒状で、吻は短く円い。第一背鰭は第二背鰭よりやや小さい。両背鰭に棘がない。上顎歯は細長く、1尖頭で直立し、下顎歯は上顎歯と比べて幅広く、縁辺に鋸歯がある。体全体が密に鱗でおおわれる。体や鰭は黒褐色。唇は青みを帯びる。水深40〜1,800mの大陸棚、大陸斜面や中層にすむ。卵黄依存型の胎生で、7〜16尾の子を産む。最大で全長1.8mになる。西部太平洋、インド洋、大西洋に分布する。(ヨロイザメ属, 1種)

アカリコビトザメ（新称）*Euprotomicroides zantedeschia*

体は側扁し、吻は短く円い。鰓孔は第1鰓孔がもっとも小さく、後方に向かって大きくなり、第5鰓孔が最大。胸鰭内縁は葉状に拡張する。両背鰭に棘がない。第二背鰭は腹鰭よりも前にあり、大きい。総排出腔は拡大し、発光器官となっている。上顎歯は細長く、1尖頭で直立し、下顎歯は上顎歯と比べて幅広く、縁辺に鋸歯がない。体や鰭は黒褐色で、鰭の縁辺は淡色。表層域と水深 450〜650mの大陸斜面で採集されている。恐らく卵黄依存型の胎生。最大の個体は全長 57cm。南大西洋で記録されている。（アカリコビトザメ属：新称, 1種）

オキコビトザメ *Euprotomicrus bispinatus*

頭部は太く、体の後方は細い。吻端は円い。第一背鰭は小さく、胸鰭へよりも腹鰭に近い。第二背鰭基底は非常に長い。両背鰭に棘がない。尾鰭は下葉が長くうちわ状。両顎歯は単尖頭で、上顎歯はトゲ状に直立し、下顎歯は幅広で隣の歯と接し、尖頭部も直立する。体は背面が黒褐色、腹方はやや淡い。表層から水深 1,800mにすむが、1万m位まで潜る可能性もある。卵黄依存型の胎生で、8尾ほどの子を産む。最大で全長 27cm位になる。南北太平洋、インド洋、大西洋の熱帯から温帯の外洋域に分布する。（オキコビトザメ属：新称, 1種）

ナガハナコビトザメ（新称）*Heteroscymnoides marleyi*

体は円筒状。吻は長く、口前吻長は口から第5鰓孔までの長さに等しい。第二背鰭は第一背鰭より少し大きい。両背鰭に棘がない。第一背鰭は胸鰭基部上、第二背鰭は腹鰭よりも少し後に始まる。尾鰭下葉は大きい。上顎歯は細長く、1尖頭で直立し、下顎歯は上顎歯と比べて幅広い。体や鰭は黒褐色。表層域から水深 500mの中層域で採集されている。おそらく卵黄依存型の胎生。記録された最大の個体は全長 37cm。南東太平洋、南西インド洋、南大西洋から採集されている。（ナガハナコビトザメ属：新称, 1種）

コヒレダルマザメ *Isistius plutodus*

体は棒状。胸鰭は小さく、体の前部にあるが、両背鰭、腹鰭は体の極めて後方にある。両背鰭は小さく、棘がない。尾鰭は下葉があまり発達せず、小さい。上顎歯はトゲ状でランダムに配列するが、下顎歯は非常に大きな三角形で、隣の歯と連続し、一続きの切縁を形成する。体は暗色であるが、鰓の部分の黒色帯はあまり明瞭ではない。外洋の水深 30〜2,000m に分布し、夜間は表層域に浮上するものと考えられる。卵黄依存型の胎生。最大で全長 42cmを超える。西部太平洋、大西洋に分布する。(ダルマザメ属, 2種)

（イラスト）

フクロザメ（新称）*Mollisquama parini*

吻は円く短い。両背鰭は同形同大で、棘がない。第一背鰭は腹鰭直前に、第二背鰭は腹鰭直後に位置する。尾鰭は下葉が大きい。胸鰭基底の上に顕著な袋状の分泌腺がある。両顎歯は1尖頭で、上顎歯は細長く直立し、下顎歯は上顎歯と比べて幅広く互いに接する。体や鰭は黒褐色で、鰭の縁辺は淡色。全長 40cmの1個体しか知られておらず、生態は不明。東南太平洋のナスカ海嶺、水深 330mで採集された。(フクロザメ属：新称, 1種)

オオメコビトザメ *Squaliolus laticaudus*

体は葉巻型。眼は大きく、眼の背縁は緩やかに円い。第一背鰭は胸鰭直後にあり小さい。第二背鰭は基底が長く、第一背鰭の2倍位ある。第一背鰭にのみ小さな棘がある。尾鰭はうちわ状。両顎歯は単尖頭で、上顎歯はトゲ状で直立し、下顎歯は幅広く隣の歯と接し、尖頭部が外側に傾く。体は全体に黒褐色で、腹面はより黒く発光器がある。大陸などに沿った沖合の水深 10〜1,800mにすむ。卵黄依存型の胎生。最大でも全長 30cm以下。北西太平洋、西部インド洋、大西洋に分布する。(ツラナガコビトザメ属, 2種)

2-4) ノコギリザメ目 Pristiophoriformes

吻部が板状に伸長し、その左右にトゲ状の突起が並ぶ。鼻孔の前方に長い一対のヒゲがある。鰓孔は5〜6対。背鰭は2基で、棘がない。臀鰭はない。尾鰭は細長く、先端部に欠刻がある。1科(ノコギリザメ科)からなる。

ノコギリザメ科 Pristiophoridae

目の特徴と同じ。
2属からなる。

ムツエラノコギリザメ(新称) *Pliotrema warreni*

鰓孔は6対。大型の吻棘には鋸歯がある。体色は明るい赤褐色で、紋様はない。水深37〜500mの浅海、大陸棚、大陸斜面にすむ。胎生で、5〜7尾ほどの子を産む。最大で全長1.4mほどになる。南アフリカのインド洋の亜熱帯から温帯海域に分布する。(ムツエラノコギリザメ属：新称，1種)

(背方からの写真)

ノコギリザメ *Pristiophorus japonicus*

鰓孔は5対。吻棘には鋸歯が発達せず、縁辺は滑らか。体色は明るい赤褐色で、紋様はない。浅海から1,250m位の大陸棚や大陸斜面にすむ。胎生で、10尾ほどの子を産む。最大で全長1.5mになる。北西太平洋の亜熱帯から温帯海域に分布する。(ノコギリザメ属，7種)

2-5) カスザメ目 Squatiniformes

体は扁平で、胸鰭と腹鰭が大きく発達する。口は体の前端にある。
鰓孔は 5 対で、頭部と巨大な胸鰭の間にある。背鰭は 2 基で、棘がない。臀鰭がない。
尾鰭は上葉よりも下葉が大きい。1 科(カスザメ科)からなる。

カスザメ科 Squatinidae

目の特徴と同じ。
1 属からなる。

(背方からの写真)

カスザメ *Squatina japonica*
頭部と胸鰭の間に切れ目があり、そこに 5 個の鰓孔が開く。胸鰭外角はほぼ直角。水深 320m 以浅の大陸棚上の砂泥底にすむ。胎生であるが、詳しいことはよく分かっていない。最大で全長2mになる。北西太平洋の亜熱帯から温帯海域に分布する。(カスザメ属, 20 種)

2-6) ネコザメ目 Heterodontiformes

体は太く短い。鰓孔は 5 対。背鰭は 2 基で、棘がある。臀鰭がある。尾鰭は下葉が発達する。
1 科(ネコザメ科)からなる。

ネコザメ科 Heterodontidae

目の特徴と同じ。
1 属からなる。

ネコザメ *Heterodontus japonicus*
頭部は太く短い。吻部は短く、鼻孔付近は豚鼻状。眼は頭部の高い位置にあり、眼の背側には強い隆起線がある。第一背鰭起部は胸鰭基底後端上にある。体に垂直で幅広い濃色帯が約8条あり、その間に狭い同色の帯が同じく約8条ある。浅海の岩礁や藻場にすむ。卵生。最大で全長70cm程度になる。北西太平洋の亜熱帯から温帯海域に分布する。(ネコザメ属, 9 種)

2-7）テンジクザメ目 Orectolobiformes

吻は短く、口は眼より前にある。鼻孔にはヒゲがあり、鼻口と口は鼻口溝で連絡する。鰓孔は5対で、第4・5鰓孔は近接する（ジンベエザメを除く）。背鰭は2基で、棘がない。臀鰭がある。尾鰭の先端付近に欠刻がある。7科（クラカケザメ科、ホソメテンジクザメ科、オオセ科、テンジクザメ科、コモリザメ科、トラフザメ科、ジンベエザメ科）からなる。

クラカケザメ科 Parascylliidae

体は非常に細長い。第一背鰭は腹鰭のかなり後ろにある。臀鰭は第二背鰭よりも前にあり、尾鰭と広く離れる。2属からなる。

タイワンヒゲザメ（新称）*Cirrhoscyllium formosanum*

体は非常に細長い。喉部に棒状の小さな1対のヒゲがある。胸鰭、腹鰭、臀鰭がほぼ等間隔で並び、第一背鰭は腹鰭後端付近、第二背鰭は臀鰭基底中央上に始まる。臀鰭と尾鰭は離れている。尾鰭は細長い。体には不明瞭な鞍状斑紋がある。台湾の南西海域から12個体が報告されているのみで、最大の個体は全長38.5cmのメス。卵生であるが生態は不明である。（クラカケザメ属，3種）

ヒゲナシクラカケザメ（新称）*Parascyllium collare*

体は非常に細長い。喉部にはヒゲがない。胸鰭、腹鰭、臀鰭がほぼ等間隔で並び、第一背鰭は腹鰭後部、第二背鰭は臀鰭基底中央上に始まる。臀鰭と尾鰭は離れている。尾鰭は細長い。体は黄褐色で、体には淡い褐色の鞍状斑や斑点があるが、鰓域の斑紋は顕著な黒褐色で鰓孔よりも下まで伸びる。胸鰭には黒点がない。水深20～230mの大陸棚にすむ。卵生。最大で全長90cmほどになる。オーストラリア東部の沿岸域に分布する。（ヒゲナシクラカケザメ属：新称，5種）

ホソメテンジクザメ科（新称）Brachaeluridae

第一背鰭は腹鰭のやや後ろにある。臀鰭は第二背鰭よりも後ろにあり、尾鰭に近接はするが、接しない。1属からなる。

アオホソメテンジクザメ *Brachaelurus colcloughi*

尾部は短く、総排出腔から尾鰭起部までの長さは吻端から総排出腔までの長さより小さい。鼻孔は吻下面にあり、鼻孔のヒゲは長く、2叉する。両背鰭は大きくほぼ同大で、その後縁はほぼ直線状。第一背鰭起部は腹鰭基底前半に位置する。臀鰭は高く、起部は第二背鰭基底後端付近にあり、尾鰭と分離する。体は灰褐色で、不明瞭な鞍状斑があるが、成長に伴い薄くなる。白色点はない。主に水深6m以浅にすむが、200m位まで生息する。胎生で6〜8尾の子を産む。最大で全長76cmほどになる。オーストラリア北東部の海域に分布する。（ホソメテンジクザメ属：新称, 2種）

オオセ科 Orectolobidae

体は扁平。口は体の最前端にあり、頭部側面にさまざまな皮弁がある。両背鰭は腹鰭と臀鰭の間にあり、臀鰭は尾鰭と接する。3属からなる。

（背方からの写真）

アラフラオオセ *Eucrossorhinus dasypogon*

頭部の周囲に非常に複雑に分枝した多数の皮弁があり、下顎にも複雑な皮弁が並ぶ。第一背鰭起部は腹鰭基底中央付近にある。臀鰭は小さく、第二背鰭よりも後方にあり、尾鰭下葉とほぼ接する。体や鰭の背面は地色が灰色から黄褐色で、その上に非常に細かな暗色の網目状斑紋が一面にある。珊瑚礁や浅海にすむ。胎生で、全長20cmほどの子を産む。最大で全長1.2mになる。オーストラリア北部やニューギニアの海域に分布する。（アラフラオオセ属：新称, 1種）

第1章 サメの図鑑

7）テンジクザメ目 Orectolobiformes

（背方からの写真）

オオセ *Orectolobus japonicus*
鼻ヒゲは分枝する。頭部の周囲に多くの皮弁があり、眼より前にある皮弁数は5本で、噴水孔より後ろの皮弁は分枝し幅広い。下顎には皮弁がない。第一背鰭起部は腹鰭基底中央付近にある。臀鰭は小さく、第二背鰭よりも後方にあり、尾鰭下葉とほぼ接する。体背面は迷彩状で、大きな暗色の鞍状斑や線状模様、白黒の点状斑など極めて複雑な紋様がある。浅海の岩礁地帯や珊瑚礁にすむ。胎生で、20尾ほどの子を産む。最大で全長1mを超える。北西太平洋の温帯から亜熱帯に分布する。（オオセ属，10種）

（背方からの写真）

メイサイオオセ *Sutorectus tentaculatus*
鼻ヒゲは分枝しない。頭部の周囲にある皮弁は数が少なく、分枝しない。下顎には皮弁がない。第一背鰭起部は腹鰭基底後半にある。臀鰭は小さく、第二背鰭よりも後方にあり、尾鰭下葉と接する。体背中線の左右に数列のイボ状突起が多数並ぶ。体の背面は迷彩状で、大きな暗色の鞍状斑や複雑な明色や黒色の斑紋などがある。水深35m位までの岩礁や珊瑚礁、海藻の生えた浅海域にすむ。胎生で、12尾ほどの子を産む。最大で全長90cmほどになる。オーストラリア南西部の海域に分布する。（メイサイオオセ属：新称，1種）

テンジクザメ科 Hemiscylliidae
体は円筒形で、尾部が非常に長い。第一背鰭は腹鰭の直後にあるが、第二背鰭は臀鰭よりもかなり前に始まる。臀鰭は多くのもので基底が長く、尾鰭と接する。2属からなる。

シロボシテンジク *Chiloscyllium plagiosum*
体は細長く、特に腹鰭より後ろは体の2／3ほどある。両背鰭はほぼ同大で、その後縁はほぼ直線状。第一背鰭起部は腹鰭基底後端付近に位置する。臀鰭は小さく、尾鰭下葉と接する。体側に1条の皮質隆起線があり、背鰭前方と両背鰭間にも皮質隆起線がある。体には10数条の暗色鞍状斑や白色点、黒色点が散在する。浅海の岩礁や珊瑚礁などにすむ。卵生。最大で全長1mほどになる。北西太平洋、北東インド洋の熱帯から亜熱帯、マダガスカルに分布する。（テンジクザメ属，8種）

マモンツキテンジクザメ *Hemiscyllium ocellatum*

体は細長く、特に腹鰭より後ろは体の2／3以上ある。両背鰭はほぼ同大。第一背鰭起部は腹鰭基底後端付近に位置する。臀鰭は小さく、尾鰭下葉と接する。体は黄色みを帯び、胸鰭上部の体側には非常に大きな円い黒斑があり、白く縁取られる。体にはこの黒斑よりも明らかに小さな暗色斑点が散在する。珊瑚礁域の浅海やタイドプールにすむ。卵生。最大で全長 1mほどになる。オーストラリア北部の海域に分布する。（モンツキテンジクザメ属，9種）

コモリザメ科 Ginglymostomatidae

両背鰭は大きく、第一背鰭は腹鰭の上、第二背鰭は臀鰭の上にある。臀鰭は第二背鰭と同大かやや小さく、尾鰭とやや離れる。3属からなる。

コモリザメ *Ginglymostoma cirratum*

体は強健で大型になる。口に達する長い鼻ヒゲがある。両背鰭と臀鰭は大きいが、第二背鰭と臀鰭は第一背鰭より小さい。第一背鰭は腹鰭基底の真上にある。臀鰭は第二背鰭より後位で、尾鰭下葉と近接する。各鰭の先端は円い。尾鰭は長く、全長の1／4を超える。体は背面がほぼ一様な黄褐色や灰褐色。珊瑚礁、岩場、ラグーンなどの砂泥地の浅海にすむ。胎生で、20〜30 尾の子を産む。最大で3mになる。東部太平洋、東西大西洋の熱帯から亜熱帯海域に分布する。（コモリザメ属，2種）

オオテンジクザメ *Nebrius ferrugineus*

体は強健で大型になる。口に達する長い鼻ヒゲがある。両背鰭と臀鰭は大きいが、第二背鰭と臀鰭は第一背鰭より小さい。第一背鰭は腹鰭基底の真上にある。臀鰭は第二背鰭より後位で、尾鰭下葉と近接する。各鰭の先端は尖る。第二背鰭を欠く個体がしばしば沖縄地方の海域で見られる。尾鰭は長く、全長の1／4を超える。体は背面がほぼ一様な灰褐色。珊瑚礁、岩場、ラグーンなどの砂泥地などの浅海にすむ。胎生で、1〜4尾の子を産む。最大で3mを超える。西部太平洋、インド洋の熱帯から亜熱帯海域に分布する。（オオテンジクザメ属，1種）

タンビコモリザメ（新称） *Pseudoginglymostoma brevicaudatum*

体は円筒形。口に達しない短い鼻ヒゲがある。両背鰭と臀鰭は大きく、ほぼ同大。第一背鰭起部は腹鰭基底の後半にある。第二背鰭と臀鰭はほぼ対在する。各鰭の先端は円い。尾鰭は短く、全長の1／5以下しかない。体背面はほぼ一様な暗褐色。珊瑚礁などの浅海にすむ。卵生と考えられている。最大で全長75ｃｍになる。西インド洋の熱帯から亜熱帯海域に分布する。（タンビコモリザメ属：新称，1種）

トラフザメ科 Stegostomatidae

体は太く、数条の隆起線がある。両背鰭は基底が長く、第一背鰭は腹鰭よりも前にある。尾鰭は太く、非常に長い。臀鰭は尾鰭と接する。1属からなる。

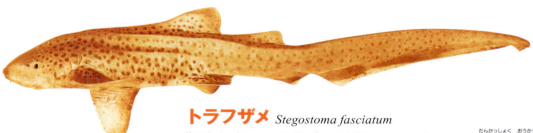

トラフザメ *Stegostoma fasciatum*

体は太く、吻は円い。尾鰭は全長の半分くらいある。成魚の体色は淡褐色〜黄褐色で、暗褐色の小斑点を多数もつ。若魚は地色が黄白色で、体幹部に 6〜8 条、尾部に約 20 条の黒褐色帯がある。浅海の砂泥底、珊瑚礁、岩場にすむ。卵生。最大で全長2.5ｍになる。西部太平洋、インド洋の熱帯から亜熱帯海域に分布する。（トラフザメ属，1種）

ジンベエザメ科 Rhincodontidae

体は巨大。第一背鰭は大きく、腹鰭のやや前方にある。尾鰭は下葉が長く、全体に"く"の字状。体に3条の長い隆起線があり、最下方の隆起線は尾鰭に達する。1属からなる。

ジンベエザメ *Rhincodon typus*

体の背面は地色が灰色〜緑褐色で、垂直に白や黄色の斑点が並ぶ。沿岸から外洋の表層域に生息する。胎生で、300尾ほどの子を産む。最大で18ｍくらいになるという。地中海を除く世界の熱帯から亜熱帯海域に分布する。（ジンベエザメ属，1種）

2-8）ネズミザメ目 Lamniformes

吻は短く、尖る。口は大きく、眼の後方にまで達する。眼は円く、瞬皮や瞬膜はない。鰓孔は大きく、5対。背鰭は2基で、棘がない。第一背鰭は腹鰭の前にある。臀鰭がある。尾鰭先端付近に欠刻がある。
7科（オオワニザメ科、ミズワニ科、ミツクリザメ科、メガマウスザメ科、オナガザメ科、ウバザメ科、ネズミザメ科）からなる。

オオワニザメ科 Odontaspididae

体は太い。鰓孔は比較的小さく、体の背面には達しない。
尾柄には上部に凹窩があるが、下部にはない。尾柄側面にキールがない。
尾鰭は典型的なサメ型で、下葉が短く、
上葉が長い。2属からなる。

シロワニ *Carcharias taurus*

眼は小さい。背鰭と臀鰭は大きな三角形状で、ほとんど同大。第一背鰭は胸鰭へより腹鰭に近い。両顎歯は大きく、細長い主尖頭とその両側に数本の小さな側尖頭がある。体は灰褐色で、シミ状の暗色小斑点が散在する。腹側は白っぽい。昼間は岩礁地帯、水中洞窟、珊瑚礁などにひそみ、夜間は浅海から水深200m位までの間で活動する。時に20～80尾の集団をつくり、ゆるい社会構造を作る。食卵タイプの胎生で、1度に2尾の子を産む。最大で全長3.3mになる。西部太平洋、インド洋、大西洋の温熱帯海域、地中海、紅海などに分布する。（シロワニ属，1種）

オオワニザメ *Odontaspis ferox*

吻は長くて尖る。眼は大きく、鰓孔は長い。背鰭と臀鰭は大きな三角形状で、第一背鰭は第二背鰭や臀鰭よりも大きい。第一背鰭は腹鰭より胸鰭に近く、第二背鰭は腹鰭と臀鰭の中間にある。両顎歯は大きく、細長い主尖頭とその両側に2～3本の小さな側尖頭がある。歯の切縁は滑らか。体は灰褐色で、時に暗色小斑点が散在する。腹側は白っぽい。大陸棚や大陸斜面、珊瑚礁や岩場の深みなど、浅海から水深1,000m位にすむ。食卵タイプの胎生（P.127）と考えられる。最大で全長4mを超える。太平洋、インド洋、大西洋、地中海の熱帯から亜熱帯海域に分布する。（オオワニザメ属，2種）

ミズワニ科 Pseudocarchariidae

体は細長い。眼は大きい。鰓孔は大きく、体の背面に達する。尾柄には上下に凹窩がある。尾柄側面に弱いキールがある。尾鰭は典型的なサメ型で、下葉が短く、上葉が長い。1属からなる。

ミズワニ *Pseudocarcharias kamoharai*

背鰭や臀鰭は小さく、第一背鰭は胸鰭と腹鰭の中間に位置する。第二背鰭は第一背鰭の半分以下であるが、臀鰭よりは大きく、臀鰭の前にある。両顎歯は大きく、細長いナイフ状で、その切縁は滑らか。体は一様な灰褐色で、腹側は色が淡い。外洋の表層域にすみ、水深600m位まで潜る。食卵タイプの胎生で、4尾ほどの子を産む。小型のネズミザメ類で、最大でも全長1m強にしかならない。太平洋、インド洋、大西洋の亜熱帯から熱帯海域に分布する。（ミズワニ属、1種）

ミツクリザメ科 Mitsukurinidae

体は柔軟でよく曲がる。吻が薄く、非常に長い。両顎は簡単に突出する。歯は細長く、クギ状。臀鰭は円い。尾鰭下葉は発達しない。体は灰褐色から桃白色。1属からなる。

ミツクリザメ *Mitsukurina owstoni*

体は細長い。口は逆U字形で、両顎は極めて大きく突出する。背鰭や臀鰭は小さくほぼ同大で、第一背鰭は胸鰭と腹鰭の間にある。臀鰭は尾鰭下葉に近接する。水深1,300m位までの大陸斜面にすむ。食卵タイプの胎生と考えられているが、詳しくは不明である。最大で全長5mを超える。太平洋、インド洋、大西洋から点状に記録があり、世界の深海域に広く分布しているだろう。（ミツクリザメ属、1種）

メガマウスザメ科 Megachasmidae

頭部は非常に大きい。口は巨大で、体の前端に開く。上顎は大きく突出させることができる。歯は微小。下顎には多数の黒色斑点がある。胸鰭と尾鰭は大きい。第一背鰭は胸鰭の直後に位置する。1属からなる。

メガマウスザメ *Megachasma pelagios*
体背面は一様な暗灰色で、腹面は白っぽい。上顎前面には白色横帯がある。下顎の腹面は銀白色で、小暗色斑がブチ状に散在する。胸鰭腹面は白色で、その前縁は黒色。胸鰭、腹鰭の背面先端は白い。プランクトンを食べる。世界から50以上の報告があるが、大部分は沿岸域の水深200m以浅から報告されている。胎生と考えられるが、詳しいことは不明。最大で全長6mになる。世界の温熱帯海域に分布する。（メガマウスザメ属，1種）

オナガザメ科 Alopiidae
吻は短く、口は小さい。尾鰭は非常に長く、体の半分ほどあり、ムチ状。尾鰭の凹窩は大きい。1属からなる。

マオナガ *Alopias vulpinus*
頭の背縁はなだらかで溝がない。眼は小さく、頭の背面までは達しない。尾鰭欠刻よりも後方の尾鰭は大きく、その大きさは臀鰭よりはるかに大きい。体の背面は青灰色で、腹面は白い。腹面の白は胸鰭の背中側まで広がり、胸鰭より背方にも白色の部分がある。尾鰭で餌になる魚の群れをまとめたり、尾鰭をムチのように使って魚を叩き、摂餌する。沿岸から外洋の表層域にすむが、水深650m位まで潜る。食卵タイプの胎生で、2～6尾の子を産む。最大で全長6mを超える。太平洋、インド洋、大西洋、地中海に分布する。（オナガザメ属，3種）

ウバザメ科 Cetorhinidae
体は巨大。吻は細く突出する。口は頭部下面にあり巨大。鰓孔は非常に長く、頭部腹面から背面にまで達する。歯は微小。第一背鰭は三角形で大きく、胸鰭と腹鰭の中間部に位置する。尾柄に隆起線がある。尾鰭は下葉が長く、三日月状。1属からなる。

ウバザメ *Cetorhinus maximus*
体や鰭は暗色で、腹面は白っぽい。プランクトンを捕食するが、冬期にはプランクトンをろ過する鰓耙が脱落し、冬眠をするともいわれている。沿岸から外洋の表層域にすむが、ときに1,200mくらいまで潜る。胎生であるが、詳しい生殖法は不明。最大で全長11m程度になる。世界のおもに温帯から寒帯海域に分布する。（ウバザメ属，1種）

ネズミザメ科 Lamnidae

吻は尖る。体は筋肉質で、紡錘形。
歯は大きく、ナイフ状や三角形状。
尾柄側面に大きなキールがある。
尾鰭は下葉が長く、三日月状。
3属からなる。

ホホジロザメ *Carcharodon carcharias*

体は大形。第一背鰭は三角形で大きく、胸鰭直後に位置する。上顎歯は三角形で大きく、その切縁に鋸歯がある。下顎歯は細長い三角形状。体や鰭は暗色で、腹面は白い。もっとも危険なサメの一種で、数多くの被害例がある。おもに沿岸の表層域に生息するが、水深1,200mの大陸斜面にまで深く潜ったり、沖合や餌になるほ乳類の多い海洋島の周囲などにもすむ。食卵タイプの胎生で、2～14尾の子を産む。最大で全長6m位になる。太平洋、インド洋、大西洋のおもに亜熱帯から寒冷海域に分布する。(ホホジロザメ属, 1種)

アオザメ *Isurus oxyrinchus*

体は大形。吻は細長く、先端は鋭く尖る。胸鰭は短く、その長さは頭長より短い。歯はナイフ状を呈し、切縁は滑らか。体背面や鰭は青や青紫で、腹面は白い。成魚では口や吻下面は白く、ブチ状の暗色斑はない。おもに沖合の表層域にすむが、水深700mくらいまで潜る。小型個体は北緯30度以北の温帯海域に、大型個体は熱帯海域を含む北太平洋全域に生息し、大きな南北回遊をする。瞬間的には時速35km以上で泳ぐ。食卵タイプの胎生で、多くて25尾程度の子を産む。最大で全長4m以上になる。世界の熱帯から温帯海域、地中海に分布する。(アオザメ属, 2種)

ネズミザメ *Lamna ditropis*

吻は短い。第一背鰭は大きく、胸鰭直後に位置する。第二背鰭と臀鰭は小さく、対在する。尾柄に強い1本のキールがあり、そのすぐ下にもう一本の小さなキールがある。歯は大きな主尖頭とその両側に1～2本の小尖頭がある。歯の切縁は滑らか。体背面や鰭は暗灰色で、腹面は白いが、ブチ状の暗色斑が散在する。30～40尾で群れをつくり、サケなどを集団で襲うことがある。沿岸から沖合の表層から水深200m程度の所にすむ。食卵タイプの胎生で、2～5尾の子を産む。最大で全長3mになる。北太平洋の寒帯海域に分布する。(ネズミザメ属, 2種)

2-9) メジロザメ目 Carcharhiniformes

細長や楕円形の眼にはおもに瞬皮が、円形の眼には瞬膜が発達する。ふつう鼻口溝はない。背鰭は2基で、棘がない。臀鰭がある。尾鰭は三日月形ではなく、末端近くに欠刻がある。8科(トラザメ科、タイワンザメ科、オシザメ科、アフリカドチザメ科、ドチザメ科、ヒレトガリザメ科、メジロザメ科、シュモクザメ科)からなる。

トラザメ科 Scyliorhinidae

眼は細長く、瞬皮がある。第一背鰭は腹鰭基底上か、その後方にある。尾鰭下葉はほとんど突出しない。尾柄の上下に凹窩がない。17属からなる。

ナガヘラザメ *Apristurus macrorhynchus*

体は細長い。吻は薄く、ヘラ状。口角部の上顎唇褶は下顎唇褶より明らかに長い。第一背鰭は腹鰭基底後半上部に始まり、細長く、第二背鰭よりやや小さい。第二背鰭は臀鰭基底中央に始まる。臀鰭は基底が非常に長く、あまり高くない。臀鰭と尾鰭下葉は接する。尾鰭は細長い。胸鰭と腹鰭は近接し、胸鰭後端は胸鰭と腹鰭の両基底間隔の中央を超える。体は一様に暗灰色。水深200〜1,200mの大陸斜面にすむ。卵生で一度に2個の卵を産む。最大で全長70cmほどになる。西部太平洋に分布する。(ヘラザメ属, 38種)

コクテンミナミトラザメ(新称) *Asymbolus analis*

吻は短く円い。両顎の口角部には比較的大きな唇褶があり、上顎の唇褶は噴水孔の直径かそれ以上ある。前鼻弁は大きいが、口に達しない。第一背鰭は腹鰭基底後端上に始まり、第二背鰭とほぼ同大。第二背鰭は臀鰭基底後半上に始まり、臀鰭よりも後ろにある。臀鰭は背鰭より基底が長い。体は灰色で、不明瞭な鞍状斑と黒褐色の斑紋や斑点がある。腹面は白っぽい。水深25〜200mの沿岸域にすむ。卵生。最大で全長60cmになる。オーストラリア南東部の海域に分布する。(ミナミトラザメ属:新称, 9種)

コクテンサンゴトラザメ *Atelomycterus macleayi*

体は非常に細長い。吻は短く、円みを帯びる。口は大きく、口角部に大きな唇褶がある。前鼻弁は非常に大きく、口に達する。鼻口溝がある。両背鰭は大きくほぼ同形で、先端は円く後縁は湾入する。第一背鰭は腹鰭基底後半上に、第二背鰭は臀鰭基底中央付近に始まる。臀鰭は第二背鰭よりかなり小さい。体は地色が明褐色で、眼の大きさほどの大きな黒褐色斑点が体中に散在する。時に鞍状斑がある。背鰭や尾鰭の先端は白い。浅海の砂泥底や岩場にすむ。卵生で、一度に2個の卵を産む。最大で全長60cmになる。オーストラリア北西部の海域に分布する。(サンゴトラザメ属，6種)

コバナサンゴトラザメ（新称）*Aulohalaelurus kanakorum*

体は非常に細長い。吻は短く円い。口は大きく、口角部に大きな唇褶があり、上顎の唇褶は非常に長い。前鼻弁は短く、口に達しない。両背鰭は大きくほぼ同形同大で、後縁はほぼ直線状。第一背鰭は腹鰭基底後半上に始まる。第二背鰭は臀鰭基底中央に始まる。臀鰭は第二背鰭よりかなり小さい。体や鰭には小さな白色斑点や黒色斑点が連続した線状斑が多数ある。背鰭、臀鰭、尾鰭などの縁は白い。珊瑚礁域にすむ。詳しい生態は不明。最大で全長80cmになる。ニューカレドニア海域から知られている。(コバナサンゴトラザメ属：新称，2種)

ミナミナガサキトラザメ *Bythaelurus dawsoni*

体は細長い。吻は短く、吻端は円い。眼は楕円形で大きい。口角部に小さな唇褶がある。第一背鰭は腹鰭基底中央付近に始まり、第二背鰭より小さい。第二背鰭は臀鰭基底中央付近に始まる。臀鰭は両背鰭間隔の中央付近に始まり、第二背鰭より大きく、その基底長は両背鰭間の距離と同じかより長い。尾鰭は比較的長い。体は茶褐色で、白色の斑点列が体の背側にある。腹面は白っぽい。水深240～1,000m内外の大陸斜面にすむ。卵生と考えられるが、詳しいことは不明である。最大で全長40cm以上になる。ニュージーランド南部の海域に分布する。(ミナミナガサキトラザメ属：新称，10種)

ナヌカザメ *Cephaloscyllium umbratile*

体は太い。吻は短く円い。口は非常に大きい。第一背鰭は腹鰭基底上部に始まり、第二背鰭よりかなり大きい。第二背鰭は臀鰭とほぼ対在し、臀鰭より小さい。第一背鰭より前に3本の暗色鞍状斑があるが、日本産の個体では複雑な暗色斑点と混ざって見分けにくいことがある。腹面は白っぽい。水を噴門胃に吸い込み腹部を膨らませることができる。この習性はサメ類の中では特異的で、捕食者を驚かせ、捕食を防ぎ、岩の割れ目などで腹部を膨らませ、潮の流れなどで動かされないように体を固定する。大陸棚から水深700m位までの大陸斜面にすむ。卵生で、一度に2個の大きな卵を産む。最大で全長1.2m位になる。北西太平洋に分布する。（ナヌカザメ属，18種）

（背方からの写真）

オタマトラザメ *Cephalurus cephalus*

体は太くて、短い。吻は短く、吻端は非常に円い。口は大きく、口角部に唇褶がある。頭部と鰓域が非常に大きく、体全体がオタマジャクシ状。第一背鰭は腹鰭よりやや前にある。第一背鰭と第二背鰭はほぼ同大で、第二背鰭は臀鰭と対在する。尾鰭は細長い。体は暗褐色（写真個体はアルコール標本のため変色している）。鰓域が非常に大きく、貧酸素水域に適応していると考えられている。水深150〜950mほどの大陸棚や大陸斜面にすむ。卵黄依存型の胎生で、2尾の子を産む。最大で全長30cmくらいになる。カリフォルニア湾とその近海に分布する。（オタマトラザメ属：新称, 1種）

ザラヤモリザメ（新称）*Figaro boardmani*

体は細長い。眼は大きい。口角部に唇褶がある。第一背鰭は腹鰭基底の後端上部に、第二背鰭は臀鰭基底後半上に始まる。両背鰭はほぼ同形であるが、第二背鰭がやや大きい。臀鰭は基底が長く、低い。臀鰭と尾鰭下葉は広く離れる。尾鰭の上縁と尾柄の腹中線上には変形した大きな鱗がある。体は背面の地色が灰色で、多数の黒褐色の鞍状斑があり、鞍状斑は白っぽく縁取られる。体の腹面は白い。水深130〜800mの大陸棚や大陸斜面にすむ。卵生であるが、良く分かっていない。最大で全長60cmほどになる。オーストラリアの東西と南部に分布する。（ザラヤモリザメ属：新称, 2種）

ニホンヤモリザメ *Galeus nipponensis*

体は細長い。吻は長く、吻長は口幅と同じくらいある。眼は大きい。口角部に唇褶がある。第一背鰭は腹鰭基底上部に、第二背鰭は臀鰭基底中央付近に始まる。両背鰭はほぼ同形であるが、第二背鰭がやや小さい。臀鰭は基底が長く、基底長は第一背鰭基底長の1.5倍程度。臀鰭と尾鰭下葉は広く離れる。尾鰭の上縁には変形した大きな鱗がある。体は背面が灰色で、暗色の鞍状斑がある。体の腹面は白い。水深350～850m位の大陸斜面にすむ。卵生で、一度に2個の卵を産む。最大で全長70cmほどになる。北西太平洋に分布する。(ヤモリザメ属, 17種)

ナガサキトラザメ *Halaelurus buergeri*

体は細長い。吻は短い。口は小さく、口角部に小さな唇褶がある。第一背鰭は腹鰭基底後端付近に始まり、第二背鰭よりやや大きい。第二背鰭は臀鰭基底後半上に始まる。臀鰭は第二背鰭よりやや小さく、起部は両背鰭間隔の中央よりやや後ろ。体は茶褐色で、暗色の鞍状斑や斑紋があり、その中に黒色点が散在する。腹面は白っぽい。水深80～210mの大陸棚や大陸斜面にすむ。卵生であるが、発育段階の異なる多くの卵殻卵を輸卵管に同時にもつ複卵生種(P.124)。最大で全長60cm位になる。北西太平洋に分布する。(ナガサキトラザメ属, 7種)

モヨウウチキトラザメ *Haploblepharus edwardsii*

体は太い。吻は短い。鼻孔の前鼻弁は大きく、左右の鼻弁が合一して、口に達する。鼻口溝がある。両背鰭はほぼ同大で、第一背鰭は腹鰭基底の後端付近から始まる。第二背鰭は臀鰭基底の中央付近から始まる。体には鞍状斑や複雑な斑紋や斑点があり、鞍状斑などの周囲は暗色で、さらに体中に小白点がある。腹面は白っぽい。浅海から水深300m位の大陸斜面にすむ。卵生で、一度に2個の卵を産む。最大で全長65cm位になる。南アフリカ近海に分布する。(ウチキトラザメ属：新称, 4種)

ヒロガシラトラザメ（新称）*Holohalaelurus regani*

体は細長いが、特に尾部が伸長する。頭部は幅が広い。前鼻弁は左右が分離し、口に達しない。口角部に唇褶がない。第一背鰭は腹鰭基底の後端付近に始まる。第一背鰭は第二背鰭より小さい。第二背鰭は臀鰭基底の後半部に始まる。臀鰭は第一背鰭よりも後から始まり、基底が長い。尾鰭は細長い。体には暗色斑紋が密に並び、斑紋が白く縁取られるため、体全体に白い網目模様がある。腹側は白っぽい。頭や胴部の腹側に小黒点がある。浅海から水深1,000mの大陸斜面にすむ。卵生で、一度に2個の卵を産む。最大で全長70cmほどになる。アフリカ南部に分布する。（ヒロガシラトラザメ属：新称, 5種）

イモリザメ *Parmaturus pilosus*

体は太く短い。吻は短く、吻長は口幅の2／3位しかない。眼は大きい。口角部に唇褶がある。第一背鰭は腹鰭基底前半に始まり、第二背鰭は臀鰭基底後半上にある。両背鰭はほぼ同形、同大。臀鰭は背鰭より大きくて高く、基底長は第一背鰭基底長の1.5倍程度。尾鰭の上縁には変形した大きな鱗がある。体背面はほとんど一様な明暗色で、腹部は白っぽい。水深350〜1,200m位の大陸斜面にすむ。卵生。最大で全長65cm位になる。北西太平洋に分布する。（イモリザメ属, 9種）

（斜め上からの写真）

ペンタンカス *Pentanchus profundicolus*

体は細長い。吻は薄く、ヘラ状。口角部にある上顎の唇褶は下顎の唇褶より明らかに長い。背鰭は1基しかなく、その起部は臀鰭基底中央にあり、基底の後端は臀鰭後端と対在する。臀鰭は基底が非常に長く、臀鰭と尾鰭下葉は接する。胸鰭と腹鰭は近接する。鱗は密生し、皮膚は滑らか。体は一様な暗灰色（写真個体はアルコール標本のため変色している）。本種は背鰭が一基しかないという著しい特徴をもつが、背鰭を欠くこと以外はヘラザメ属に非常に類似する。現在までに、フィリピンや日本から数例が報告されているが、奇形の可能性も含めて検討を要する。（ペンタンカス属, 1種）

ヒョウモントラザメ *Poroderma pantherinum*

体は太い。吻は短い。鼻部の前鼻弁はヒゲ状に伸長し、口付近に達する。口は小さく、口角部に小さな唇褶がある。第一背鰭は腹鰭基底の後端付近に始まり、第二背鰭よりかなり大きい。第二背鰭は臀鰭基底中央上に始まる。臀鰭は第二背鰭より大きく、起部は第一背鰭基底の後端下にある。尾鰭下葉はやや突出する。体や鰭にはバラ状斑紋や小斑点がヒョウ柄模様のように配列する。腹面は白っぽい。沿岸から水深260mほどの大陸斜面にすみ、夜行性。卵生で一度に2個の卵を産む。最大で全長75cm程度になる。南アフリカ近海に分布する。(ヒゲトラザメ属：新称, 2種)

パタゴニアトラザメ（新称）*Schroederichthys bivius*

体は細長く、とくに尾部は長い。吻は短く円い。口角部には唇褶があるが、上顎の唇褶は上顎前端に達しない。鼻孔の前鼻弁は口に達しない。第一背鰭は腹鰭基底後端上に始まり、第二背鰭とほぼ同大。第二背鰭は臀鰭基底後端上に始まる。臀鰭は第二背鰭より小さい。体は地色が灰褐色で、黒褐色の鞍状斑や黒い点状斑があり、さらに白点が散在する。腹面は白っぽい。沿岸域から水深400m程の大陸棚と大陸斜面にすむ。卵生。最大で全長80cmほどになる。チリ沿岸の太平洋とアルゼンチン沿岸の大西洋に分布する。(クラカケトラザメ属, 5種)

トラザメ *Scyliorhinus torazame*

吻は短く円い。口は小さく、下顎口角部に小さな唇褶があるが、上顎には唇褶がない。鼻孔の前鼻弁は小さく、口に達しない。第一背鰭は腹鰭基底後端上に始まり、第二背鰭より大きい。第二背鰭は臀鰭基底後半上に始まり、臀鰭よりも後ろにある。臀鰭は第二背鰭より大きい。体には単純な鞍状斑や不規則なブチ状の斑紋や斑点がある。腹面は白っぽい。沿岸域の水深100m以浅の砂泥底や岩場にすむが、水深300mからの記録もある。卵生で一度に2個の卵を産む。最大で全長50cmになる。北西太平洋に分布する。(トラザメ属, 17種)

タイワンザメ科 Proscylliidae

眼は細長く、瞬皮がある。第一背鰭は腹鰭より前にある。第一背鰭と第二背鰭は大きく、ほぼ同形同大。尾鰭下葉はほとんど突出しない。尾柄の上下に凹窩がない。
3属からなる。

（イラスト）

マダラドチザメ（新称）*Ctenacis fehlmanni*

体はやや太い。吻は短く円い。前鼻弁は小さく、その後端は口よりかなり前にある。口角部に小さな唇褶がある。第一背鰭の起部は胸鰭後端の上にある。第二背鰭は臀鰭よりもやや前にある。臀鰭は第二背鰭より小さい。体の背面には赤褐色の鞍状斑が並び、各鞍状斑の間や鰭には円状の小斑点や垂直線がある。1個体のみが水深70～170mの大陸棚で採集された。おそらく胎生であろう。採集個体は成熟したメスで、全長46cmだった。北西インド洋（ソマリア）沖に分布する。（マダラドチザメ属：新称，1種）

オナガドチザメ *Eridacnis radcliffei*

体は細長い。吻は短く円い。口角部に唇褶がない。第一背鰭の起部は胸鰭基底直後にある。第二背鰭と臀鰭はほぼ対在する。臀鰭は第二背鰭より小さい。尾鰭は細長く、全長の1／3位ある。体は褐色で、尾鰭には2つの暗褐色の帯状斑があり、両背鰭にも暗色斑がある。水深70～750mの大陸棚や大陸斜面の泥底にすむ。最も小さなサメの1つで、最大でも全長25cm位にしかならない。西部太平洋や北部インド洋沖の熱帯海域に分布する。（オナガドチザメ属，3種）

タイワンザメ *Proscyllium habereri*

体は細長い。吻は短く、やや尖る。前鼻弁は大きく、口の前付近まで伸びる。口角部に小さな唇褶がある。第一背鰭の起部は両鰭基底間のほぼ中央。第二背鰭は臀鰭よりもやや後方にある。臀鰭は第二背鰭よりはるかに小さい。体は茶褐色で不明瞭な鞍状斑があり、体背面や鰭には瞳孔大より大きい黒色点が散在し、さらに僅かな白色点も混じる。第一背鰭の先端は黒い。水深100～300mの大陸棚上や大陸棚縁辺部にすむ。卵生。最大で全長65cmほどになる。北西太平洋に分布する。（タイワンザメ属，3種）

チヒロザメ科 Pseudotriakidae

眼は細長く、瞬皮がある。第一背鰭は腹鰭よりもかなり前にある。第一背鰭の基底はときに非常に長い。第二背鰭は大きい。尾鰭下葉はほとんど突出しない。尾柄の上下に凹窩がない。3属からなる。

トガリドチザメ *Gollum attenuatus*

体は細長い。吻は長く、吻の前部は細い。頭部は幅が広く、扁平。口角部に小さな唇褶がある。第一背鰭は胸鰭と腹鰭の間にあり、その起部は胸鰭末端付近上。第一背鰭と第二背鰭はほぼ同大。第二背鰭は臀鰭のほぼ真上にある。臀鰭は第二背鰭より小さい。尾鰭の背縁には肥大鱗がある。体は灰褐色で、腹面は白い。水深100〜700mの大陸斜面にすむ。胎生。最大で全長1mほどになる。ニュージーランド周辺海域に分布する。(トガリドチザメ属, 1種)

ヒメチヒロザメ（新称）*Planonasus parini*

体は比較的高い。吻はほどほどに長く、ベル状。口は大きく、唇褶は短い。口蓋に多くの絨毛状突起がある。第一背鰭は低くて長い三角形状。第二背鰭は腹鰭基底後端に始まり、第一背鰭より明らかに高い。尾柄部は短い。体は薄黒い灰褐色で、体側や頭部の腹面はより黒い。各鰭の縁は黒っぽく、第一背鰭の後端は明瞭に白い。水深560〜1,120mの大陸斜面にすむ。全長490〜560mmで成熟をする小型のサメであるが、生殖方法などは不明。北西インド洋から報告された。(ヒメチヒロザメ属：新称, 1種)

チヒロザメ *Pseudotriakis microdon*

体は太いが柔軟。吻は短く、吻端は円みをおびる。口は非常に大きく、眼の後方にまで達し、逆V字形。第一背鰭は基底が非常に長く、起部は胸鰭直後、後端は腹鰭起部付近に達する。第二背鰭は腹鰭後端上に始まり、大きくて高い。臀鰭は第二背鰭よりはるかに小さく、その起部は第二背鰭基底中央付近。歯は小さくて数多く、各顎に200列以上ある。体は一様な暗褐色で、斑紋はない。雑食性で、多様な餌を食べる。水深200〜2,500mの大陸棚や大陸斜面にすむ。食卵タイプの胎生で、2〜4尾の子を産む。最大で全長3mになる。中・西部太平洋、北大西洋、インド洋に分布する。(チヒロザメ属, 1種)

アフリカドチザメ科（新称） Leptochariidae

眼は楕円形で、瞬膜が発達する。前鼻弁がヒゲ状に伸びる。口は強く湾曲し、口角部の唇褶は非常に長い。第一背鰭は腹鰭より前にある。第二背鰭は第一背鰭よりやや小さい。尾鰭下葉はほとんど突出しない。尾柄の上下に凹窩がない。1属からなる。

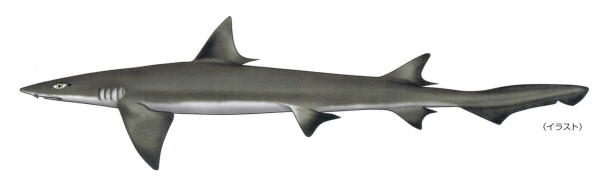

(イラスト)

アフリカドチザメ（新称） *Leptocharias smithii*

体は細長い。吻は短くやや尖る。上顎の唇褶は非常に長く、両鼻孔間の長さほどある。第一背鰭は高く、その起部は胸鰭直後。第二背鰭は臀鰭とほぼ対在し、臀鰭より大きい。臀鰭起部は第二背鰭起部よりも後方。両顎歯は同形で、1〜数尖頭からなる。体は淡灰褐色で、腹側は白い。水深10〜75mの大陸棚にすむ。胎盤タイプの胎生で、7尾程度の子を産む。最大で全長80cmほどになる。南東大西洋の熱帯海域（アフリカ沿岸）に分布する。（アフリカドチザメ属：新称, 1種）

ドチザメ科 Triakidae

眼は楕円形で、おもに瞬皮がある。口角部に唇褶がある。第一背鰭は腹鰭より前にある。第二背鰭は第一背鰭よりやや小さい。尾鰭下葉がさまざまに突出する。尾柄の上下に凹窩がない。9属からなる。

ヒゲドチザメ *Furgaleus macki*

吻は短くて円い。前鼻弁がヒゲ状に細長く伸びる。第一背鰭起部は胸鰭末端より後方にある。臀鰭は第二背鰭よりやや後位で、小さい。尾鰭は下葉が突出する。上顎歯は外方に傾き、主尖頭と小さな側尖頭がある。下顎歯は短く、直立する。体は背面が灰褐色で、黒褐色の鞍状斑や大小の斑紋があるが、成長すると薄くなる。腹側は白い。沿岸域から水深200mほどの大陸棚にすむ。卵黄依存型の胎生で、20尾ほどの子を産む。最大で全長1.6mほどになる。オーストラリアの南部と西部に分布する。（ヒゲドチザメ属：新称, 1種）

イコクエイラクブカ *Galeorhinus galeus*

体は細長い。吻は比較的長く尖る。前鼻弁はヒゲ状に伸びない。眼に瞬膜がある。第一背鰭起部は胸鰭末端よりやや後方にある。第二背鰭は第一背鰭よりかなり小さい。臀鰭は第二背鰭と対在し、ほぼ同大。尾鰭は下葉が大きく突出し、尾鰭欠刻から尾鰭末端までの長さは尾鰭全体の長さの半分近くある。歯は薄く、外方に傾き、3～5つの尖頭がある。体は背面が茶灰色で、腹側は白い。沿岸域から水深800mほどの大陸斜面にすむ。胎生で最大で50尾ほどの子を産む。最大で全長2mほどになる。中・東部および南太平洋、北東および南部大西洋に分布する。（イコクエイラクブカ属，1種）

（イラスト）

セビロドチザメ（新称）*Gogolia filewoodi*

体は細長い。吻は非常に長く、口前吻長は口幅の1.5倍以上ある。第一背鰭は非常に大きく、その基底は胸鰭と腹鰭の間を占め、尾鰭上葉の長さとほぼ等しい。臀鰭は第二背鰭よりもかなり小さく、その起部は第二背鰭の起部よりも後ろにある。尾鰭下葉は突出する。歯は薄く、外方に傾き、上顎歯には多くの尖頭がある。体は灰褐色で、腹側は白い。今までに全長74cmのメス1個体のみが知られている。胎生で、この個体は2尾の胎仔をもっていた。西部太平洋（ニューギニア北部）で採集された。（セビロドチザメ属：新称, 1種）

エイラクブカ *Hemitriakis japanica*

体は細長い。吻は短くやや尖る。口角部の唇褶は上顎のものがより長い。後鼻弁はほとんど発達しない。第一背鰭の起部は胸鰭末端かやや後方。両背鰭は鎌状にならない。第二背鰭は臀鰭と対在し、臀鰭より大きい。臀鰭起部は第二背鰭起部よりも後方。尾鰭は小さく、下葉はやや発達して突出する。歯は薄く、外方に傾き、3～5つの尖頭がある。体は背面が茶灰色で、腹側は白い。水深約100mの大陸棚縁域から700m位までの大陸斜面付近にすむ。胎生で22尾ほどの子を産む。最大で全長1.2mほどになる。北西太平洋に分布する。（エイラクブカ属, 6種）

ツマグロエイラクブカ *Hypogaleus hyugaensis*

体は細長い。前鼻弁はヒゲ状に伸びない。眼に瞬膜がある。第一背鰭起部は胸鰭末端よりやや後方にある。第二背鰭は第一背鰭の2/3ほどの大きさがある。臀鰭は第二背鰭よりやや後位で、小さい。尾鰭は下葉が突出する。尾鰭欠刻から尾鰭末端までの尾鰭背縁の長さは全体の長さの1/3程度しかない。歯は薄く、外方に傾き、3～5つの尖頭がある。体は背面が茶灰色で、腹側は白い。おもに沿岸域から水深500mほどの大陸斜面にすむ。胎盤タイプの胎生で、10尾ほどの子を産む。最大で全長1.5mほどになる。西部太平洋、インド洋の熱帯から温帯海域に分布する。(ツマグロエイラクブカ属, 1種)

ホカケドチザメ（新称）*Iago garricki*

吻は短くてやや尖る。前鼻弁はヒゲ状に伸びない。第一背鰭は非常に前にあり、その起部は胸鰭基底の前半部上にある。臀鰭は第二背鰭よりやや後位で、かなり小さい。尾鰭は下葉がわずかに突出する。両顎歯はほぼ同形で、主尖頭の両側に小さな側尖頭がある。体は背面が灰褐色で、両背鰭の先端は黒っぽい。腹側は白い。水深250～500mほどの大陸斜面にすむ。胎盤タイプの胎生で、5尾ほどの子を産む。最大で全長75cmほどになる。フィリピンからオーストラリア北部の熱帯海域に分布する。(ホカケドチザメ属：新称, 3種)

ホシザメ *Mustelus manazo*

体は細長い。口角部の唇褶は長く、上顎の唇褶が下顎の唇褶より長い。第一背鰭は胸鰭内縁上に始まる。臀鰭は第二背鰭より著しく小さく、その起部は第二背鰭基底後半下にある。尾鰭下葉はわずかに突出する。歯は敷石状で、密接する。体背面は灰色で、側線より背方に小白色点が散在する。体腹面は白い。主に大陸棚上にすむが、時に水深600m位まで潜る。卵黄依存型の胎生で、22尾ほどの子を産む。最大で全長1.3mを超える。北西太平洋に分布するが、インド洋西部からも記録されている。(ホシザメ属, 27種)

(イラスト)

タレハナドチザメ（新称） *Scylliogaleus quecketti*
体は細長い。吻は短く円い。前鼻弁は大きく、左右の鼻弁がほぼ接し、鼻弁の後部は口に達する。鼻口溝がある。両背鰭はほぼ同形同大で、後縁は内側に湾入する。第一背鰭は胸鰭内縁上で始まる。臀鰭は第二背鰭より著しく小さく、その起部は第二背鰭基底前半にある。尾鰭下葉はわずかに突出する。歯は敷石状で、密接する。体背面は灰色で、腹面は淡い。浅海にすみ、ときに波打ち際まで来る。胎生で2〜4尾の子を産む。最大で全長1mを超える。南西インド洋（南アフリカ）に分布する。(タレハナドチザメ属：新称, 1種)

ドチザメ *Triakis scyllium*
体は太短い。吻は短く、吻端は円い。口角部の唇褶は大きく、上顎の唇褶がより長い。第一背鰭は胸鰭と腹鰭の間にある。臀鰭は第二背鰭よりかなり小さく、その起部は第二背鰭基底中央付近にある。尾鰭下葉はやや突出する。歯は厚みがあり、やや外方に傾いた3尖頭からなる。体は全体に灰色で、暗色の鞍状斑や黒い不定形の小斑点が体に散在する。水深30〜150mの浅海を好み、藻場、汽水域などにもすむ。卵黄依存型の胎生で、20尾ほどの子を産む。最大で全長1.5m位になる。北西太平洋に分布する。(ドチザメ属, 5種)

ヒレトガリザメ科 Hemigaleidae
眼は楕円形で、瞬膜がある。口角部にある唇褶は長い。胸鰭や腹鰭の後縁は内側に湾入する。
第一背鰭は腹鰭よりかなり前にあり、腹鰭よりも胸鰭に近い。
第二背鰭の大きさは第一背鰭の2／3程度。
臀鰭は第二背鰭より小さく、起部は第二背鰭起部よりもやや後ろ。
尾鰭下葉が突出し、尾鰭上葉の背縁は波打つ。尾柄に凹窩がある。
4属からなる。

カギハトガリザメ（新称） *Chaenogaleus macrostoma*
体や吻は細長い。鰓孔は大きく、長さは眼径の2倍くらいある。上顎の唇褶は下顎の唇褶より長い。歯は単尖頭で、下顎歯は長く、下顎面から大きく突出する。体は一様な灰色。水深160m以浅の沿岸浅海域にすむ。胎盤タイプの胎生で、数尾の子を産む。最大でも全長1.2mほどにしかならない。西部太平洋、インド洋の熱帯から亜熱帯海域に分布する。
(カギハトガリザメ属：新称, 1種)

オーストラリアヒレトガリザメ（新称）*Hemigaleus australiensis*

吻は比較的短い。鰓孔の長さは眼径とほぼ等しい。上顎の唇褶は下顎の唇褶より長い。歯は単尖頭で短く、両顎歯ともにあまり突出しない。体は一様な灰色で、腹面は白い。浅海から水深170mほどまでの大陸棚上にすむ。胎盤タイプの胎生で、最大で20尾ほどの子を産む。最大で全長1.1mほどになる。オーストラリア北部に分布する。（ヒレトガリザメ属，2種）

カマヒレザメ *Hemipristis elongata*

吻は短く円い。鰓孔は大きく、長さは眼径の3倍くらいある。両顎の唇褶はほぼ同長。歯は単尖頭で長く、口から突出する。体は一様な灰銅色で、腹面は白い。浅海から水深130mほどまでの大陸棚上にすむ。胎盤タイプの胎生で、最大で10尾ほどの子を産む。最大で全長2.3mほどになる。西部太平洋、インド洋の熱帯から温帯海域に分布する。（カマヒレザメ属，1種）

テンイバラザメ *Paragaleus tengi*

体は細長い。鰓孔は小さく、長さは眼径とほぼ等しい。上顎の唇褶は下顎の唇褶より長い。歯は単尖頭で、下顎歯は短く、あまり突出しない。体は一様な灰色。沿岸性で大陸棚上にすむ。胎盤タイプの胎生。テンイバラザメのサメは小型で、最大でも全長1mほどにしかならない。南日本から東南アジアに分布する。（テンイバラザメ属，4種）

メジロザメ科 Carcharhinidae

眼は円形で、瞬膜がある。第一背鰭は腹鰭より前にあり、多くの種では腹鰭へよりも胸鰭に近い。第二背鰭は大部分の種で第一背鰭よりかなり小さい。尾鰭下葉が大きく突出し、尾鰭上葉の背縁は波打つ。尾柄に凹窩がある。12属からなる。

ツマジロ *Carcharhinus albimarginatus*

吻は短く、円い。第一背鰭起部は胸鰭内縁上にある。第二背鰭は小さく、臀鰭とほぼ対在する。臀鰭は第二背鰭とほぼ同大。両背鰭間に隆起線がある。上顎歯は幅広の三角形状で、両縁の中央付近に浅い切れ込みがあり、縁辺には鋸歯がある。下顎歯は細長い。体の背面は一様な暗灰色。背鰭、胸鰭、腹鰭、尾鰭の後縁は明瞭に白い。表層から水深100m位までの大陸や島付近にすむ。胎盤タイプの胎生で、10尾ほどの子を産む。最大で全長3mになる。太平洋、インド洋の熱帯海域に分布する。(メジロザメ属, 34種)

イタチザメ *Galeocerdo cuvier*

吻は非常に円い。第一背鰭起部は胸鰭内縁上にある。第二背鰭は小さく、臀鰭より少し前にある。尾柄の側面には弱いキールがある。両顎歯はハート形で厚く、縁辺には強い鋸歯がある。体は地色が灰色で、背側部には暗色の垂直線や斑点があり、大きくなるにつれ薄くなる。体の腹面は白い。浅海から水深140m位にすむが、港や礁湖などにも進入する。卵黄依存型の胎生で、最多で80尾ほどの子を産む。最大で全長7.4mほどになる。太平洋、インド洋、大西洋の熱帯・亜熱帯海域に分布する。(イタチザメ属, 1種)

ギャリックガンジスメジロザメ(新称) *Glyphis garricki*

吻は短く、円い。第一背鰭起部は胸鰭基部上にある。第二背鰭は大きく、高さは第一背鰭の高さの半分以上。臀鰭は第二背鰭よりわずかに小さい。上顎歯は幅広の三角形状で、縁辺には鋸歯がある。体の背面は一様な灰色。頭部の背面の灰色と腹面の白色の境界線は明瞭で、眼の下方を走る。胸鰭先端の腹面には黒色部がない。海、汽水域、淡水域にすむ。胎盤タイプの胎生で、10尾ほどの子を産む。最大で全長3mほどになる。オーストラリア北部とニューギニア南部の海域に分布する。(ガンジスメジロザメ属, 3種)

ツバクロザメ *Isogomphodon oxyrhynchus*

吻は非常に細長く、先端は尖る。眼は小さい。第一背鰭起部は胸鰭基部上にある。臀鰭は第二背鰭よりやや小さく、第二背鰭の下にある。胸鰭は幅広で非常に大きい。両顎歯は細長くて直立し、上顎歯には鋸歯がある。体の背面は一様な灰色〜黄灰色で、腹面は白い。浅海性で、大陸や島付近にすむ。胎盤タイプの胎生で、8尾ほどの子を産む。最大で全長1.5mほどにしかならない。南アメリカの大西洋沿岸の熱帯海域に分布する。(ツバクロザメ属, 1種)

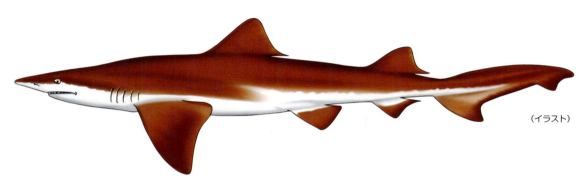

(イラスト)

オオヒレメジロザメ(新称) *Lamiopsis temmincki*

吻は長く、口前吻長は口幅と等しい。第一背鰭は大きく、その基底部は胸鰭と腹鰭の中間にある。第二背鰭は第一背鰭よりやや小さい。臀鰭は第二背鰭の直下にあり、第二背鰭より小さく、その後縁はほぼ直線状。上顎歯は幅広の三角形状で、縁辺には鋸歯がある。下顎歯は細長い。体は一様な淡灰色で、腹面は白い。沿岸や内湾などにすむ。胎生で、4〜8尾ほどの子を産む。最大で全長1.7mになる。西部太平洋、北東インド洋の熱帯海域に分布する。(オオヒレメジロザメ属:新称, 2種)

トガリメザメ *Loxodon macrorhinus*

体は細長い。吻は長く、尖る。眼は円いが、後縁に特徴的な切れ込みがある。第一背鰭は胸鰭と腹鰭の中間に位置する。第二背鰭は臀鰭より後ろにあり小さい。臀鰭は第二背鰭よりやや大きいが低い。尾柄側面に弱いキールがある。両顎歯はほぼ同形で、主尖頭が大きく外方に傾き、その切縁は滑らか。体は地色が灰色で、体の腹面は白い。水深約120mまでの大陸や島などの周辺海域にすむ。胎盤タイプの胎生で、4尾ほどの子を産む。最大で全長1m弱になる。西部太平洋、インド洋の熱帯から亜熱帯海域に分布する。(トガリメザメ属, 1種)

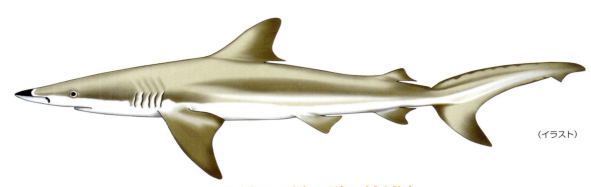

（イラスト）

ハナジロメジロザメ（新称）*Nasolamia velox*

体は細長い。吻は非常に細長く、吻端は尖る。両鼻孔は近接し、その間隔はほぼ鼻孔径に等しい。第一背鰭起部は胸鰭内縁上にある。第二背鰭は第一背鰭と比べて非常に小さく、臀鰭と対在する。臀鰭は第二背鰭より大きい。上顎歯は外方に折れ曲がった三角形状で、鋸歯がある。下顎歯は細長い。体は一様な灰褐色から淡褐色で、吻端背面には白く縁取られた黒点がある。沿岸域から水深190m位までの大陸棚にすむ。胎盤タイプの胎生で、5尾ほどの子を産む。最大で全長1.6mを超える。東部太平洋の熱帯海域に分布する。（ハナジロメジロザメ属：新称，1種）

レモンザメ *Negaprion acutidens*

吻は短くて広く、先端は円い。眼は楕円形。第一背鰭は胸鰭と腹鰭の中間に、第二背鰭は臀鰭基底上に位置する。第一背鰭と第二背鰭は大きく、ほぼ同形同大。臀鰭は第二背鰭よりは小さいが、高い。各鰭の先端は尖る。両顎歯はナイフ状で、切縁は滑らか。体は黄色みを帯びた灰色で、体の腹面は白い。水深90m位までの入り江、河口、珊瑚礁域などの濁った水域を好む。胎生で10尾ほどの子を産む。最大で全長3mを超える。中・西部太平洋、インド洋の熱帯から亜熱帯海域に分布する。（レモンザメ属，2種）

ヨシキリザメ *Prionace glauca*

体は細長い。吻は細長く、尖る。第一背鰭は胸鰭よりも腹鰭に近い。第二背鰭は臀鰭と対在する。胸鰭は非常に細長く、鎌状。尾鰭の側面に弱いキールがある。上顎歯は幅広で、外方に湾曲した高い三角形状で、鋸歯がある。下顎歯は細長く、鋸歯はない。体は背面が一様な暗青色〜緑青色で、腹面は白い。主に大陸棚の外側の水深350m以浅にすむ。胎盤タイプの胎生で、ふつうは30尾ほどの子を産むが、135尾を産んだ記録もある。最大で全長4m位になる。世界の熱帯から亜寒帯の海域に分布する。（ヨシキリザメ属，1種）

ヒラガシラ *Rhizoprionodon acutus*

体は細長い。吻は長く尖る。第一背鰭は胸鰭と腹鰭の中間にある。第二背鰭は臀鰭基底上から始まり、臀鰭よりやや後ろにある。臀鰭は第二背鰭よりわずかに大きい。尾鰭起部の尾柄上下に凹窩がある。両顎歯はほぼ同形で、主尖頭が大きく外方に傾き、その切縁は滑らか。体は地色が灰色で、腹面は白い。沿岸から大陸棚上の中層から海底付近にすみ、河口域に入ることもある。胎盤タイプの胎生で、5尾ほどの子を産む。最大で全長1.5mを超える。西部太平洋、インド洋、東部大西洋の熱帯から亜熱帯海域に分布する。（ヒラガシラ属，7種）

トガリアンコウザメ *Scoliodon laticaudus*

体は細長い。吻は薄くて長く、尖る。第一背鰭は胸鰭よりは腹鰭に近く、第一背鰭の最後端は腹鰭基底上に達する。第二背鰭は臀鰭基底後半上から始まる。臀鰭は第二背鰭より大きく、基底は第二背鰭に比べて非常に長い。胸鰭は三角形状。両顎歯は主尖頭が大きく外方に傾き、その切縁は滑らか。体は銅灰色で、腹面は白い（写真個体はアルコール標本のため変色している）。沿岸性で、熱帯域の大河の下流域にまで進入する。胎盤タイプの胎生で、14尾ほどの子を産む。最大で全長75cmほどにしかならない。西部太平洋、インド洋の熱帯から亜熱帯海域に分布する。（トガリアンコウザメ属，2種）

ネムリブカ *Triaenodon obesus*

吻は短く、円い。眼は楕円形。第一背鰭は胸鰭よりも腹鰭に近い。第二背鰭は第一背鰭とほぼ同形。臀鰭は第二背鰭と対在し、ほぼ同大。両顎歯はほぼ同形で、大きな主尖頭とその両側に小さな尖頭がある。体は背面が一様な灰褐色で、不規則な暗色のぶち状斑点がある。第一背鰭と尾鰭上葉の先端部は白い。珊瑚礁や砂泥底など水深40m位までの浅海にすむが、ときに300mくらいまで潜る。昼間はあまり活動せず、夜間に活発に索餌をする。胎生で5尾ほどの子を産む。最大で全長1.7mになる。中西部太平洋、インド洋の熱帯から亜熱帯海域、ガラパゴス諸島や中央アメリカ太平洋岸に分布する。（ネムリブカ属，1種）

シュモクザメ科 Sphyrnidae

頭部が左右に板状に張り出す。張り出しの前縁には鼻孔が、先端には円い眼がある。瞬膜(しゅんまく)がある。両顎歯は外方に傾いた幅狭い三角形状で、切縁は滑らか。第一背鰭(せびれ)は胸鰭(むなびれ)直後にあり、非常に高い。臀鰭は第二背鰭より大きく、第二背鰭より前に始まる。胸鰭は三角形で小さい。尾鰭(おびれ)下葉は突出する。
2属からなる。

インドシュモクザメ *Eusphyra blochii*

頭部の張り出しは非常に長く、体を背方から見るとT字状を呈する。頭部張り出しの前縁は波打つ。第一背鰭は胸鰭基部上に始まる。体は背面が一様な灰色または暗灰色で、腹面は白い(写真個体はアルコール標本のため変色している)。大陸や島周りの沿岸から大陸棚上にすむ。胎盤タイプの胎生で、10尾ほどの子を産む。最大でも全長 1.8mほどにしかならない。西部太平洋、北東インド洋の熱帯から亜熱帯海域に分布する。(インドシュモクザメ属,1種)

シロシュモクザメ *Sphyrna zygaena*

頭部の張り出し前縁は円みを帯び、その中央部には凹みがない。第一背鰭は胸鰭内縁上に始まる。体は背面が一様な灰色または暗灰色で、腹面は白い。大陸や島周りの沿岸から大陸棚上の沖合にすむ。胎盤タイプの胎生で、30〜40尾の子を産む。大型のシュモクザメで、最大で全長4mほどになる。世界の熱帯から温帯海域に分布する。(シュモクザメ属,8種)

第2章・サメの特徴

　軟骨魚類の祖先は、鱗や歯の化石から、少なくとも今から4億年ほど前の古生代オルドビス紀やデボン紀に出現していたと考えられている。
　そして、現生のサメの直接の祖先が中生代ジュラ紀に出現した。
　したがって、現生のサメの体は1億5千万年〜2億年も前にはほぼ完成していたということになる。ここではそんなサメの体の内部や感覚器官の特徴を説明しよう。

1) サメの解剖学

1-1) 骨格

　サメ類の骨格は軟骨でできている。その骨格は、硬骨魚類と比べると単純で、例えば頭蓋骨は、硬骨魚類ではたくさんの小骨が組み合わされてできているが、サメ類（軟骨魚類全部だが）の頭蓋骨は一塊の軟骨（右図A〜C）だ。口の作りも単純で、上顎（口蓋方形軟骨）と下顎（メッケル氏軟骨）はそれぞれ1対の骨だけだ。その後ろには舌を支える1対の舌弓と、鰓を支える5〜7対の鰓弓の骨がある。背骨は頭蓋骨の後ろから尾鰭の先端まであって、その数は数十個から数百個になる。背骨は尾鰭の先端に向かって少しずつ小さくなっていく。脊椎骨の椎体（背骨の本体）は石灰が沈着し、体を支える骨として強化されている。胸鰭（下図）と腹鰭は特殊な骨（基底軟骨）でそれぞれが肩帯（人の肩胛骨にあたる）、腰帯（人の骨盤）に関節している。鰭は多くの小さな骨（輻射軟骨）とスジ（角質鰭条）で支えられ、背鰭や臀鰭は左右には動かせるが、立てたり寝かせることはできない。

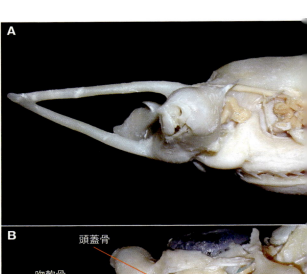

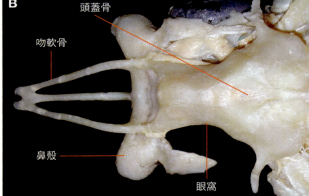

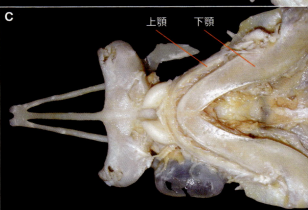

ヒラガシラの頭蓋骨 A側面　B背面　C腹面

アオザメの胸鰭の骨

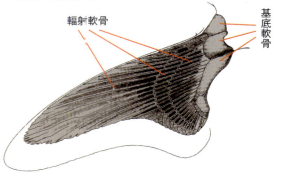

1-2) 筋肉

　筋肉は骨や鰭を動かす骨格筋、消化管などにある内臓筋と心臓の心筋からなる。骨格筋には体側筋（下図A）、鰭を動かす筋肉、摂餌や呼吸に使われる複雑な頭部の筋肉（下図B）などがある。体側筋は横にしたW字状で、前後に並んでいるたくさんの筋節からなり、この筋肉を使って体を左右に振り、前進する。高速で泳ぐアオザメやネズミザメなどでは、胴部の体側に血合肉（奇網）が発達し、体温を周囲の海水温よりも高く保つことができる。頭部には口を閉じる閉顎筋、顎を引き上げる上顎挙筋などがあり、鰭には鰭を上下左右に動かす色々な筋肉がある。

A アブラツノザメの体側筋　B ミツクリザメの頭部の筋肉

1-3) 消化器

　食べ物は、口から食道、胃、十二指腸、腸へと送られ、総排出腔から糞として排泄される（右図A）。

　胃は食物を貯えて消化をするが、サメの胃はV字形で、前半部にあたる袋状の噴門胃と後半部の細長い幽門胃からなる。幽門胃の先には十二指腸があるが、サメではあまりハッキリしていない。腸そのものは短いが、吸収面積を広げるために中に特殊な膜（らせん弁）が発達する（右図B）。総排出腔の直前には、塩類を排泄する直腸腺がある。

　サメの消化腺には、肝臓（右図C）、胆嚢、膵臓（右図A）などがある。肝臓は胆汁（消化酵素）を作り、栄養物質の貯蔵や代謝などの役割を果たしているが、サメ類の肝臓は他の魚類と比べるととても大きく、肝臓が体重の1／4もあるサメもいる。脂質を多く含むサメの肝臓は比重が小さいので、浮き袋の働きをし、サメの体は海水中では中性浮力に近くなっている。膵臓は硬骨魚類では体中に散らばっているが、サメ類では幽門胃と腸の間にある（右図A）。

A アブラツノザメの消化系
B ジンベエザメのらせん弁
C アブラツノザメの肝臓

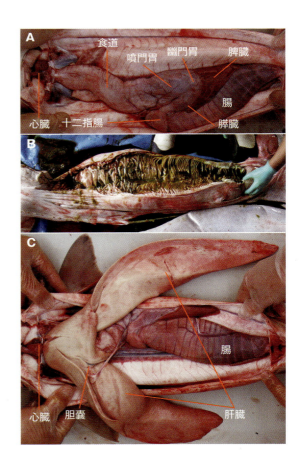

1-4) 生殖器

サメ類はオス、メスが区別できる雌雄異体で、交尾をし、体内受精をする。繁殖方法は卵生か胎生（下図）で、その中でも色々な生殖方法がある。オスには腹鰭の一部が変形した1対の交尾器がある。オスからメスへ、メスからオスへの性転換はしない。（詳細は5章を参照）

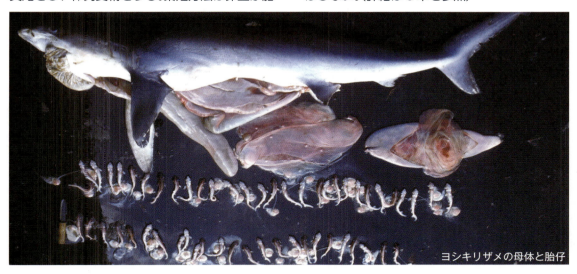

ヨシキリザメの母体と胎仔

1-5) 脳・神経

神経系は中枢神経と末梢神経からなる。中枢神経は脳と脊髄からなる。魚類の脳は高等脊椎動物の脳と比べると小さいが、体重と脳の重さの関係を見ると、サメ類の脳の大きさは硬骨魚類とほ乳類の中間で、硬骨魚類よりは大きく、一部のサメは鳥類やほ乳類と同じくらい大きな脳をもっている（右図A）。

脳は前から、終脳（嗅葉）、間脳、中脳（視葉）、後脳（小脳）、髄脳（延髄）に分けられる（下図B, C）。サメ類の終脳は非常に大きく、おもに嗅覚の中枢となっている。間脳は視覚、味覚、側線感覚などに関わり、生殖行動・物質代謝・ホルモン分泌の調整などが行われている。中脳は視覚中枢で、他に内耳や側線感覚などにも関与する。後脳は延髄や

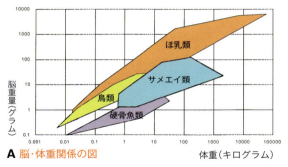

A 脳・体重関係の図

脊髄からの信号を受け、体の平衡感覚や運動の調節に関わる。髄脳は脳の最後部にあって、聴覚、味覚、側線感覚などの感覚と運動の中枢である。髄脳は後ろで脊髄につながっている。

末梢神経は脳や脊髄と体の各部とを結ぶ神経で、脳・脊髄神経と中枢の支配を受けない自律神経からなる。

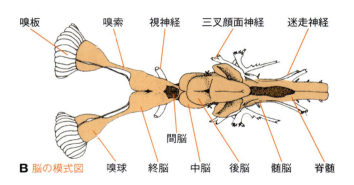

B 脳の模式図

C アブラツノザメの脳

2) サメの知覚

2-1) 嗅覚（におい）

　サメ類がにおいを感知するのは鼻（下図A, B）で、鼻の中（鼻腔）に嗅細胞が並んでいる。におい情報は嗅細胞から嗅索を通り、終脳に伝達される。

　サメが餌を探したり、交尾の相手を探すときには、においが頼りになる。サメの嗅覚は非常に鋭く、プールに数滴の血液を垂らしただけでも、血のにおいをかぎ取ることができるといわれている。これは獲物の体を作っているタンパク質のアミノ酸や排泄物に含まれるアミンなどに敏感に反応するためで、例えばセリン（アミノ酸の一種）には1〜10兆分の1モルで反応し、他のアミノ酸類でも1〜100億分の1モルというごく微量なにおいをかぎ取ることができるそうだ（モルは濃度を表す方式）。

　サメが餌を探す方法を調べた実験がある。鼻につめ物をして餌を探させたところ、両方の鼻につめ物をしたときは餌にたどりつけなかったが、片方の鼻にだけ詰め物をしたときには正確に餌の場所を探すことができた。また、別の実験では、片方の鼻をふさがれたサメはふさがれていない鼻の方向に向きを変えることが多かったという。

　いずれにしてもサメ類の嗅覚が驚異的で、遠くの餌を探すための最も重要な感覚であることは間違いない。

鼻孔　A ウチワシュモクザメ
　　　B シマネコザメ

2-2) 視覚（光）

サメ類の眼は外側から角膜、虹彩、レンズ、ガラス体、網膜などからなり（右図A1）、脊椎動物の眼とほとんど同じだ。虹彩は伸び縮みして、瞳の大きさを変えて眼に入る光の量を調節する。レンズは前後にやや薄い球形で、上からは靭帯でぶら下がり、下には水晶体筋がついている。ピント調節はこの筋肉でレンズを前後に動かして行う。

網膜には2種類の光受容細胞（錐体と桿体）があり、錐体は明るい所で働いて、形や色を見分け、桿体は暗い所でものを見るのに使われる。明るい所で生活するサメ類では錐体と桿体の比が1対1程度だが、いつも暗い深海で生活する種では1対100と暗い所で働く桿体がとても多い。

サメ類の視覚にはもう1つ大きな特徴がある。網膜の後側に小さな鏡（タペータム）があるのだ。弱い光が眼に入ってくると、この光は網膜にある桿体を刺激してから、網膜を通り抜ける。網膜のすぐ後にはタペータムがあるので、弱い光はここで反射して、もう一度桿体を刺激してから、網膜を通過し、眼から出て行く（上図A2）。このように光が桿体を2度刺激するので、暗い所でもものをハッキリと見ることができる。このタペータムは

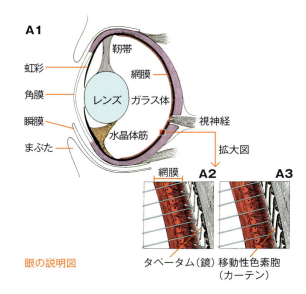

眼の説明図

ハダカイワシなどの深海性硬骨魚類にもあり、ネコなどの夜行性の陸上動物の眼にも発達している。夜行性動物の眼が光って見えるのは眼の奥から反射してくる光のためだ（下図A, B）。そして、明るい時には色素胞がタペータムの前に広がり、鏡をおおってしまう（上図A3）。明るすぎる時はカーテンを使って光の調節をしているようなものだ。しかし、深海性のツノザメ類などではいつも暗い所で生活をしているために、このような仕掛けは必要がない。

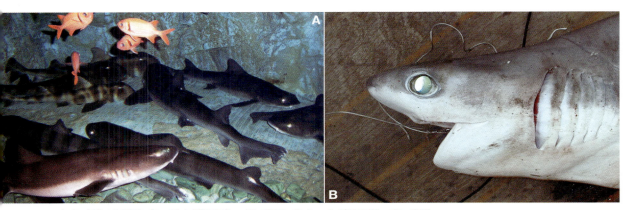

A ドチザメ（手前）、ネコザメ（奥）の光っている眼　B シロカグラの光っている眼

2-3) 聴覚（音）

　人間の耳には外耳、中耳、内耳がある。しかし、サメには外耳と中耳がない。この違いは何を意味しているのだろう。人間は空気中を伝わってくる音を聴くが、人の体の密度は空気と全く違うために音波は体の表面で反射してしまう。だから集音装置（外耳）で音を集め、外耳から中耳、内耳へと音を誘導し、感覚細胞まで音の刺激を伝達する必要がある。一方、サメは水中を伝わってくる音を聴く。サメの体は周囲の海水と同じような密度のために、水中を伝わってきた音はそのまま体の中に伝わり、内耳の感覚細胞を直接刺激することができる。したがってサメには外耳や中耳が必要がないわけだ。

　サメ類の内耳は3つの耳石器官と3つの半規管からなり、内リンパ液で満たされている（上図）。音を聴くにはおもに耳石器官が重要な役割をしていて、中にある感覚有毛細胞の1本の動毛が耳石の動きや内リンパ液の流動により動かさ

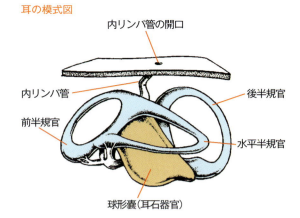

耳の模式図

れ、その結果、音が感知される。半規管はそれぞれが直角に交わる前、後、水平の三半規管からなり、その中の液の流動を感知することで姿勢の制御をし、体の平衡を保つ。サメ類の内耳の構造は脊椎動物の中でもユニークで、内耳の一部（球形嚢）から内リンパ管が頭の上に伸びて外界と通じている。この内リンパ管の役割はよく分かっていない。

2-4) 側線感覚（音・振動）

　側線器は頭や体の体表にあり、感覚細胞が管の中に並ぶ側線管（管器）（右図，下図）と独立している孔器からなる。これらの側線器は近くにいる動物からの信号、水の動き、近くにある音などを感知する。

　野外での実験によると、あるサメは250mも離れた地点から音源に近づいてきたそうだ。また、彼らをもっとも強く引きつけた音は20ヘルツから100ヘルツの低音だった。

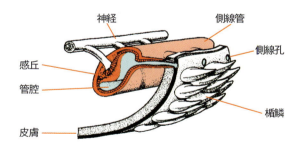

側線の模式図

ラブカの側線

63

2-5) 電気受容感覚（電場、磁場）

サメ類は弱い電場や磁場を感じとることができる特殊な能力をもっている。その役割はロレンチーニ瓶という感覚器が果たしている。

ロレンチーニ瓶（右図）は吻部などにある細長い瓶状の小さな器官で、中はゼリー状物質で満たされている。瓶の底には数個の感覚細胞があり、瓶の入り口は吻部、口や眼の周囲などに小さな穴として開いている（下図A，B）。ロレンチーニ瓶は、地球の磁場を感知し、地磁気を利用して方向を知り、大海原を大回遊をしたり、獲物の筋肉運動で周囲にできる電場を感知して餌を見つけた

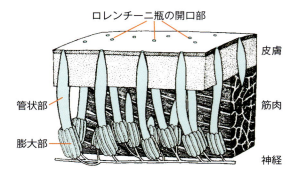
ロレンチーニ瓶の模式図

り、捕食者を避けたり、群れの中での社会関係の維持などに利用されていることが分かってきた。さらに、ロレンチーニ瓶は水温のセンサーとしても働いているようだ。

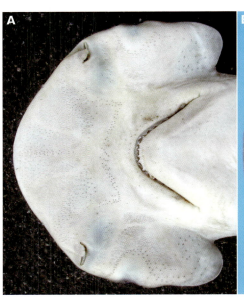
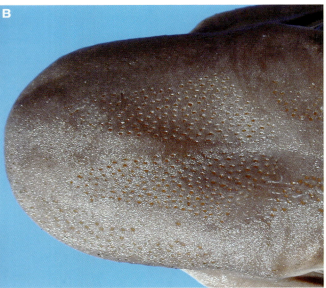

ロレンチーニ瓶の開口部　Aウチワシュモクザメ（頭部腹面，微小な暗色点）Bニホンヤモリザメ（吻部背面）

2-6) 味覚（味）

人間は舌の味覚で食べ物の味を確かめ、食事を楽しむ。サメ類は味覚で目の前にあるものが餌かどうか見きわめ、食べるか食べないかを判断する。味覚の感覚細胞は味蕾（右図）で、サメ類では口や口腔の皮膚にあり、アブラツノザメでは口蓋部に一番数が多かったという。硬骨魚類のコイやヒメジのヒゲには味蕾があるが、サメ類の体表部には味蕾がまだ見つかっていない。

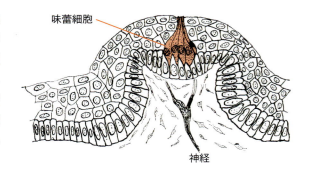
アブラツノザメの味蕾模式図

3) サメの生理学

3-1) 血液循環・呼吸

心臓は左右の胸鰭の間の空所（囲心腔）にあって、一列に並んだ4室からなる（右図）。一番後ろにある第1の部屋は静脈洞とよばれ、全身を回ってきた低血圧の静脈血が集められる袋だ。その後、静脈血は直前にある第2の部屋（心房）に入る。心房は薄い心筋で作られ、心房の入り口と出口にある逆流防止弁と心筋の拍動で血液が第3の部屋（心室）に送り込まれる。心室は非常に厚い心筋で作られており、心室の力強い拍動で血液がその前にある第4の部屋（心臓球）に高圧で送り出される。心臓球の壁も筋肉質で、心室から送り込まれた高血圧の血流を受けとめ、その内側にある逆流防止弁の作用で、血液を前方の腹大動脈に流す。

腹大動脈（下図）に入った静脈血は鰓に送られ、ガス交換が行われて、動脈血となる。この動脈血は背中側にある背大動脈に集められ、全身に送られる。

ネズミザメ目のサメなどは特殊な熱交換器（奇網）をもっている。奇網では、動脈と静脈の毛細血管が集まって密着し、動脈血と静脈血が互いに反対方向に流れている。ここで筋肉活動などにより温められた静脈血の熱が、薄い血管壁を通して鰓で冷やされた動脈血に移されて、動脈血が温かくなる。その後温められた動脈血が全身をめぐるために、奇網をもつサメは体側筋や内臓の温度が周囲の水温よりも高い。このようにして、変温性のサメが体温を高く保つことができ、冷水域でも活発に餌を探したり、泳ぎ回ることができるのだ。

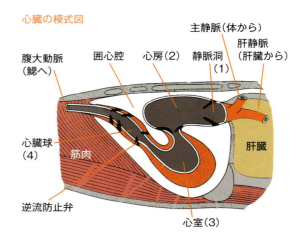

心臓の模式図

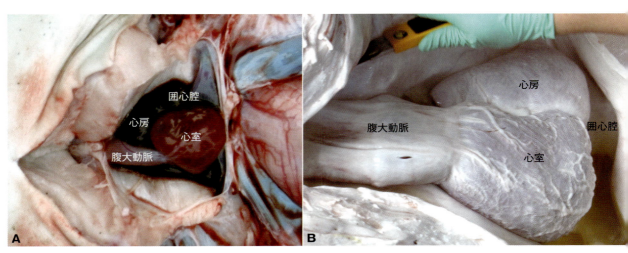

心臓　A アブラツノザメ　B ジンベエザメ

3-2) 排泄・浸透調節

体の中にできた老廃物や浸透圧で体に入った余分な物は、腎臓や鰓などを通じて体外に排出される。しかし、サメ類と硬骨魚類とでは体液の組成に大きな違いがあり、各々が全く違う排泄や浸透調節システムをもっている。

硬骨魚類では、血漿（血液の液体成分）の浸透圧は海水の約1／3しかない（右図，ウナギ）。したがって、海水にすむ硬骨魚類は3倍も濃い水の中で生活をしていることになる。このため、浸透圧作用で体から常に水分が失われていて、日干し状態になる危険がある。だから海産硬骨魚類はいつも海水を飲んで水分を補給しなくてはならないわけだ。一方、サメ類の血漿中には多量の尿素やトリメチルアミンオキサイド（TMAO）という物質があり、血漿の浸透圧は海水の浸透圧よりも少し高くなっている（右図，ドチザメ）。したがって、サメ類の体には水が入ってくるので、逆に水を排出する必要がある。また、サメ類の血中にある尿素は海水には入っていないので、今度は尿素が体から失われてしまうことになる。窒素分の老廃物はおもにアンモニアだが、毒性が強いので体内で

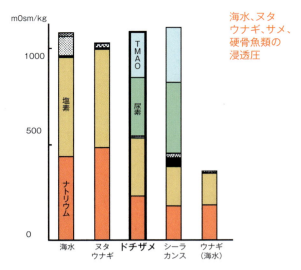

海水、ヌタウナギ、サメ、硬骨魚類の浸透圧

は毒性の低い尿素に変換され、体外に排泄される。しかし、サメ類は腎臓で排泄される尿素の大部分を回収し、再利用するわけだ。サメ類も塩水の中で生活をしているが、血漿中の塩類量は海水の半分程度しかない。だから、塩類が体に侵入し過剰になるが、サメは余分になった塩類を腸の後端にある塩類排泄腺（直腸腺）（下図）や鰓から体外に捨ててしまう。

このようにして、サメ類は体内の環境を一定に保っているわけだ。

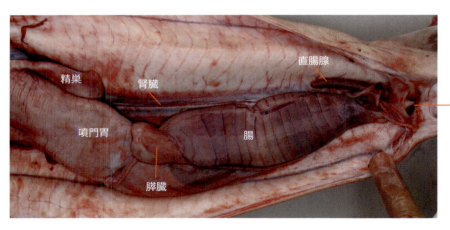

アブラツノザメの腎臓、直腸腺、生殖腺（精巣）、膵臓など

3-3) 内分泌

脳下垂体、甲状腺、副腎、膵臓（上図）、生殖腺、松果体などから、さまざまなホルモンが分泌され、体液を通して必要な器官や細胞に届けられる。内分泌システムは生体機能を調節する大変重要な生理現象である。

第3章・サメの摂餌

1) サメの食事方法

1-1) ジョーズはサメの顎

サメというと、ホラー映画「ジョーズ」を連想し、ジョーズという単語を恐ろしいサメの代名詞と考える人が多い。しかし、「ジョーズ」=「jaws」で、「あご（顎）」のこと、複数だから「両顎」の意味だ。

サメにとっては、「ジョーズ」（右図A～C）は獲物を捕まえる手であり、戦うための武器でもあり、そして食べるためのナイフとフォークでもある。

まずは人間のジョーズの話をしよう。自分の下顎を探してみて欲しい。触ればすぐ分かるだろう。では上顎はどうだろう。上顎も分かるが、頭の骨と癒合しているため、どこまでが上顎かハッキリしない。しかし、サメの上顎は、我々の上顎と違って、頭蓋骨とは別々になっている。

①顎と摂餌法の進化

今から3億数千万年も前の古生代デボン紀後期、クラドセラキ（下図A）という原始的なサメがいた。このサメは風変わりな形をし、現在のサメとは色々な所が違っていた。2億9千万年前の古生代石炭紀中期には、より効率的な形をしたヒボーダス（下図B）というサメが出現し、古いクラドセラキは石炭紀後期には絶滅してしまった。ヒ

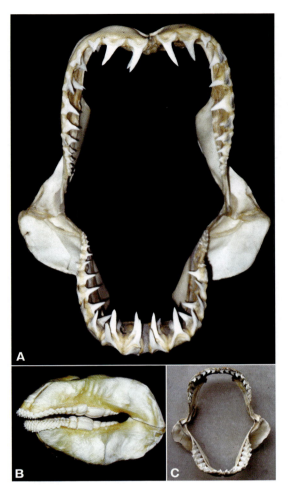

サメの顎骨 A アオザメ B ネコザメ（側面） C イタチザメ

ボーダス類は長い間繁栄したが、次第に近代的なサメに駆逐され、6千5百万年前の中生代白亜紀には絶滅してしまった。

②昔のサメ

このような古生代のサメは、顎骨がとても大きい（次頁上右図）。顎骨は頭蓋骨より長く、上顎の骨は頭蓋骨とぴったりと接していて動きにくそうだ。骨が長いので、体の割には大きな口をしていたと考えられる。こんな古生代のサメはどの様に餌を食べていたのだろう。

古生代のサメの歯は押しつぶしたり、短いフォークのような形だった（次頁左図）。上顎と下

古生代のサメ A クラドセラキ B ヒボーダス

顎はうしろの方で関節し、その関節近くに顎を閉じるための筋肉（閉顎筋）があるが、古生代のサメでは上顎が頭蓋骨とほとんど密着して動かないため、下顎だけを上げ下げして口をパクパクやっていたようだ（右中図）。食べるときは、フォークのような歯を獲物に突き刺して捕らえ、のみ込んでいた。口は体の割には大きかったので、ある程度の大きさのものまでは丸のみし、大きすぎる獲物からは肉片を引きちぎって食べていたに違いない。顎骨は長いので、咬む力はそれほど強くなかったのではないかと考えられる。

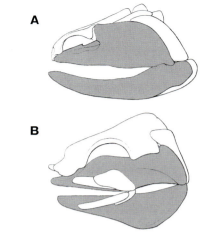

古世代のサメの頭蓋骨と顎骨（灰色）
A ツェナカンサス B ヒボーダス

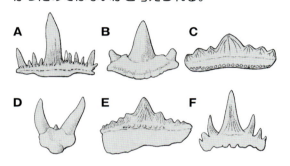

古世代のサメの歯
A,B クラドーダス C プロタクローダス
D ツェナカンサス E, F ヒボーダス

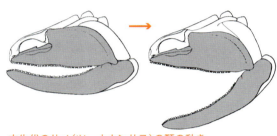

古生代のサメ（ツェナカンサス）の顎の動き

③現在のサメ

　現在のサメの顎骨は古生代のサメの顎骨と比べるとかなり小さい（頭蓋骨と比較してみるとよく分かる）（右図A, B）。顎骨が小さければ、口は小さくなる。小さい口は大口より不利ではないかと思うが、どうもそうではないようだ。

　現在のサメでは、顎骨は頭蓋骨から離れ、別の軟骨（舌顎軟骨）で頭蓋骨からつり下げられている（右図A, Bの黄色の骨）。このために顎骨が頭蓋骨から離れて自由になり、顎骨を動かす色々な筋肉も発達した。顎を器用に動かす能力を獲得したのだ（右図C）。顎骨が短くなったので、閉顎筋が小さくても強い力で顎を咬みしめることができる。閉顎筋が発達すれば、それだけ強烈に餌に咬みつくことができる。そして、この顎骨には様々な形や大きさの歯が発達し、より器用に、そして効率的に獲物を処理することができるようになった。

　現在のサメの口は小さいが、大きな獲物も小さな口を器用に動かして、鋭い歯で切り刻んで食べれば同じことだ。

　サメは、古生代から続いている生存競争の中で、試行錯誤を繰り返し、改良を重ねながらより優秀な「ジョーズ」を獲得してきた。今、サメは海の食物連鎖の頂点に立っているが、「ジョーズ」の進化がなかったら、現在のサメはあり得ない。

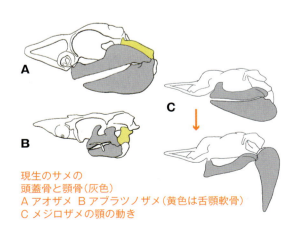

現生のサメの
頭蓋骨と顎骨（灰色）
A アオザメ B アブラツノザメ（黄色は舌顎軟骨）
C メジロザメの顎の動き

1-2) なぜ口が下にある？

古生代のサメなど原始的なサメの口は体の前にあった（下図A〜C）。だが現在のサメは、口が体の下側にあるのがふつうだ（右図A）。しかし、体の一番前に口があった方が餌を捕まえやすいと思う。事実、サケやマグロやコイなど硬骨魚類の口はほとんどが体の前にある（右図B）。

古代ザメの口の位置
A ツェナカンサス B テナカンサス C グッドリクチス

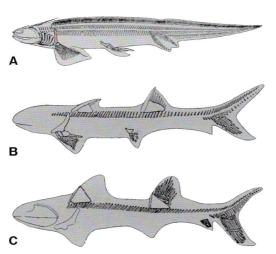

口の位置 A 現生ザメ（ヤジブカ） B 硬骨魚類（ゴマソイ）

なぜサメの口は下にあるのだろう。

大昔のサメは長い顎骨をもち、顎骨が頭蓋骨の真下に位置していたので、大きな口が体の前端に開いていた（下図A〜C）。一方、現在のサメは顎骨が短く、顎骨が頭蓋骨の後ろに後退したため、小さめの口が体の下側に開いている（左下図D〜

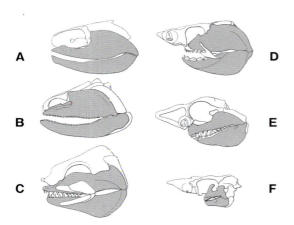

古代ザメ（ABC）と現生ザメ（DEF）の頭蓋骨と顎骨（灰色）
A クラドーダス B ツェナカンサス C ヒボーダス
D エドアブラザメ E アオザメ F アブラツノザメ

F）。大昔のサメと現在のサメの口の位置の違いは、このように体の構造の違いから説明ができる。そして、この違いは大昔のサメが厳しい生存競争の中で、相手よりもより優れた構造や機能を獲得しながら進化してきた結果で、サメの口は体の前にあるより下にあった方が有利だったと結論することができる。

下にあった方が有利なのには、いくつかの理由がある。ひとつは力学的な理由だ。分かりやすくするために紙を切るハサミで説明をしよう。1枚の新聞紙をハサミで切るのは簡単だ。15枚ではちょっと力がいる。30枚では切るのが難しくなる。こういう場合は、ハサミの刃の根元付近を使って切ればいい。これと同じことが顎でも考えられる。大昔のサメは長い顎骨（ハサミ）をもっていた（左下図A〜C）。獲物に咬みつき、しっかりと捕まえるには顎の前部が重要な役割を果たす。しかし、前部は顎の関節から離れているために、咬む力が見かけほどは強くなかったと考えられる。一方、現在のサメは顎骨（ハサミ）が短く、咬む場所が顎関節に近い（根元に近い）（左下図D〜F）ので、それだけ強い力で咬みつくことができる。

顎骨が小さくなると、体がコンパクトになる。

そこに両顎を閉める筋肉（閉顎筋）や顎骨を動かす筋肉が発達した結果、さらに強烈な咬む力と可動的な顎骨を獲得した。口を大きく動かすことができれば、口が小さくなった分の不利益は取り戻すことができる。省エネをしながら、摂餌の効率を大幅に上げることができたわけだ。

　もう１つは感覚機能の改良という点から説明できる。現在のサメの鼻先にはロレンチー二瓶がたくさんある（右図）。ロレンチー二瓶は動物が筋肉運動で発する弱い電流や地球の磁場を感知する感覚器官で、濁った水や泥の中に隠れている獲物を探し出したり、大海原で進んでいる方向を知るための方位磁石の役目もする。したがって、現在のサメの鼻先には優れたレーダーやソナーがあるといっても良いわけだ。

ミズワニの頭部腹面

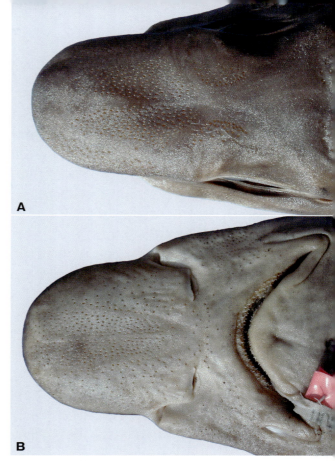

ニホンヤモリザメのロレンチー二瓶　A 吻部の背面　B 吻部の腹面

　古生代の原始的なサメでは頭蓋骨と大きな顎骨が体の前端部を占めていた。したがって、形態的にはあまり余分なスペースはなかっただろう。ラブカは現生のサメの中では例外的に大きな顎骨をもち、体の前端に口がある。この点でラブカは古生代の原始的なサメによく似ているが、ラブカの鼻先にもあまり余分なスペースがなく、ロレンチー二瓶も少ない。したがって、古生代の原始的なサメにロレンチー二瓶があったとしても、数も少なく、働きもあまり良くなかったと考えられる。しかし、顎骨が小型化し、顎骨（と口）が体の前端から下に移って来ると、サメの鼻先に大きな空きスペースができる（左図）。現在のサメではこのスペースにロレンチー二瓶がたくさんある。とくに暗黒の深海底にすむサメではしばしば吻部が長くなり、ロレンチー二瓶が多い（上図）。ロレンチー二瓶が増えれば、感知能力は高くなるだろう。

　獲物を襲うとき、サメは鼻先から獲物に近づいて、獲物に乗り上げるような形になる。ロレンチー二瓶が口の前にあると、咬みつく前に獲物の情報が入ってくる。口が前にあったらできなかったことだ。

　より優秀なものが生存競争に勝ち、劣るものは滅びていく。サメが生存競争に打ち勝つためには、口が体の下になければならなかった、というわけだ。

1-3) 歯の形

　ある古生物学者が「サメは歯だ」と表現したことがある。サメの体や骨格を構成している軟骨は腐りやすく、化石としてほとんど残されることがない。しかし、硬い歯は化石として保存されるので、サメの化石は大部分が歯なのである（右図）。そのため古生物学者のサメのイメージはほとんど歯だけなのだ。サメの映画や雑誌などには、ホホジロザメが大口を開け、歯をむき出している場面がしばしば登場し、口にくわえた獲物を乱暴に食いちぎる様子などを見ると、サメは鋭い恐ろしげな歯をもっていると考えてしまう。

　サメは全て動物食で、植物食性の種はいない。サメが餌として利用する動物は、刺胞動物（クラゲ類）、軟体動物（イカ・タコ類、貝類など）、環形動物（ゴカイ類など）、節足動物（エビ・カニ類などの甲殻類）、棘皮動物（ウニ類など）、そして脊椎動物（魚類、ほ乳類など）まで、大きさもプランクトンからクジラまで非常に幅広い。小さな餌は丸のみにし、大きな餌は肉を食いちぎって食べる。もちろん1つの種類がプランクトンからクジラまで食べるわけではない。サメの血筋やすんでいる場所によって好みの餌があり、歯はその餌を最も食べやすい形になっている。

サメの歯の化石

●メジロザメ類（下図A）

上顎歯は平たい三角形状で、歯の縁には鋸歯（ギザギザ）がある。下顎歯はふつう細長い。この歯で魚や頭足類（イカ・タコ類）を捕らえ、大きな獲物は口のサイズに切って食べる。

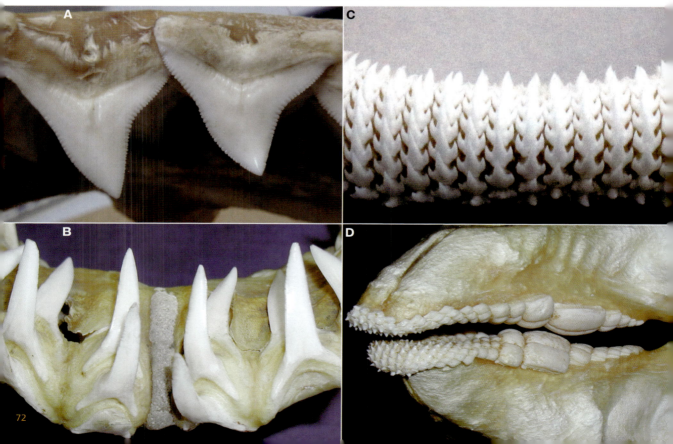

サメの歯　A オオメジロザメ（上顎歯）B アオザメ（下顎歯）C トラフザメ（下顎歯）D ネコザメ（上下顎歯）E ダルマザメ

●アオザメ（下図B）
長くて尖ったクギ状で、魚やイカをくし刺しにし、丸のみする。

●トラフザメ（下図C）
小さいトゲトゲの歯をもち、頭足類（とうそく）、甲殻類（こうかく）（エビ・カニ類）、魚などを食べる。

●ネコザメ（下図D）
奥歯は拳のような形で、硬い殻をもつ貝やエビ・カニなどを咬み砕き、中の身を食べる。

●ダルマザメ（下図E）
下顎歯は大きな三角形の歯で、互いにくっついて1本のノコギリの刃のようになる。この歯で魚やイカ類をスパッと切って食べる。上顎歯はトゲ状。

●ラブカ（下図F）
現生のサメの中では、かなり変わった歯をもっている。歯が三つ又状に分かれていて、この歯で深海魚や頭足類を捕まえて食べる。

●ジンベエザメ（下図G）、ウバザメ（下図H）
歯は米粒くらいかもっと小さい。しかし、プランクトン食のため、歯は餌を食べるのにほとんど役立っていない。プランクトンを水と一緒に呑み込んでしまうため歯は必要ないのだ。

このように種類によって歯の形と食べ物が違うが、成長すると歯の形が変わり、食べ物も変わってくるサメもいる。

例えば、小さいホホジロザメは細長い歯をもっていて、大きくなると幅の広い三角形になる。この変化の理由はホホジロザメが小さいときにはおもに魚を食べているが、大きくなるとアザラシやイルカなどの獣肉を好むようになるためだ。餌の変化に応じ、その時の最も効果的な歯をもつわけだ。

歯は好みの餌を一番食べやすい形になっていると述べた。したがって歯をよく観察すると、歯の形からそのサメが好む餌が分かり、さらにそのサメの生態までもが推測できる。サメの歯をじっくりと見ていると、サメの歯が色々なことを語りかけてくれるのだ。

（下顎歯）F ラブカ（上顎歯）G ジンベエザメ（上顎歯）H ウバザメ（上顎歯）

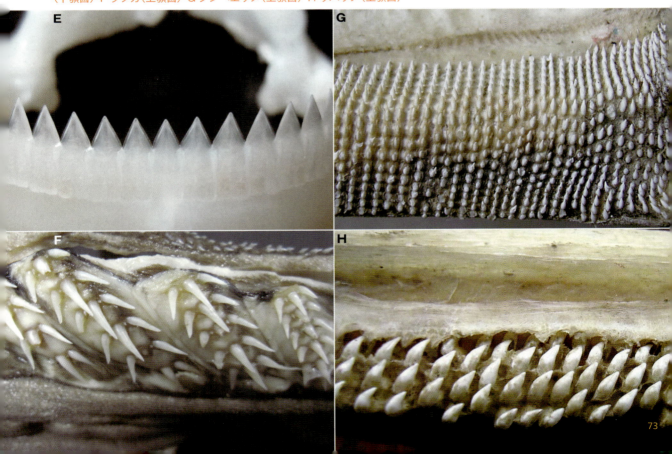

1-4) 歯の交換システム

人間の歯は乳歯と永久歯の2セットだけ。永久歯は一生使わなくてはならないので、毎日歯磨きをして大事に使う。だが、サメの歯は"使い捨て"だ。

人間の歯は顎骨の歯槽という凹みでしっかりと支えられている（右上図）。歯が抜け換わるときには、下から永久歯が上がってきて乳歯を押し出し、代わりに永久歯が歯槽におさまる。上下に動くのでエレベーター方式で交換されるといって良いだろう。

一方、サメの歯は顎骨の歯槽に埋まっているのではなく、骨の表面に乗っているだけで、歯の根本は「歯茎」に埋まっている（右下図）。この歯茎は、不思議なことに、顎骨の上を内側から外側に少しずつすべって動く。

新しい歯の製造工場は顎骨の内側全体にあって（下図）、歯茎に埋まった新しい歯をつぎつぎと作りだす。歯茎は、歯と一緒に顎の外側にジワジワと動いていき、顎骨の角までくるとその歯の出番になる。歯は使っているうちに刃が欠けたり、切れ味が悪くなるが、だんだん顎の外側に回っていき、最終的にはポロリと歯茎から抜け落ちてしまう。そのときには、次の新品の歯が起き上がっていて、代わりを果たすのだ。(右下図)

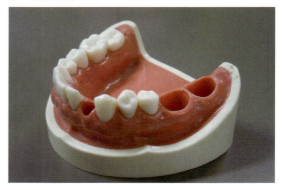

人の歯茎と歯

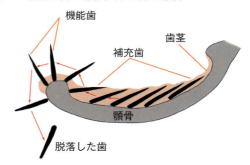

サメの歯茎と歯の動き（矢印は歯の動き）

このようにサメの歯の交換はエスカレーター方式だ。サメの顎の内側を覗いてみると、1つのエスカレーターには3～5本の歯が乗っているのが見える（次頁右図A～D）。その奥には未完成の軟らかな歯があり、新しい歯がつぎつぎに製造されている。こんなエスカレーターが数十本両顎の骨の上に並び、内側から外側に向かってゆっくりと動いているのだ。

ホホジロザメの顎骨（口腔側）

歯が交換される時間はサメの種類によって違い、ある種類ではほぼ1週間に1回の割合で歯が交換され、別の種類では2日で1回歯が抜け換わったという。歯の交換方式は、餌の食べ方や歯の配列によって、少なくとも2つある。

　1つはオンデンザメ（右図C）やダルマザメの下顎歯などに見られる方式で、顎全体の使用中の歯が同時に一斉に抜け落ち、一気に新しい歯に置き換わる。このような歯は顎全体で大きなナイフ状の切縁を形成しているため、バラバラに歯が交換されては都合が悪いのだ。

　一方、アオザメやメジロザメ類（右図A, B, D）では、歯の交換はもっと自由で、歯の位置がバラバラなので、その都度1本ずつ新しい歯に置き換えられていく。

　このように歯を使い捨てしていくサメが、一生に使う歯の数はどのくらいになるのだろうか。手元にあるヨシキリザメの顎を調べてみた（下図）。上顎の左右に15本ずつ、合計30本の歯がある。下顎にも30本の歯がある。上下合わせて60本だ。1週間で1回全ての歯が交換されるとすると、1年間で使う歯は60本の52倍、つまり3120本となる。ヨシキリザメの寿命は20年程度とされているので、1個体が一生に使う歯の数は62,400本にもなる計算だ。

　バリバリ噛んで、ボロボロになった歯をすぐに新品にとり換える。サメが古生代から何億年も繁栄してきた理由の1つはこの素晴らしい歯の交換システムにある。

ヨシキリザメの顎骨と歯

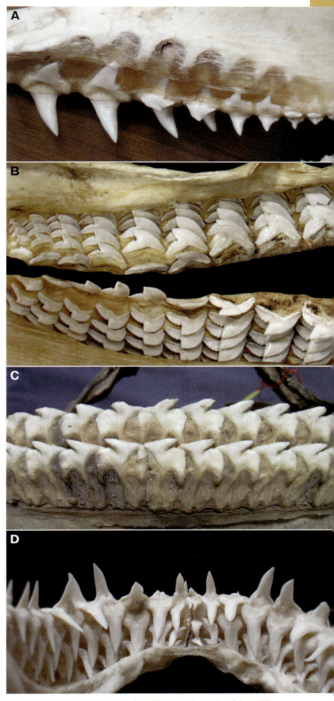

サメの補充歯　A アオザメ（上顎）B イタチザメ（上下顎）
C オンデンザメ（下顎）D ヨシキリザメ（下顎）

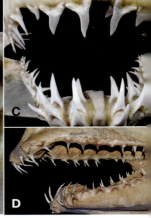

【押さえる歯】　A ネコザメ　B トラフザメ　【刺す歯】C アオザメ　D ミツクリザメ

1-5) 歯の役割と餌の食べ方

　歯は獲物を捕らえ、食べるためのナイフとフォークであり、獲物と戦う武器でもある。サメの歯の形は実にさまざまだが、その形は日頃食べている餌を食べるのに最も都合の良い形になっている。そんな歯をサメの歯の形と役割という観点から調べてみると面白いことが分かってくる。

　サメの歯の役割は、大きく「押さえる」、「刺す」、「切る」の３タイプに整理することができる。

　典型的な「押さえる」歯は丸形や敷石状や小さなトゲ状の歯で、ネコザメ（上図A）、ホシザメ、トラフザメ（上図B）などの歯だ。

　「刺す」歯は楊枝やクイ状の細長い歯で、アオザメ（上図C）やミツクリザメ（上図D）の両顎歯、ホホジロザメの下顎歯（上図E）、ヨシキリザメの下顎歯（前頁右図D）などが典型的な形である。

　「切る」歯は薄く平べったくて、切縁が鋭く、ときにノコギリのようなギザギザ（鋸歯）があり、典型的なものは三角形をしている。ホホジロザメの上顎歯（次頁上図E）やオオメジロザメの上顎歯（72頁図A）、イタチザメ（次頁上図F、前頁右図B）の歯が典型的な「切る」歯だ。形は少し違うがカグラザメの下顎歯（次頁上図G）やオンデンザメの下顎歯（次頁上図H）も「切る」歯になる。

　生物はそう単純ではないので、どのタイプの歯に入れて良いか分からないサメの歯もあるが、大部分はきちんと分けることができる。ただし、摂餌に歯をほとんど使っていないプランクトン食性のサメ（ウバザメ、ジンベエザメ、メガマウスザメ）はここでは考えない。

　このようなサメの歯の役割を詳しく考える前に、大昔の原始的なサメの歯を見てみよう。古生代のサメ類の歯（P.69 左図, 下図）は、その形から想像できるように「押さえる」役割と「刺す」役割しかなかったようだ。中生代になると、現在のサメ類につながる現代型のサメ類が出現したが、これらのサメ類には「切る」歯も見られるようになる。「切る」役割は後に現れたので、「押さえる」歯や「刺す」歯から進化したと考えられるのだ。

　では、現在のサメではこの役割はどうなっているだろう。調査結果は膨大なので、ここでは目レベルで整理した結果を示しておこう（次頁表）。ただし、メジロザメ目は種類が非常に多く、歯の役割からも大きく２分できるので、目を２つに分けて表示してある。また、中には表で示した役割に明瞭には当てはまらないサメもいくつか見ら

ツェナカンサス（古生代のサメ）の歯の化石
A 内面　B 側面　C 外面　D 上面

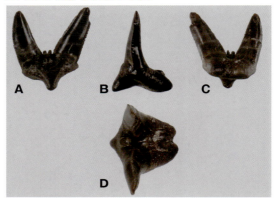

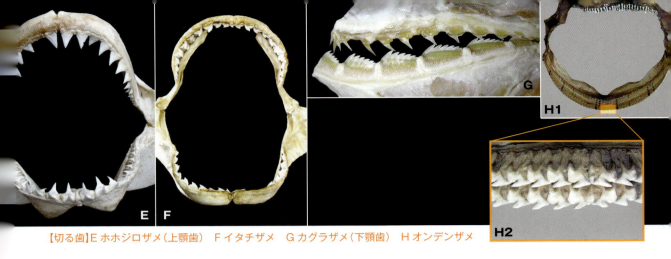

【切る歯】E ホホジロザメ（上顎歯）　F イタチザメ　G カグラザメ（下顎歯）　H オンデンザメ

サメの主な歯の役割

	上顎歯	下顎歯
カグラザメ目	押さえる	切る
キクザメ目	切る	切る
ツノザメ目	刺す	切る
ノコギリザメ目	押さえる	押さえる
カスザメ目	刺す	刺す
ネコザメ目	押さえる	押さえる
テンジクザメ目	押さえる	押さえる
ネズミザメ目	刺す	刺す
メジロザメ目（1）	押さえる	押さえる
メジロザメ目（2）	切る	刺す

れるが、少ないのであまり問題にしなくても良いだろう。この表を見ると、「押さえる」歯や「刺す」歯はサメ全体に見ることができる。しかし、進化した役割の「切る」歯は、上下の歯の形が同形の場合（キクザメ目やイタチザメ）を除き、カグラザメ目とツノザメ目の下顎、それにメジロザメ目（2）の上顎にしか見られないのだ。上顎歯は上から下へ、下顎歯は下から上へ動き、両顎をしっかりと咬み合わせてから獲物を食べる。しかし、同じように獲物から肉片を切り取って食べるにしても、上顎歯で切るのと下顎歯で切るのでは何か違いがありそうだ。

サメは大きな獲物から肉片を切り取るときに、咬みついてから、頭を振り、獲物を乱暴に振り回す。メジロザメ目（2）は上顎歯で獲物を「切る」サメだが、頭を左右に振れば、遠心力と慣性の法則で獲物の肉や骨が上顎歯に食い込み、ナイフを振り回しているように上顎の歯が骨や肉を切断していく。だから、獲物を振り回す乱暴な食事は、上顎に「切る」歯をもったサメ達にはピッタリなのだ。

では、下顎に「切る」歯をもったサメ達に同じ食べ方をさせたらどうなるだろう。上顎には「刺す」歯や「押さえる」歯しかない。獲物を振り回すと、獲物が「刺す」歯や「押さえる」歯に食い込むが、これでは下顎のせっかくの「切る」歯が空回りして、うまく切ることができない。どうしたらよいのだろうか。上で述べたように、彼らの下顎にある「切る」歯は、メジロザメ目（2）の「切る」歯とはかなり様子が違う。となりの歯とピッタリ密着し、顎全体で一本の刃物になるように整然と並んでいる（上図H）。その様子はまるでノコギリのようだ。ノコギリで木を切るには、押しつけながらグイと引くと良い。下顎の「切る」歯も、上顎歯で獲物をしっかりと確保しながら獲物に押しつけて、体を回転させ、下顎を横にグリッとひねると良い。すると下顎の「切る」歯が肉に食い込んでいく。こんな回転式食事法が下顎に「切る」歯をもったサメ達には都合がよい。

左の表では上5目（カグラザメ〜カスザメ）と下4目（ネコザメ〜メジロザメ2）を分けて表示したが、これは両グループが系統的にちょっと遠い関係にあることを意味している。したがって、「切る」歯が上の系統では下顎に、下の系統では上顎に発達したことになる。大きな獲物を襲い、肉を切り取って食べるサメ類でも、系統により体の基本構造が異なっているために、それぞれに最も相応しい食事マナーを獲得したわけだ。

2) 特徴的なサメ
ツイストダンサー ダルマザメ
2-1)

ダルマザメ
Isistius brasiliensis／ツノザメ目　ヨロイザメ科

　"ツイスト"というダンスをご存じだろうか。片足を軸に、上半身を左右に捻るだけの単純なダンスだ。そんなツイストダンスをするサメがいる。その名はダルマザメ。しかし、ダルマという名前とは裏腹に、このサメはスマートな弾丸状の体つきをし、パッチリした眼が愛らしい。このダルマザメの英名は cookie-cutter shark、意味は「クッキー生地の型抜きザメ」だ。なぜこんな変な名前になったのだろう。
　下図（A～C）はダルマザメの食事のあとだ。見事に半球状の肉が食いきられている。彼らは自分の数百倍の大きさの獲物を襲い、このように肉をスッポリと噛み取っていく。中身を食べようとプランクトンネットにかじりつくこともある（下図D）。この様な食事をするにはツイストダンスが必要なのだ。
　ダルマザメの食事法を解明するために、体の仕組みを調べてみよう。
　まずは口。外から見ると小さくて可愛らしい（次頁右上図A）。口の周囲には分厚い唇があり、この唇をめくってみると、口がギョッとするほど大きくなり、鋭い歯が丸見えになる（同図B）。

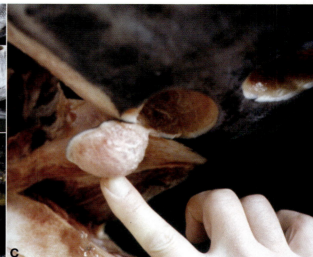

顎骨もとても不思議な形をしている。普通のサメの顎骨は上顎と下顎が似たような形と大きさで、上下しっかりとかみ合わせができる（右下図B）。ところが、ダルマザメの顎は上顎と下顎は大きさがひどくアンバランスで、形も極端に違うのだ（右下図A）。上顎は小さくて弱々しく、しかも前後に2つに割れてしまっている。下顎の骨は上顎の5倍もあるだろうか、とても大きく頑丈で、まるい竹筒を縦に2つに割ったような形をしている。両顎はひどく形と大きさが違うため、顎を閉じても、咬み合わせがうまくできない（右下図A2）。上顎が下顎の内側に完全に入ってしまうのだ。これでは上手に餌に噛みつくことができないだろう。何ともおかしな構造だ。

　次は、餌を捕まえ、食べるのに重要な歯（右上図B）。まずは上顎の歯、これは小さなトゲ状でバラバラに生えている。下顎の歯は、1つ1つが板状で、隣の歯とぴったりとくっついて、先端が二等辺三角形になっている。竹筒を縦に半分に切ったような下顎の上に、歯が1列に並んでいるので、下顎の歯は全体で半円形にまるめたノコギリのようだ。

　今度は舌。あまり知られていないが、サメにもちゃんとした舌がある。中でも、ダルマザメの舌は大きくて、口の中一杯に広がっている。舌を後ろに引く筋肉があるのだが、ダルマザメのこの筋肉はほかのサメと違って特大、しかも何と腹筋につながっている。

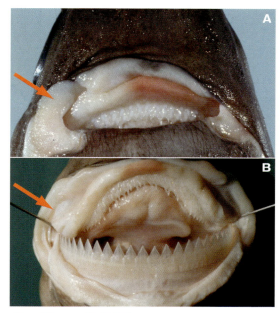

ダルマザメの口（矢印は唇）
A 口を閉じている
B 口を開き、唇をめくってみた

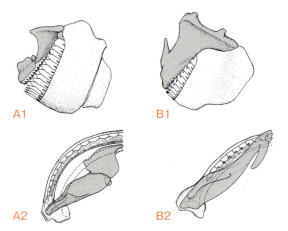

ダルマザメ（A）とオオメコビトザメ（B）の顎骨（灰色は上顎骨）
1 横からの図　2 上からの図

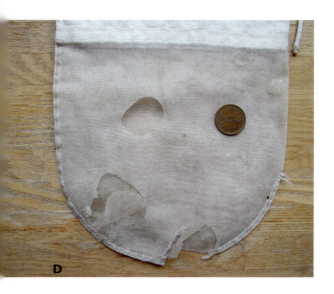

ダルマザメによる噛みあと
A メカジキ
B シイラ
C マグロ（噛みとった半球状の肉片が残っている）
D プランクトン採集用ネット

さて、体のしくみが分かったところで、ダルマザメの食事の様子を考えてみよう。右頁は体のしくみから考えられるダルマザメの食事の様子。彼らの1回の食事時間はアッという間。食べられる方も、とても逃げる暇などないはずだ。

メバチマグロにダルマザメの痛々しい咬み傷があった（右図A,B）。この傷の断面を調べてみると（右図C）、咬み取られた傷あとに新しい組織が作られていた。ダルマザメに咬まれても、傷はしばらくすると治ってしまうのだ。

ダルマザメの餌食になった魚は死ぬことがなく、生きつづける。したがって、ダルマザメの食事はとてもエコな食事法でもある。

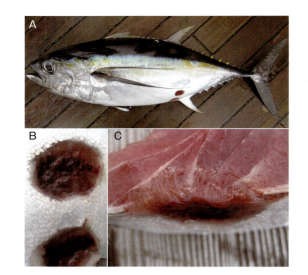

1) 特徴	体はこん棒状で、吻が非常に短い。胸鰭は小さく、体の前部にあるが、第一・第二背鰭と腹鰭は体の極めて後方にある。両背鰭は小さく、棘はない。腹鰭は背鰭より大きく、両背鰭間に位置する。尾鰭は下葉が大きく発達し、うちわ状。上顎歯はトゲ状、下顎歯は大きな三角形で、隣の歯と連続し、半円形の切縁を形成する。体は背中側は暗褐色で、腹側は背側より明色。鰓の部分には体の腹面を取り巻くように黒色帯があり、発光器がある。胸鰭や尾鰭の後半部なども暗褐色を呈する。
2) 分布	世界：太平洋、インド洋、大西洋 日本：太平洋側
3) 生息場所	外洋の表層から水深3,700mの深海に生息するが、島の近くなどに多い。
4) 大きさ	全長約14cmで生まれ、オスは31～37cm、メスは38～44cmで成熟し、最大で55cmを超える。
5) 行動・その他	ダルマザメは外洋域に生息し、夜間は海表面付近にまで浮上するが、昼間は深みに潜り、水深3,700mもの深海からも報告がある。外洋域は餌が少ないため、大型の動物から小さな肉片を咬みとるという変わった摂餌方法を獲得し、外洋域にうまく適応した。イカ類、マグロ、カジキ、アカマンボウ、シイラなどの大型硬骨魚類、メガマウスザメなどのサメ・エイ類、アザラシやオットセイなどの鰭脚類、クジラ類などを襲い、直径3～6cmの半球状の肉片を咬み切り食べる。原子力潜水艦のソナーを保護するゴム製カバーにダルマザメの歯形が残されていたこともある。外洋で船が難破し、海上に脱出した人が夜間に60cm以下の小形の群れをなしたサメに襲われ、咬みつかれて3cm位の深い傷を負ったという話や、ハワイで遠泳をしていた人が小さなサメに咬まれ、円形の傷を負ったという報告もあり、これらの事故の犯人もやはりダルマザメであった。生殖方法は卵黄依存型の胎生で、9尾ほどの子を産む。

──ダルマザメが餌を探している──

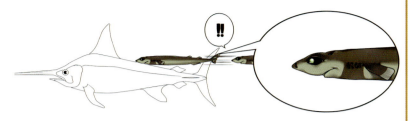

1
いた！！　美味そうなメカジキ発見。それ行け！

2
下顎を思いきり下げる。上顎も引っ張られて、口が前に出る。

 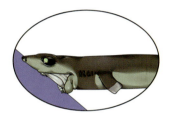

3
ガツンと衝突。上顎が折り曲がり、上顎の歯が皮膚に突き刺さる。
下顎のノコギリのような歯も突き刺さる。厚い唇をメカジキに押しつけ、大きな舌を思いきり後ろに引っ張る。
口の中は強い陰圧になり、メカジキが驚いてダッシュしても、ダルマザメはしっかりとくっついたまま。

 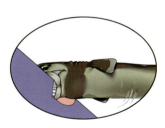

4
いただきまーす！　尾鰭と体をねじってツイストダンス。
顎がグルリと回転する。口を閉じると、下顎の歯がギリギリッと肉に食い込んでいく。
イテテッ！（涙）。半回転もすると、口の中には半球状の肉が転がり込んでくる。

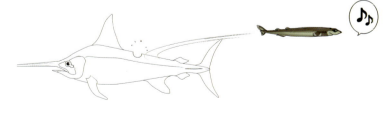

5
そのままゴクリ、ごちそうさま♪♪
メカジキの体にはアイスクリームをスプーンですくったような円い傷が開いたまま。
でも、安心して。すぐに傷は治るから。

剣の達人 オナガザメ
2-2)

マオナガ
Alopias vulpinus ／ネズミザメ目 オナガザメ科

　巌流島の決闘で名高い剣豪・宮本武蔵。なんと、この宮本武蔵をもしのぐ剣のすご腕のサメがいる。オナガザメだ。

　著者は、かつて高知県のオナガザメ漁船に便乗させてもらったことがある。足摺岬沖の漁場に着くと、すぐに「はえ縄」（長さ数kmのロープに、一定間隔で釣り針をつけた漁具）を下ろしていく。針には25cmくらいのソウダガツオが丸のまま付けられている。小一時間経ってから縄を揚げると、口に釣り針がガッチリかかった大きなヨシキリザメがつぎつぎと引き上げられてくる。どのサメも針から逃げようと大暴れしている。しばらく様子を見ていると、遠くの方から別のサメが引き寄せられてくる。しかし、今度は暴れ回る様子はない。よく見ると、釣り針が尾鰭にかかり、頭が向こう側、尾鰭が手前になっている（下図A〜C）。

　オナガザメだ。漁師さんに聞くと、オナガザメ

オナガザメ（ニタリ）が釣れた
A 第1の針がぶら下がっている（矢印）
B 第2の針が尾鰭の中程に刺さっている（矢印）
C 針がしっかりと尾鰭に刺さっている

尾鰭の長さ、尾柄の太さの比較
Aオナガザメ（ニタリ）
Bネズミザメ
Cアオザメ

はよくこんな格好で釣られるのだという。オナガザメにはちょっと変わった習性がありそうだ。

オナガザメの尾鰭は、その名の通り異常なほど長い（上図A）。体の半分以上が尾鰭なのだ。親戚のネズミザメやアオザメの尾鰭は体の1/4〜1/5の長さしかない（上図B、C）。尾鰭の付け根（尾柄部）は、オナガザメでは非常に太く、断面が縦に長い小判形で、筋肉がたっぷりある。しかし、ネズミザメやアオザメの尾柄部は薄く、他のサメでも細くて、筋肉はそれほど多くない。このようなことからオナガザメはかなり力強い尾柄をもっていることが分かるだろう。

もう1つ変わった特徴がある。オナガザメの尾鰭の直前には、上側に奇妙な凹みがあるのだ（凹窩、下図A、B）。尾鰭の役目は泳ぐためのプロペラ、これを左右に振って水を後ろに押し、前進する。尾鰭の付け根（尾柄）の皮膚はぶ厚く頑丈になっていて、折り曲げにくく、曲げようとすると皮膚に無理がかかる。このことを解決するための仕掛けがこの尾柄の凹み（凹窩）なのだ。この部分が凹んで細くなっているので、その分尾鰭を折り曲げやすい。高速で泳ぐサメにはこの様な凹みがあるが、オナガザメの凹みはほかのサメの凹みとは比べものにならないほど大きいのだ。

オナガザメの尾柄部にはたくさん筋肉があり、尾鰭直前の上側に大きな凹みがある。この事から、オナガザメは尾鰭をかなり大きく動かすことができる能力をもっていることが分かる。しかも凹みが上側にあることから、尾鰭を振り上げるのが得意そうだ。

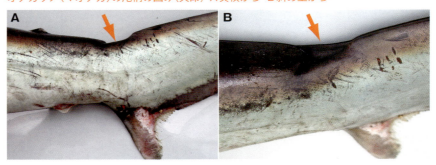

オナガザメ（マオナガ）の尾柄の凹み（矢印）　A真横から　B斜め上から

オナガザメが釣れる時には、針はほとんど尾鰭にかかっているという（P.82下図）。これは、尾鰭で餌を叩き、その結果針が刺さってしまったと考えるのが自然だ。はえ縄の釣り餌は動かないが、それでも叩くのだ。オナガザメ釣りのはえ縄では、針を一度に2本使う（右図）。第1の釣り針は餌にするソウダガツオのアゴに刺し通し、つり下げる。第2の釣り針は臀鰭付近に刺して隠し針にする。オナガザメが釣れる時には、第2の釣り針に尾鰭が刺さっているという。このことから、オナガザメはかなり正確にソウダガツオの体の中心（第1と第2の釣り針の間）をねらって、尾鰭を叩きつけていることが分かる。

そして近年大変面白い行動が観察された。

大阪の水族館「海遊館」の生け簀でオナガザメ（正確にはニタリ）が飼われていて、尾鰭を実際に使う様子が記録されたのだ（下図A〜C）。餌の魚を生け簀に投げ入れると、水面に浮いているエサをねらって下からオナガザメが近づいてくる（下図A）。餌の下を通り過ぎようとした時、一瞬水面に一直線のスジが走った（下図B）。オナガザメが餌をめがけて尾鰭を振り上げた瞬間だ。その後尾鰭は餌に見事に命中（下図C）。餌の魚ははね上げられ、まるで長い刀で水面をスパッと切り裂いたようなスジが走ったのだった。

しかし、実際には餌が海の表面に浮いていることはほとんどない。海中ではどの様な事が起きているか、体のしくみから考えてみた（右頁）。

文献にも、海鳥を叩き殺して食べる様子を実際に目撃したなど、オナガザメが尾鰭で餌を叩くという報告は結構ある。これらの事実もオナガザメが尾鰭を器用に使っている事を示している。

オナガザメにとって、尾鰭は大事な狩猟の道具、長い尾鰭がなければ十分な餌にはありつけない。こんな早技を見たら、あの宮本武蔵も青くなるに違いない。

オナガザメ釣りの餌と仕掛け
第1の針がアゴに、
第2の針が臀鰭付近に刺してある

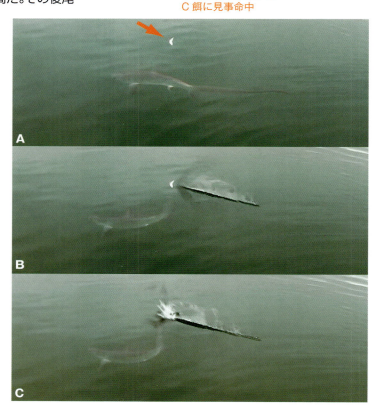

オナガザメ（ニタリ）が尾鰭で餌を叩く
A 浮いている餌（矢印）にねらいをつける
B 尾鰭を振り上げる
C 餌に見事命中

──オナガザメが餌を探している──

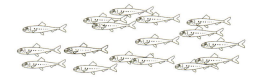

1

イワシの群れを発見！！　こりゃあ、脂がのって美味そうだ。

2

群れの横にスッと回り込み、長い尾鰭を使ってイワシの群れを丸く小さくまとめていく。

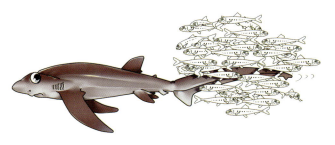

3

一度群れから離れ、グルッと回って、攻撃態勢をとる。斜め下から近づきながら、ジッと群れの位置を確かめる。

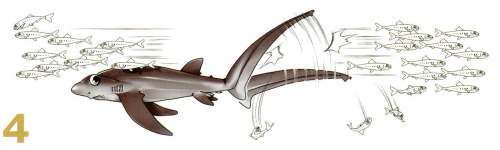

4

群れの下に来た瞬間、尾鰭を強く振り上げる。硬い尾鰭が群れに命中。
群れは真っ二つに切り裂かれ、傷ついたイワシがフラフラと群れから脱落する。

5

すぐにオナガザメがUターン、弱ったイワシをパクリとゲット。こりゃあ、うめえなあ♪♪

マオナガ
Alopias vulpinus ／ ネズミザメ目 オナガザメ科

1）特徴	尾鰭は非常に長く、体の他の部分より長い。尾鰭の先端部に欠刻があり、欠刻部よりも後方の尾鰭は大きく、その大きさは臀鰭よりはるかに大きい。尾鰭上葉起部に大きな凹みがある。第一背鰭は胸鰭と腹鰭の間にある。第二背鰭と臀鰭は非常に小さく、ほぼ同大。胸鰭は長大。頭の背縁はなだらかで、溝などがない。眼は小さく、頭の背面までは達しない。体の背面は青灰色で、腹面は白い。腹面の白は胸鰭の背中側まで広がり、胸鰭より背方に白色の部分がある。
2）分布	世界：太平洋、インド洋、大西洋、地中海の温暖な海域 日本：北海道以南
3）生息場所	沿岸域に多いが、外洋にも分布し、おもに表層域に生息するが、水深650mまで記録がある。
4）大きさ	全長1.1〜1.6mで産まれ、オスは約3m、メスは3.7〜4mで成熟し、最大で6mを超える。
5）行動・その他	尾鰭で群れをまとめ、団子状態にして尾鰭をムチのように使って叩いて摂餌する。時に個体が協力して獲物を襲うことがある。 生殖方法は食卵タイプの胎生で、2〜6尾の子を産む。出産は春期で、沿岸域で行われる。 オナガザメ類は本種マオナガの他にハチワレとニタリがいる。マオナガは頭の背面に逆V字状の溝がなく、眼は小さくて頭部背面まで広がらないこと、尾鰭の欠刻より後方の尾鰭が、臀鰭よりも大きいこと、体の腹面の白が胸鰭よりも上まで広がっていることなどの特徴で他種と区別できる。

一網打尽の風船大作戦
メガマウスザメ 2-3)

メガマウスザメ
Megachasma pelagios ／ネズミザメ目　メガマウスザメ科

メガマウスザメの展示（マリンワールド海の中道・福岡市）

　メガマウスザメは全長6mを超える大型のサメだ。メガは「巨大な」、マウスは「口」、だからメガマウスザメは「巨大な口をしたサメ」という意味になる。その名の通り、口のサイズはサメの中で最大級。人食いザメのイタチザメも大きな口をしているが、その比ではない。

　そんな大口ならば、さぞ大きなものを食べるのだろう、と考えるのは自然な話だ。しかし、メガマウスザメの餌は、なんと小さな動物プランクトン。巨体を維持するためには一日に数万〜数百万匹のプランクトンを捕まえ、食べなくてはならない。そこでメガマウスザメがあみ出したのは風船大作戦、こんな食事のマナーは他のサメには見られない。

　まずは、大口の説明から始めよう。次頁図Aは「おちょぼ口」のメガマウスザメ。口をしっかりと閉めてはいるが、さすがメガマウスザメ、口の大きさはかなりのものだ。では、このメガマウスザメが口を開くとどうなるだろう。これ（次頁図B）が口を思い切り広げたメガマウスザメ。ギョッとするほどの変身ぶりだ。

　この大変身の仕掛けをお話しよう。巨体を解剖してみた（P.89上図）。

A おちょぼ口のメガマウスザメ
B 大口を広げたメガマウスザメ

■顎骨

　サメの上顎は頭蓋骨とは別々の骨になっている。次頁下図は色々なサメ類の上顎と頭蓋骨を示している。現在のサメの上顎骨はふつう頭蓋骨と同じか短いのだが、メガマウスザメの上顎骨（次頁図 A・黄色部分）は頭蓋骨よりはるかに長い。下顎骨も上顎骨と同じ長さなので、メガマウスザメの両顎骨がいかに長く、巨大か分かってもらえるだろう。両顎の骨が長ければ、それだけ大きな口が開く。

■筋肉と靭帯

　メガマウスザメの巨体を解剖し、皮膚を剥がしていくと、色々な筋肉や靭帯が現れてくる（P.90上図 A）。ここにもメガマウスザメにしか見られないことがある。顎を前に出す筋肉（眼前筋）と顎を引き上げる筋肉（上顎挙筋）が異常なほど長いのだ。上顎骨の前半部には顎が外れないように動きを制限する靭帯があるが、メガマウスザメの靭帯は極端に長い。長いロープのような靭帯が頭蓋骨から上顎骨に伸び、顎が出過ぎると靭帯がピンと張ってストップする仕組みになっている。したがって、メガマウスザメはその長い靭帯の分だけ顎を突き出すことができるわけだ。

■ノドのヒフ

　解剖をしている途中で、大変面白いことを発見した。メガマウスザメのノド一面には白い細かなスジが走っている（P.90上図 B）。サメのヒフにはビッシリとすき間なく鱗が生えているのがふつ

メガマウスザメの解剖

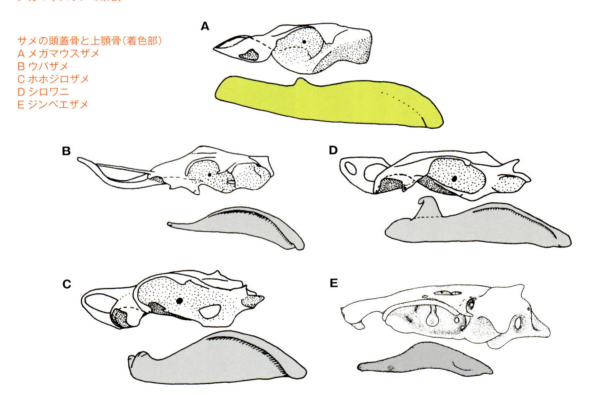

サメの頭蓋骨と上顎骨（着色部）
A メガマウスザメ
B ウバザメ
C ホホジロザメ
D シロワニ
E ジンベエザメ

うなのだが、この白いスジの部分には鱗がなく、黒い場所だけに鱗がある。そして、ノドの皮膚をいじくり回していると不思議なことが起こった。引っ張ると伸び、離すと元の長さに戻ってしまう（次頁下図A，B）。まるでゴムの膜のようだ。解剖したメガマウスザメは10年ほど前に捕獲され、ずっとホルマリン溶液に入れられていた。ホルマリン液で標本を保存することを「ホルマリン固定する」というが、その字のごとく、ホルマリン固定

された標本は、ヒフや筋肉が硬く固まってしまう。10年間もホルマリン固定をしていれば、すっかり柔軟性が失われてしまっていてもおかしくない。ところが、メガマウスザメのノドのヒフはまだゴムのように伸縮自在なのだ。

　これでメガマウスザメのノド付近のヒフはゴムのように伸び縮みをすること、そしてヒフの白っぽいスジは何回も伸び縮みした結果であることも分かった。

■鰓孔

　メガマウスザメは鰓孔がとても小さい（次頁上図 A）。同じプランクトンを主食にしているジンベエザメ（同 B）とウバザメ（同 C）は、鰓孔はとても大きく、特にウバザメの鰓孔はノドから背中まで大きく開いている。

■食事法

　こんな変わった特徴をもったメガマウスザメ、どの様にプランクトンを食べるのだろう。初めに、同じプランクトン食性のジンベエザメとウバザメの食べ方を説明しよう。ウバザメの食事方法は単純で、大口を開けたままプランクトンの群れの中を泳ぎ回るだけ（次頁下図 B）。泳ぐとプランクトンを含んだ水が自動的に口の中に流れ込み、水だけが大きな鰓孔から流れ出ていく。プランクトンは口の中にある鰓耙という装置で濾し取られるので、あとはまとめて飲み込めばいい。一方、ジンベエザメはプランクトンの群れに口を開けたまま突進したり、吸い込んで食べる（次頁下図A）。ジンベエザメは、国内では美ら海水族館（沖縄）、海遊館（大阪）、かごしま水族館（鹿児島）などで飼育展示されており、餌を食べる様子を観察することができる。

　ではメガマウスザメはどうだろうか。もしもウ

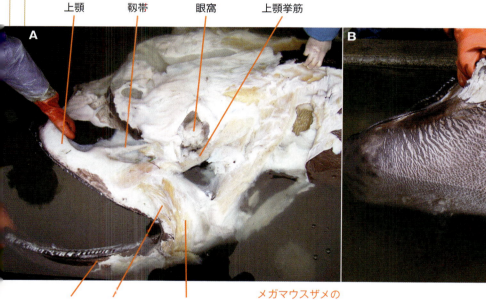

メガマウスザメの筋肉や靱帯

メガマウスザメのノドのヒフ

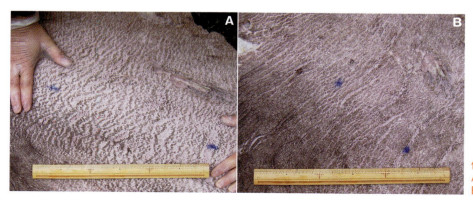

伸び縮みするノドのヒフ
A 引き伸ばす
B 元にもどる

プランクトン食性のサメ類の鰓孔（矢印）　A メガマウスザメ　B ジンベエザメ　C ウバザメ

バザメと同じ食べ方をしたら、水の出口となる鰓孔が小さいので大量の水が口の中で逆流し、口から出ていってしまうだろう。ジンベエザメの吸い込み方式はスポイトのような小さい口には適しているが、メガマウスザメの大きな口には適していない。

メガマウスザメが上手に食事をするためのキーポイントは4つ。つまり巨大な口、小さな鰓孔、大きく動かせる顎骨、ゴム状のノドのヒフだ。そして、成長したり、大きな体を維持するためには、毎日かなりの量のプランクトンを食べる必要があり、そのために大量の水を飲み込まなくてはならない。さあ、どうするのだろう。

メガマウスザメに最も相応しい食事法を考えてみた（次頁の図）。

ウバザメの食事（流し込み方式）

ジンベエザメの食事（吸込み方式）

メガマウスザメの食事法

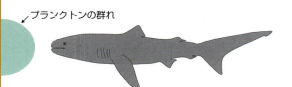

メガマウスザメがプランクトンの群れを発見！ **1**

口を開けると口の中に水が流れ込む
大口を開けながら前進
自然に水が口の中に入ってくる **2**

舌を後ろに引く
水が口の中に引き込まれる **3**

口の中が水でいっぱいになる
泳ぎ続けると水圧で
ノドのゴム状の皮膚が伸び始める **4**

ノドが膨らんで、もっと水が入る
両顎を押し出すと
さらに口の中が広くなる **5**

口の中にたくさんの水が入ったら
顎を閉じ始める **6**

口を完全に閉じ、水を口の中に閉じこめる **7**

口を閉めたまま両顎を引きもどし始める
鰓孔が開き始める **8**

舌を前に押し出す
口の周りの筋肉を引き締める
口の中の水が鰓孔から押し出されていく

9

口の中の水が鰓孔から出ていく

10

口の中の水が全部押し出される
鰓耙(右図)に引っかかった
プランクトンをのみ込む　ゴクリ！

11

メガマウスザメの鰓耙。
A 口の中から見た鰓孔(小さな鰓耙がたくさん並んでいる)
B 鰓耙の拡大

　この方法だと、メガマウスザメの色々な変わった特徴が無理なく説明できる。全長5mのメガマウスザメが口を広げた時の容積を計算してみた。その答は約600リットル、ドラム缶でほぼ3本分だ。ノドが膨らむのでもっと水が入る。

　口の中を水で一杯にしたメガマウスザメは、風船を膨らませたように見えるに違いない。海のあちこちでメガマウス風船が膨らんでいる様子を見てみたいものだ。

1）特徴		体は太く、頭部は大きい。口は巨大で、体の前端に開く。上顎は突出させることができる。両顎歯は非常に小さい。第一背鰭は胸鰭直後に位置し大きいが、第二背鰭と臀鰭は小さい。胸鰭は非常に長い。尾鰭は大きく、下葉が伸長する。頭部腹面や鰭の縁辺部周辺には鱗がないが、細かな溝が多数ある。体背面は一様な暗灰色で、腹面は白っぽい。上顎前面には白色横帯がある。下顎の腹面は銀白色で、小暗色斑がブチ状に散在する。胸鰭腹面は白色で、前縁は黒色。胸鰭、腹鰭の背面先端は白い。
2）分布		世界：太平洋、インド洋、大西洋の温熱帯海域 日本：東京湾から熊野灘にかけての太平洋、および福岡県
3）生息場所		沿岸から沖合の表中層域に生息するが、多くの個体が大陸や島の沿岸で捕獲され、浅瀬に座礁しているため、沿岸域に多く生息している可能性がある。水深は12〜200mくらいに生息する。
4）大きさ		記録されている最小個体は全長176.7cmの若魚であるが、産まれる時の大きさは不明。オスは約4m、メスは約5mで成熟し、最大で6mを超える。
5）行動・その他		昼間は水深120〜170mに留まり、夜間は水深10〜25mに浮上し、顕著な浅深移動を行う。 2008年6月末までに記録された40個体のメガマウスザメの捕獲データを分析した結果、本種は周年交尾をし、低緯度海域で子供を産み、成魚はより高緯度海域に分布している可能性が示唆されている。 生殖方法は胎生と考えられるが、妊娠した個体は未発見で、生殖方法の詳細や胎仔数など多くのことが不明である。 メガマウスザメは、1976年にハワイ沖で初めて捕獲され、現在（2016年3月末）までに、少なくとも107個体が世界で記録されている。日本近海からは、19個体が捕獲、撮影、または海岸に打ち上げられている。最近では、2014年12月に静岡県伊東市の定置網で、全長5mほどの個体が捕らえられたが、そのまま放流された。他にもいくつかの報告があるが、確認できなかったために記録から除いてある。チャンスがあったらサメの写真を撮っておけば、種の確認に役立つ。

2) 体形と遊泳

　サメを研究していると言うと、「サメは泳いでいないと死んでしまうのですか？」という質問をよく受ける。どうやら、かなりの人がそんな疑問を持っているようだ。答はもちろん「ノー」。そんなサメもいるが、餌を探したり、居場所を変えるときにだけに泳ぐサメもたくさんいる。サメには、いつも泳いでいないと窒息して死んでしまうサメと、そうではないサメの2タイプがいるのだ。

　サメは海水の中を泳ぐ。そのためには海底から離れ、一定の水深を保ちながら突き進まなくてはならない。このためには体を軽くし、抵抗を減らし、泳ぎやすい形にする必要がある。ここでは、サメ類が獲得したその方法を説明しよう。

2-1) 体を軽くする

　海底から離れるためには重力に反発して、浮き上がらなくてはならない。そこで、軟骨魚類は次の3つの方法で体を軽くし、この問題の大部分を解決した。

　第一の方法は軟骨を獲得したこと。重い硬骨ではなく、軽くて柔軟な軟骨で骨格を作ることで、体を軽くした。

　第二は肝臓に脂肪を貯えたこと（右図）。脊椎動物の肝臓にはエネルギー源として普通グリコーゲンが貯えられるが、サメ類はグリコーゲンよりもはるかに軽い脂肪を貯え、強い浮力を獲得した。

　そして、第三の方法は体組織や体液中に尿素やトリメチルアミンオキサイドを保持したことだ。体内では物質代謝（生体内で行われる物質の化学変化）によって有毒なアンモニアが生成されるが、ふつうはアンモニアは無害な尿素などに変えられ、すぐに尿として体外に排出されてしまう。だが軟骨魚類では尿素などを保持し、浸透圧調節に利用するようになった。他の物質よりも軽い尿素やトリメチルアミンオキサイドを体内に多量にもつことで、体がさらに軽くなった。この様な仕組みでサメの体は海中では中性浮力に近付いた。

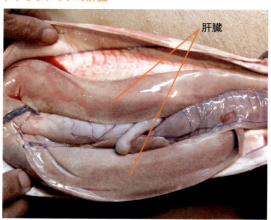

アブラツノザメの肝臓

肝臓

2-2) 抵抗を減らす

　しかし、遊泳するにはもう1つ解決すべき問題がある。それは水の抵抗だ。抵抗には2つあり、1つは摩擦抵抗、もう1つは圧力抵抗という。摩擦抵抗は体表に近い所の抵抗で、物体が水中を移動すると、その表面付近の水は物体といっしょに動くが、その外側は動かない。そこに渦や乱流ができ摩擦抵抗になる。この抵抗を小さくするには、体表面積をできるだけ小さくするか、ゆっくり泳ぐか、表面の水の流れを滑らかにしてやればよい。

　物体が水中を進むときには、その前面に大きな圧力がかかり、動きを止めるような力がかかる。また後面は圧力が低くなるので、物体を引き戻す力になる。これが圧力抵抗だ。この抵抗が最大になるのは球形で、小さくするには体をひも状にすればよい。

　摩擦抵抗が最小の形は、容積に対し表面積がもっとも小さい球形だ。しかし、これでは圧力抵抗が最大になってしまう。逆に圧力抵抗の小さい細長い体にすれば、表面積が大きくなるの

第4章・サメの遊泳

1) 遊泳方法の進化

サメは餌を探し、餌をめぐって競争をしたり、呼吸をしたり、好きな水温や水深に移動したり、子孫を残すために結婚相手を探して、メスをめぐって争いをしたりするために泳ぐ。海の表層を泳ぐサメは水の抵抗の少ない流線形に、岩場や珊瑚礁にすむサメはクネクネと器用に障害物を避けることができる紐長い形に、そして海底に潜むサメは平らな形になり、泥に潜って獲物を待ち伏せる。

1-1) 大昔の祖先たち

サメ類の祖先を太古の昔までずっとたどっていくと、ホヤの仲間（尾索類）やナメクジウオの仲間（頭索類・下図）につきあたる。彼らも水の中で生活をしていたが、体の作りは非常に簡単だった。体の筋肉は単純な形で、体の背中と腹側には泳ぐために鰭状の突起物があるだけ、背骨の代わりに脊索が体を支えていた。胸鰭、腹鰭がなく、体全体がひも状の単純な形をしていたので、体を左右にくねらせて泳いでいた。これらの特徴は無顎類という両顎がない原始的な魚類に受け継がれ、簡単な胸鰭や腹鰭をもつものも出現した。

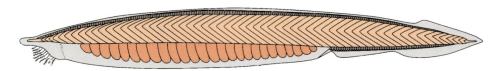
ナメクジウオ

1-2) クラドドント類

古生代オルドビス紀（約5億5百万年～4億4千万年前）には、両顎をもつ魚類が出現し、古生代デボン紀（4億1千万年～3億6千万年前）にはクラドドント類（下図）という原始的なサメ類が出現した。彼らの体は脊索で支えられ、胸鰭や腹鰭はよく発達していた。胸鰭はその先端まで細長い軟骨でしっかりと支えられていたが、その構造は単純で体の横に張り出した板の様な形だった。胸鰭や腹鰭にはそもそも体を一定の水深に保ったり、泳ぐ方向をコントロールしたり、体を安定させたり、ブレーキをかけるなど、多くの役割がある。しかし、クラドドント類の原始的な胸鰭や腹鰭は、現在のサメの胸鰭と比べれば、機能的にははるかに劣っており、器用なことはできなかった。だが、水平方向に広がった胸鰭や腹鰭を獲得したことで、上下方向の安定感が飛躍的に高まり、長時間海底から離れて泳ぐことも容易になった。

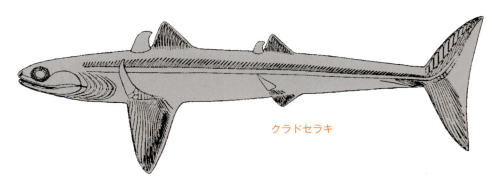
クラドセラキ

1-3) ヒボドント類

　クラドドント類の次に出現したヒボドント類（下図）は、古生代石炭紀（3億6千万年〜2億8千6百万年前）から中生代白亜紀（1億4千5百万年〜6千5百万年前）まで繁栄した。体は脊索で支えられ、脊椎骨はまだなかったが、彼らの体の構造はクラドドント類と比べてはるかに近代的になった。例えば、胸鰭は3個の担鰭軟骨という骨で肩帯につながり、その付け根は狭くなった。それまで板状だった胸鰭が腕のような形に変化したために、ひねったり、曲げたりすることができるようになったのだ。さらに鰭を支えていた長い輻射軟骨もいくつかに分割し、鰭全体が短く小さくなった。腹鰭や尾鰭下葉を支える軟骨もいくつかに分割した。そのため鰭はしなやかになり、より細かな動きができるようになった。つまり体をコントロールしやすいように鰭が進化していき、体の仕組みがより優秀になったわけだ。さらにヒボドント類には臀鰭ができ、脊索の腹側には血管突起などの骨の支持構造が発達し、彼らの遊泳能力は飛躍的に向上した。

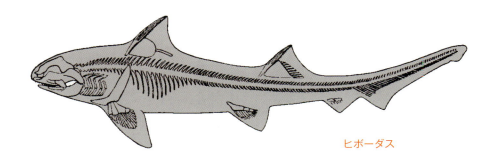

ヒボーダス

1-4) 新生板鰓類

　ヒボドント類が繁栄していた中生代ジュラ紀（2億1千3百万年〜1億4千5百万年前）には、より新しいサメ類（新生板鰓類）（下図 A,B）も出現した。彼らの体には、脊索を取り囲むように椎体（脊椎骨）が発達し、体が脊柱によって支えられるようになった。椎体の上には神経弓門や神経棘、下には血管弓門や血管棘ができ、筋肉をしっかりと支えることができるようになった。この新生板鰓類は現生のサメの直接の祖先で、中生代白亜紀（1億4千5百万年〜6千5百万年前）には、現在のネコザメ科、カグラザメ科、トラザメ科、テンジクザメ科、ネズミザメ科などに含まれるサメ類がすでに出現していた。我々がよく知っている現在のサメ類ととてもよく似た祖先ザメ達が、この頃の海の中を泳ぎ回っていたのである。

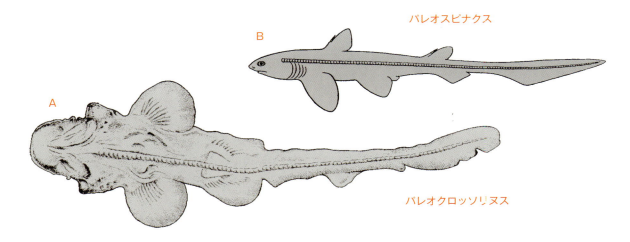

B パレオスピナクス

A パレオクロッソリヌス

2) 体形と遊泳

　サメを研究していると言うと、「サメは泳いでいないと死んでしまうのですか？」という質問をよく受ける。どうやら、かなりの人がそんな疑問を持っているようだ。答はもちろん「ノー」。そんなサメもいるが、餌を探したり、居場所を変えるときにだけに泳ぐサメもたくさんいる。サメには、いつも泳いでいないと窒息して死んでしまうサメと、そうではないサメの2タイプがいるのだ。

　サメは海水の中を泳ぐ。そのためには海底から離れ、一定の水深を保ちながら突き進まなくてはならない。このためには体を軽くし、抵抗を減らし、泳ぎやすい形にする必要がある。ここでは、サメ類が獲得したその方法を説明しよう。

2-1) 体を軽くする

　海底から離れるためには重力に反発して、浮き上がらなくてはならない。そこで、軟骨魚類は次の3つの方法で体を軽くし、この問題の大部分を解決した。

　第一の方法は軟骨を獲得したこと。重い硬骨ではなく、軽くて柔軟な軟骨で骨格を作ることで、体を軽くした。

　第二は肝臓に脂肪を貯えたこと（右図）。脊椎動物の肝臓にはエネルギー源として普通グリコーゲンが貯えられるが、サメ類はグリコーゲンよりもはるかに軽い脂肪を貯え、強い浮力を獲得した。

　そして、第三の方法は体組織や体液中に尿素やトリメチルアミンオキサイドを保持したことだ。体内では物質代謝（生体内で行われる物質の化学変化）によって有毒なアンモニアが生成されるが、ふつうはアンモニアは無害な尿素などに変えられ、すぐに尿として体外に排出されてしまう。だが軟骨魚類では尿素などを保持し、浸透圧調節に利用するようになった。他の物質よりも軽い尿素やトリメチルアミンオキサイドを体内に多量にもつことで、体がさらに軽くなった。この様な仕組みでサメの体は海中では中性浮力に近付いた。

アブラツノザメの肝臓

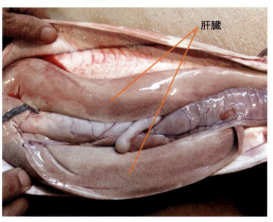

2-2) 抵抗を減らす

　しかし、遊泳するにはもう1つ解決すべき問題がある。それは水の抵抗だ。抵抗には2つあり、1つは摩擦抵抗、もう1つは圧力抵抗という。摩擦抵抗は体表に近い所の抵抗で、物体が水中を移動すると、その表面付近の水は物体といっしょに動くが、その外側は動かない。そこに渦や乱流ができ摩擦抵抗になる。この抵抗を小さくするには、体表面積をできるだけ小さくするか、ゆっくり泳ぐか、表面の水の流れを滑らかにしてやればよい。

　物体が水中を進むときには、その前面に大きな圧力がかかり、動きを止めるような力がかかる。また後面は圧力が低くなるので、物体を引き戻す力になる。これが圧力抵抗だ。この抵抗が最大になるのは球形で、小さくするには体をひも状にすればよい。

　摩擦抵抗が最小の形は、容積に対し表面積がもっとも小さい球形だ。しかし、これでは圧力抵抗が最大になってしまう。逆に圧力抵抗の小さい細長い体にすれば、表面積が大きくなるの

で、摩擦抵抗が大きくなる。このややこしい関係から求められた理想的な形が「涙のしずく型」だ。つまり体の最大の太さが長さの1/5で、最も太い場所が体の前から1/3の所にある、そんな形が理想的な体形なのだ。だから、高速で泳ぐサメの体はほぼ「涙のしずく型」で、デコボコの少ない紡錘形（ぼうすいけい）や流線形（りゅうせんけい）になっている（下図）。

アオザメの紡錘形の体（背面）

2-3）鱗の力

サメの体にはもう1つ水の抵抗を少なくする素晴らしい仕組みがある。サメの体をおおう楯鱗（じゅんりん）という特殊な鱗だ。楯鱗が生えたサメのザラザラした皮膚（下図A〜C）が泳ぐ時の摩擦抵抗を減らすのだ。ザラザラしている方が抵抗が少ないとは不思議な話だが、その仕組みを説明しよう。

サメが泳ぐと体表面にそって水が流れ、サメ肌の皮膚に沿って小さな渦（うず）や乱流（らんりゅう）ができる。しかし、体一面を被っている小さなサメの鱗は平たく、鱗の上には体軸に平行に隆起線と溝があり、これが体の前から後ろまで整然と並んでいる。この隆起線や溝が渦や水の流れを整える。そして、鱗の下側には広い空所（下図D）があり、できた渦や乱流は鱗と鱗のすき間からこの空所に取り込まれてしまう。

さらに、サメの鱗にはゴルフボールのような奇妙な凹みがたくさんある（下図E）。ゴルフボールの小さな凹みをディンプルというが、なぜこんなものがサメの鱗にもあるのだろう。ツルツルボールとデコボコボールを打って飛距離を比べてみると、ツルツルボールはデコボコボールの半分くらいしか飛ばないそうだ。そのカラクリは詳しくは述べないが、飛んでいるボールを引き戻す圧力抵抗を減らすのに重要な役割を果たしているのだそうだ。サメの鱗の"ディンプル"も抵抗を減らすのに役立っているに違いない。

サメ類はザラザラのサメ肌とデコボコの鱗で抵抗を小さくしているわけだ。

A トラザメの鱗　B トラザメの鱗（拡大）
C シマネコザメの体側鱗
D 鱗の下の空所（ヘラザメの1種 *A. melanoasper*）
E 鱗の"ディンプル"（ヘラザメの1種 *A. melanoasper*）

3) サメの泳ぎ方

サメ類は基本的に体（＝脊柱）を左右にくねらせて泳ぐ。細長い体のテンジクザメ類やトラザメ類は胴部（第5鰓孔から総排出腔まで）と尾部（総排出腔より後ろ）を使って泳ぐ。ツノザメ目、トラザメ類を除くメジロザメ目、ミツクリザメなどはおもに尾部全体を使って泳ぐ。そして、アオザメなどのネズミザメ目のサメ達はおもに尾柄部（尾部の後部）を振って進む。しかし、サメ類の遊泳方法にはその中間形があったり、同じ種類でも時と場合によって泳ぎ方を変えることもある。

3-1) サメの生活のタイプ分け

ここでは上で述べた遊泳方法を念頭におき、彼らの生態をも考慮して、サメ類を浮きザメ類（おもに海の表層や中間層にすむもの）と底ザメ類（底生生活をするもの）に2分し、さらに浮きザメ類を高速遊泳ザメと低速遊泳ザメに分けて、彼らの泳ぎ方や生活を見てみよう。

①高速浮きザメ類

この典型的なサメ類はネズミザメ目（下図A）やメジロザメ科（下図B）、シュモクザメ科などのサメ達だ。体は理想的な流線形で、筋肉質。尾鰭は強い推進力を出すことができる高い三日月形や下葉の良く発達した尾鰭で、胸鰭は大きく横に張り出し、第一背鰭は胸鰭の近くにある。彼らは尾鰭の力で前進し、胸鰭で浮力調節しながら上下のブレを調整し、第一背鰭をキールのように使って左右のブレを防ぐ。また、体全体は小さな整然と並んだ平らな鱗でおおわれ、これで摩擦抵抗を減らしている。そして、彼らは泳ぎながら浮力を調節し、多くは自発呼吸が十分にできないために一生泳ぎ続けなければならない宿命にある。

A ニシネズミザメ

B クロトガリザメ

②低速浮きザメ類

　典型的なものはツノザメ目のサメ達（下図）だ。彼らの体はそれほど流線形でもなく、筋肉質でもなく、尾鰭も小形で、前述の高速遊泳性のサメと比べれば、泳ぐのはあまり得意ではない。さらに彼らと大きく異なる点がある。体重の1／4ほどにもなる大きな肝臓をもち、その中に軽い脂肪を多量に貯えている点だ。とくに深海性ツノザメ類の肝臓はスクアレンという油の含有量が多く、これらのサメは肝臓でほぼ中性浮力を保っている。積極的に泳いで浮力を調整する必要がほとんどないため胸鰭は小さめだ。しかし、何もない海の中で体の姿勢を保つためにはゆっくりでも泳ぎ続けなくてはならない。鱗はより大型、形も様々で遊泳時の抵抗を減らすというより体の保護や防衛の役割がより重要だ。フジクジラなどでは鱗が前後にスジ状に並んでいるが、このスジは前進するときに体に沿って流れる水の流れとよく一致するように思える。そうであれば、このようなツノザメ類では鱗が抵抗を減らす役目をも担っているのだろう。

トガリツノザメ

③底ザメ類

　典型的な底ザメ類はノコギリザメ目、カスザメ目（下図A）、ネコザメ目、テンジクザメ目（下図B）、そしてトラザメ科などのメジロザメ目のサメ達だ。底ザメ類は必要なとき以外は動かずに海底で静止しているため、体が流線形である必要がない。彼らが生活する海底部は、海の中間層と比べれば変化に富み、餌になる動物も多い。したがって底ザメ類は複雑な海底に適応し、あまり動かずに生活するのに都合のよい形になった。砂泥底にすみ砂に潜るサメは平らに、岩場や珊瑚礁のサメは細長くなったり、太くて頑丈な体形になった。体表は大型の鱗でおおわれていて、岩や珊瑚礁から身を守り、寄生虫を防ぎ、体を防衛するのがおもな目的になった。彼らは自発呼吸も可能なので、泳ぎ続ける必要もない。

A　カスザメ

B　オオセ属の1種

4) 鰭の役割

　遊泳に最も重要なものは鰭だ。これで推進力を得て、進行方向を制御し、姿勢をコントロールする。サメ類の体には、腹側に1対の胸鰭と腹鰭があり、体の正中線上には基本的に2つの背鰭と1つの臀鰭、そして体の最後部に尾鰭がある。

　サメは体を左右に振って泳ぐが、感覚器官が集中している頭部はあまり動かさず、おもに胴部や尾部を振る。鰭にはそれぞれ別の役割があり、その働きを総動員して安定した遊泳ができる。鰭の形や位置はサメの種類により違っているので、同じ鰭でも働きが違うこともある。中には背鰭が1つしかないサメや、臀鰭がないサメもいて、鰭の使い方は複雑だ。

4-1) 尾鰭

① 尾鰭の形

　サメ類の尾鰭はその上下で形と内部構造が違っているために異尾といわれ、その上葉は長く、下葉は短い。上葉の中には脊柱が走り、上葉の末端まで脊柱がある。したがって、上葉は尾鰭を振るときの軸になる。一方、下葉は鰭を支える下索軟骨と角質鰭条で支持されているだけで、上葉と比べると柔らかだ。

色々な尾鰭（次頁）
A ラブカ
B コギクザメ
C オンデンザメ　D トガリツノザメ　E オキナワヤジリザメ
F ノコギリザメ
G カスザメ
H ネコザメ
I シロボシテンジク　J オオセ　K トラフザメ
L ミズワニ　M メガマウスザメ　N マオナガ
O アオザメ　P ネズミザメ
Q ニホンヘラザメ　R ヤジブカ　S シロシュモクザメ

・各目の特徴

カグラザメ目（次頁図A）
尾鰭は全長の約1/3ほどあって、比較的長い。下葉はラブカでは大きいが、ほかのサメでは小さめ。

キクザメ目（同B）
尾鰭は全長の1/4くらいあり、下葉が大きい。欠刻はない。

ツノザメ目（同C～E）
尾鰭は短く、全長の1/5から1/4しかないが、下葉がよく発達する。オンデンザメ科やヨロイザメ科などでは下葉が大きく発達し、ときにうちわ状の尾鰭になる。ツノザメ属、ヒゲツノザメ属には欠刻がない。

ノコギリザメ目（同F）
尾鰭は細短くて、全長の1/5以下しかない。下葉も発達せず、リボン状で弱々しい。

カスザメ目（同G）
尾鰭は小さくて短く、全長の1/7から1/6しかない。下葉は上葉よりも発達し、尾鰭は下辺の長い三角形状。

ネコザメ目（同H）
尾鰭は体に比べて大きく、上葉も下葉も発達する。

テンジクザメ目（同I～K）
尾鰭は細長いリボン状で、全長の約1/6から1/2の長さがあり、トラフザメは体の半分が尾鰭。ジンベエザメの尾鰭は三日月型。

ネズミザメ目（同L～P）
尾鰭の形は色々。外洋の表層を泳ぎ回るネズミザメ科やウバザメは下葉がよく発達した高い三日月型の尾鰭をもち、尾柄が扁平で幅広く、側部にキールが発達する。沿岸や海底部に適応したオオワニザメ科やミツクリザメの尾鰭は下葉が短く、普通のサメ型尾鰭をもつ。オナガザメ科の尾鰭はムチ状で、体の半分が尾鰭。

メジロザメ目（同Q～S）
尾鰭はトラザメ科など原始的な仲間ではほぼ直線状のリボン状。メジロザメ科やシュモクザメ科などでは下葉が良く発達した典型的な異尾型で、タイワンザメ科やドチザメ科などの尾鰭は両者の中間。

②尾鰭の役割

尾鰭の役割は推進器官、つまりプロペラだ。硬骨魚類の尾鰭は上下が同じ形なので、尾鰭を振ればそのまま前進することがすぐに理解できる。しかし、サメの尾鰭は上下の形や内部構造が違うので、こんな尾鰭を振ったときに、どのような力が働き、どこに向かうのか分からない。

ある研究者はサメが尾鰭を振ると「尾鰭が上がる」という。サメが尾鰭を振って前進しようとすると、その結果頭が下がり、体が前のめりに回転してしまう。だからサメは平らな頭部や胸鰭を使ってこの回転を止めて前に進む、というのだ（下図）。長い間このように考えられてきた。

尾鰭の力 その1（☆は重心）

しかし、別の研究者が「尾鰭は上がりも下がりもしない」と主張した。その理由は、尾鰭が左右に振られると、上葉が先行してこの時に上向きの力が生ずるが、ある時点からは下葉も水をすくうように動き、下葉では下向きの力を生じる。サメはこの二つの力を上手に相殺しながら泳ぎ、この合力が体の重心近くを通るので直進する力になる、というわけだ（下図）。

尾鰭の力 その2（☆は重心）

そして、最近また「尾鰭は上がる」という最初の考えを支持する研究が発表された。一体どれが真実なのだろう？

読者の皆さんは驚くだろうが、サメの尾鰭の働きについてはよく分かっていないのだ。私も水族館などでサメの尾鰭の働きに注目し、その使い方を観察したことがある。その結果、彼らは長くて硬い上葉と短くて柔らかい下葉を器用に使っていることが見てとれた。「サメは尾鰭を上げることもできるが、そのままにすることもできる」というのが著者の結論だ。サメ類は下葉の動きや角度を微妙に調整しながら、尾鰭全体をコントロールし、前進するための色々な力を生み出すことができそうだ。したがって、私は上の研究者の意見が全部正解のように思う。

以上のことから、サメの尾鰭は垂直方向には非常に不安定であることが理解できたと思う。逆に、この不安定さを利用して急激な上昇や下降をすることもできるのだ。サメの尾鰭はとても不思議な、そして便利な道具なのである。

水族館に行ったときには、サメの尾鰭の使い方をじっくりと観察してみたらよい。

4-2) 胸鰭

①胸鰭の形

胸鰭の形は一般に三角形状だが、ブラシ状や菱形のもの、鰭先が円いものや尖っているもの、一部が伸びたり、鰭の縁が凹んだものなど色々だ。

内部構造は胸鰭の形に関係なく同じで、3つの軟骨（担鰭軟骨という）で肩帯に関節し、担鰭軟骨は鰭を支える何列もの輻射軟骨につながっている。輻射軟骨は内側、中、外側の小さな軟骨片からなるが、輻射軟骨の特徴でサメの胸鰭を2つのタイプに分けることができる。第1のタイプは限定型（上図A）で、輻射軟骨は鰭の半分くらいまで

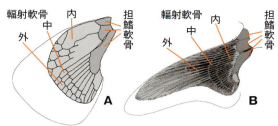

胸鰭の特徴　A 限定型（トラザメ）B 伸長型（アオザメ）

しかなく、その外側には柔かなスジ（角質鰭条＝フカヒレスープの材料になる）しかない。外側の輻射軟骨片は先端が断ち切ったように平らになっている。第2のタイプは伸長型（上図B）で、一番外側の輻射軟骨片が鰭先近くまで細長く伸び、胸鰭は鰭先近くまで軟骨とスジで支えられている。

・各目の特徴

色々な胸鰭　A オンデンザメ　B オキナワヤジリザメ　C カスザメの一種　D オオセの一種　E クロヘリメジロザメ　F ヨゴレ

カグラザメ目	胸鰭は最後の鰓孔の直後にあり、輻射軟骨は限定型。胸鰭の一般的な形は三角形状。
キクザメ目	胸鰭は最後の鰓孔の直後にあり、輻射軟骨は限定型。
ツノザメ目（右図A,B）	胸鰭は最後の鰓孔の直後にあり、輻射軟骨は限定型。胸鰭は小さく、一般的な形は三角形かハケ状。アイザメ属の胸鰭は内縁が伸びる(B)。
ノコギリザメ目	胸鰭は最後の鰓孔の直後にあり、輻射軟骨は限定型。胸鰭は比較的大きく、三角形状。
カスザメ目（同C）	胸鰭は最後の鰓孔の直後にあり、非常に大きい。前縁が大きく前方に張り出して菱形で、その一辺が鰓孔をおおい隠す。輻射軟骨は限定型。
ネコザメ目	胸鰭は第2鰓孔の下付近から始まり、大きい。輻射軟骨は限定型。
テンジクザメ目（同D）	胸鰭は第2〜4鰓孔の下付近から始まる。オオセ科などでは胸鰭は大きいが、一般に胸鰭は小さい。輻射軟骨は基本的に限定型であるが、トラフザメ科やジンベエザメ科では伸長型。
ネズミザメ目	胸鰭はネズミザメ科、ミズワニ、ミツクリザメ、ウバザメ、オオワニザメ科では第5鰓孔の後部から始まり、オナガザメ科、メガマウスザメでは第3〜4鰓孔下から始まる。輻射軟骨はメガマウスザメ、ネズミザメ科、ウバザメ、オナガザメ科で伸長型。オオワニザメ科、ミツクリザメ、ミズワニでは限定型。胸鰭はネズミザメ科、ウバザメ、オナガザメ科、メガマウスザメでは長く、大きい。
メジロザメ目（同E,F）	胸鰭は第2〜4鰓孔の下付近から始まる。輻射軟骨はヒレトガリザメ科、メジロザメ科、シュモクザメ科では伸長型、それ以外のサメは限定型。胸鰭は外洋性のヨゴレやヨシキリザメなどでは非常に大きく、長い。シュモクザメ科では胸鰭は小さい。

②胸鰭の役割

　胸鰭は体の重心の前、そして腹側にある。その役割は航空機の主翼とよく似ていて、胸鰭を水平に広げ、進行方向に水平に保つことにより一定の深さを維持して泳ぎ続けることができる。垂直方向に方向転換する（上がったり下がったりする）には胸鰭の角度を変えたり、そりを入れればよい。左右の胸鰭で角度やそりを違えれば、体はどちらかに回転していく。

　輻射軟骨の限定型と伸長型について述べたが、先端近くまで輻射軟骨がある伸長型の胸鰭では鰭全体が硬く、しっかりしている。したがって、大きな長い胸鰭を広げ、ゆったりと泳いだり、水を切って高速で遊泳するのに適している。高速浮きザメ類はこんな胸鰭をもっているものが多い。

　一方、鰭の根元にしか輻射軟骨がない限定型の胸鰭は柔らかなので、高速遊泳にはあまり適していない。このような胸鰭をもつのは、前述の低速浮きザメ類と底ザメ類のサメ達で、柔らかな胸鰭を器用に使うこともできる。例えば、マモンツキテンジクザメなどは胸鰭と腹鰭で海底を"歩き"（P.115）、コモリザメの幼魚は胸鰭を丸めて海底から"立ち上がり"、上から餌を探して、襲いかかる。海底には思わぬ障害などもあるが、柔らかな胸鰭をうまく使って障害物の横をすり抜けたり、急ブレーキをかけることも簡単だ。

4-3) 腹鰭

　腹鰭は体の中央付近の腹側にあって、左右の腹鰭の間に総排出腔が開口する。腹鰭は腰帯に関節する長い基底軟骨とその外側にある２～３列の輻射軟骨、そして柔軟な角質鰭条からなる。

　腹鰭は遊泳中に胸鰭と共に体を支え、体を安定させる（右図 A）。

　臀鰭がないツノザメ目では、腹鰭が体のより後ろの方にあって胸鰭と腹鰭間が非常に広い種類が多い。

　遊泳とは関係ないが、オスでは腹鰭の骨の一部が変形し、基底軟骨の先端に体内受精のための細長い交尾器が発達する（右図 B）。

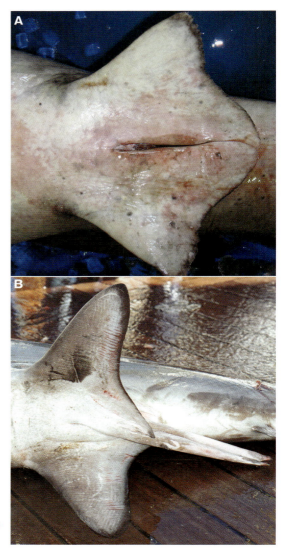

腹鰭
A シロシュモクザメ（メス）
B ハチワレ（オス）

4-4) 背鰭・臀鰭

①背鰭・臀鰭の形

すべてのサメに背鰭があるが、カグラザメ目には1つだけ、それ以外のサメには2つ背鰭がある(トラザメの仲間に背鰭が1つしかないサメが知られている。また、オオテンジクザメのある個体は1つしか背鰭がない。これは改めて調べてみる必要がある)。ツノザメ目の一部とネコザメ目の背鰭には強い棘がある。

第一背鰭は胸鰭の上から腹鰭後方に位置し、場所は種類によりさまざまだ。しかし第二背鰭は必ず腹鰭より後ろにあり、背鰭が1つしかないカグラザメ目でも背鰭は腹鰭より後にある。

臀鰭は腹鰭後部の腹中線上にあり、遊泳中には体の横揺れを防ぎ、体を安定させ、さらに推進器官として働く。しかし、キクザメ目、ツノザメ目、ノコギリザメ目、そしてカスザメ目には臀鰭がない。

カグラザメ目
第一背鰭に相当する鰭がなく、第二背鰭にあたる小さい背鰭が腹鰭と対をなすか、腹鰭より後ろにある。ラブカの臀鰭は巨大で、腹鰭と尾鰭間のほぼ全体をしめるが、それ以外のサメでは小さい。

エドアブラザメ(カグラザメ科)

ノコギリザメ目
第一背鰭は胸鰭と腹鰭の間、第二背鰭は腹鰭と尾鰭の間にある。臀鰭はない。

ノコギリザメ(ノコギリザメ科)

カスザメ目
背鰭は2つとも腹鰭の後にあり、ほぼ同大。臀鰭はない。

カスザメ(カスザメ科)

キクザメ目

背鰭は2つとも体の後方にあり、ほぼ同大。第一背鰭は腹鰭の上にある。臀鰭はない。

コギクザメ（キクザメ科）

ツノザメ目

第一背鰭は腹鰭より前にある。第二背鰭は腹鰭の上か、その後にある。ツノザメ科、アイザメ科、オロシザメ科、そしてオンデンザメ科の1部では両背鰭に、ヨロイザメ科のツラナガコビトザメ属では第一背鰭にだけ棘がある。臀鰭はない。

ミナミオロシザメ（オロシザメ科）

オオメコビトザメ（ヨロイザメ科）

ネコザメ目

大きな第一背鰭が胸鰭直後に、やや小さめな第二背鰭が腹鰭と臀鰭の間にある。両背鰭の前縁に1本の棘がある。臀鰭は小さく、腹鰭と尾鰭の中ほどにある。

ネコザメ（ネコザメ科）

テンジクザメ目

第一背鰭は腹鰭の上かその後ろに、第二背鰭は尾部の後半にある。トラフザメやジンベエザメでは第一背鰭は腹鰭よりやや前にある。臀鰭は比較的小さい。クラカケザメ科やジンベエザメなど一部のサメでは、臀鰭は腹鰭と尾鰭の中間にあるが、それ以外のテンジクザメ目では臀鰭は尾鰭に接する。

ジンベエザメ（ジンベエザメ科）

トラフザメ（トラフザメ科）

ネズミザメ目

第一背鰭は腹鰭の前に、第二背鰭は腹鰭と尾鰭の間にあり、オナガザメ科やネズミザメ科では第一背鰭は大きいが、第二背鰭は非常に小さい。臀鰭はオオワニザメ科やミツクリザメでは比較的大きいが、オナガザメ科やネズミザメ科では非常に小さい。

ミツクリザメ（ミツクリザメ科）

ネズミザメ（ネズミザメ科）

アオザメ（ネズミザメ科）

メジロザメ目

第一背鰭は位置が様々で、トラザメ科では腹鰭上かその直後にあるが、それ以外では第一背鰭は腹鰭よりも前にある。第二背鰭は常に腹鰭よりも後方にある。トラザメ科やタイワンザメ科では両背鰭はほぼ同じ大きさだが、ドチザメ類では第一背鰭が第二背鰭よりやや大きい。メジロザメ科やシュモクザメ科では、第一背鰭は大きく、第二背鰭は極端に小さいのがふつうである。特にシュモクザメ科の第一背鰭は非常に高い。臀鰭はメジロザメ科とシュモクザメ科では非常に小さいが、それ以外では比較的大きい。とくにヘラザメ類の臀鰭は大きく、腹鰭と尾鰭間の大部分を占め、尾鰭と近接する。臀鰭と第二背鰭の位置関係は、大部分のトラザメ科では臀鰭が第二背鰭より前に、それ以外では臀鰭は第二背鰭下かそれより後ろにある傾向がある。

トラザメ（トラザメ科）

ホシザメ（ドチザメ科）

ツマジロ（メジロザメ科）

インドシュモクザメ（シュモクザメ科）

②背鰭(せびれ)の役割

　背鰭は体の正中線上にあり、横揺れを防ぎ、さらに推進器官としての働きもある。

　背鰭は、体が細長く、体をクネクネと動かすテンジクザメ類やトラザメ類では腹鰭の上や後ろにあり、体の安定と推進の役割を果たしている。第一背鰭は体の中心近くにあるため体の安定、体の後方にある第二背鰭はプロペラの役割が大きい。

　カグラザメ目の1つだけの背鰭、キクザメ目の2つの背鰭は、腹鰭と共に体のかなり後方にあり、プロペラの役割が大きい。

　体の後半部を動かすツノザメ目、ネズミザメ目の一部、トラザメ類を除くメジロザメ目などのサメ類では、第一背鰭は腹鰭よりもずっと前にある。これらのサメ類は腹鰭より前をあまり動かさないため、第一背鰭は体の左右のブレを防ぎ、進行方向を安定させるキールとしての作用が大きい。第二背鰭の大きさは色々で、大きな第二背鰭は体を安定させ、推進器官として作用するが、小さな第二背鰭は水の渦(うず)や乱流(らんりゅう)を整え、抵抗を減らすのに役立っているのだろう。

　尾柄と尾鰭だけを動かすネズミザメ目のアオザメ、ネズミザメ、ホホジロザメなどは第一背鰭が胸鰭直後にある。彼らは高返遊泳者で、大きな第一背鰭は強烈なキールとして働き、体のブレを止め、進行方向を安定させる。彼らの非常に小さい第二背鰭は体に沿った水流を整え、抵抗を減らす機能を果たす。

　最後に、背鰭が1つしかないカグラザメ目のサメのことを述べておこう。彼らの背鰭は、その位置から判断すると他のサメ類の第二背鰭に相当する。背鰭以外の鰭の配置は他のサメ類とそれほど違わないが、他のサメ類では非常に重要な役割のある第一背鰭に相当する鰭が彼らにはないのだ。サメの遊泳の常識から考えると、カグラザメ目のサメに背鰭が1つしかないことは大変奇妙だが、この形が彼らの生活にもっとも好ましい形であることは間違いない。

③臀鰭(しりびれ)の役割

　臀鰭は必ず腹鰭の後方にあるため、臀鰭の基本的な機能は体の推進と安定である。カグラザメ目、ネコザメ目、トラザメ科など原始的なメジロザメ目のサメ類では臀鰭が比較的大きく、体の推進に大きく関わっている。しかし、ネズミザメ目のネズミザメ科、メジロザメ目のメジロザメ科の多くの種、シュモクザメ科では臀鰭が小さく、小さな第二背鰭と共に、体に沿った水の流れを整え、抵抗を減らすのに役立っている。

　テンジクザメ目の多くの種では臀鰭が尾鰭と接している。テンジクザメ科などでは腹鰭と臀鰭がとくに大きく離れ、臀鰭と尾鰭がほぼ一体になっているため、臀鰭を見落としそうになるが、このような種では臀鰭は尾鰭と共にプロペラとして推進の役割を担っている。

5) 特徴的なサメ
海の飛ばし屋 アオザメ 5-1)

アオザメ
Isurus oxyrinchus
／ネズミザメ目 ネズミザメ科

1）特徴	体は大型で筋肉質。第一背鰭は大きく、起部は胸鰭内角部上付近に位置する。第二背鰭と臀鰭は小さく対在する。胸鰭は短く、長さは頭長より短い。尾鰭は下葉が大きく発達し三日月形。尾柄は扁平で、側面に強い1本のキールがある。吻は細長く、先端は鋭く尖る。鰓孔は大きい。歯はナイフ状で、切縁は滑らか。体背面や鰭は青や青紫で、腹面は白い。成魚では口や吻下面は白く、ブチ状の暗色斑はない。
2）分布	世界：太平洋、インド洋、大西洋の熱帯から温帯海域、地中海 日本：青森県以南の太平洋、日本海
3）生息場所	沖合や外洋域の表面から水深750m位までに生息する。出現水温は8～26度であるが、15～22度の海域に多く、特に水温17度以上の海域を好む。
4）大きさ	全長60～70cmで産まれ、オスは約2.1m、メスは約2.8mで成熟し、最大で4.5mくらいになる。
5）行動・その他	大きな回遊をするが、特に温帯海域に出現するものは水温変動に従って、大きく南北の回遊を行う。また、西から東へ大西洋を4,000kmも横断した例や、1日に少なくとも60km近く泳ぎ、37日間で2,130km離れた場所で再捕された例がある。当歳魚（その年に生まれた1年魚のこと）、未成魚、成魚などにより分布が違う。 サメの中で最も速く泳ぐといわれ、ときに全長の数倍の高さまでジャンプする。遊泳速度は通常では時速2～5km位だが、瞬間的には時速35km以上の速度で泳ぐことができる。釣り針にかかると抵抗してジャンプし、船の中に飛び込むことがあるので注意が必要。体には奇網が発達し、冷水域や深海域でも筋肉、脳、眼、内臓などの体温を周囲の海水温より1～10度も高く保つことができる。 生殖方法は食卵タイプの胎生。妊娠期間は15～18ヶ月で、4～25尾の子を出産する。 マグロ、ソウダガツオ、シマガツオなどの魚類、イカ類などを食べる。

外洋のグライダー ヨゴレ 5-2)

ヨゴレ
Carcharhinus longimanus
／メジロザメ目 メジロザメ科

1）特徴	メジロザメ類の中では大型のサメである。吻は短く、吻端は円い。第一背鰭、胸鰭は大きくて、先端は円い。第二背鰭は小さく、尾鰭直前で臀鰭と対在する。臀鰭は第二背鰭よりやや大きく、後縁は深く切れ込む。尾鰭は大きく、下葉は良く発達し、先端は円い。尾鰭起部の尾柄上下に凹窩がある。両背鰭間に隆起線がある。眼は円い。上顎歯は幅広い直立した三角形状で、縁辺には細かな鋸歯がある。下顎歯は細長い三角形状で、縁辺に鋸歯がある。体は背面が一様な灰褐色で、腹面は白い。第一背鰭、胸鰭、尾鰭上葉の先端はぶち状に白い。
2）分布	世界：太平洋、インド洋、大西洋の熱帯から亜熱帯海域、地中海 日本：南日本
3）生息場所	外洋性で、通常は外洋の表層から水深150m程度に生息し、ときに1,000mくらいまで潜る。水温が18〜28℃の海域に多い。
4）大きさ	全長55〜77cmで産まれ、オス・メス共に約2mで成熟し、最大で3.5mになる。
5）行動・その他	外洋表層域に適応し、背鰭や胸鰭が非常に大きいのでゆったりと泳ぐのに適しているが、行動は敏捷である。外洋性のために滅多に出会うことはないが、性格が凶暴で好奇心が強いので、注意が必要である。外洋で船が難破し、海上を漂流中にこのサメに襲われ、命を落とした例がある。性や大きさにより分かれて生活する傾向がある。 生殖方法は胎盤タイプの胎生。北太平洋では6〜7月に受精し、妊娠期間は9〜12ヶ月、翌年の2〜7月に1〜14尾の子を産む。 外洋性魚類、イカ類、海亀類、鳥類などを襲い、海獣や鯨類の死肉なども食べる。 メジロザメ属（*Carcharhinus*）には31種が知られており、分類が難しいが、ヨゴレは背鰭や胸鰭が大きくて円いので簡単に区別できる。

頭でカジをとる アカシュモクザメ 5-3)

アカシュモクザメ
Sphyrna lewini
／メジロザメ目 シュモクザメ科

1）特徴	頭部は側方に板状に張り出し、その前縁は円みをおび、中央と中程に凹みがある。第一背鰭は高く、その起部は胸鰭基底上に位置する。第二背鰭は小さく、遊離縁は伸長する。臀鰭は第二背鰭よりやや前位で、大きさもやや大きく、後縁は強く湾入する。胸鰭は三角形で小さい。尾鰭起部の尾柄上下に凹窩がある。眼は頭部の張り出しの先端にあり、円い。上顎歯は外方に傾いた幅狭い三角形状。下顎歯はやや細長い。体は背面が一様な灰銅色で、腹面は白い。
2）分布	世界：太平洋、インド洋、大西洋、地中海などの温帯から熱帯海域 日本：青森県以南の太平洋・日本海、伊豆諸島、小笠原諸島、沖縄、南日本
3）生息場所	大陸や島周りの陸棚の浅海から 300m以深にも生息し、ときに 1,000mくらいまで潜る。湾内や浅瀬、河口などにも入り込むこともある。
4）大きさ	全長 42〜55ｃｍで産まれ、オスは約 1.5mで、メスは 2.1m以下で成熟し、最大で 4.3 mになる。
5）行動・その他	アカシュモクザメは日本近海に分布するシュモクザメ類 3 種の中で最も良く見られる種で、若い個体は沿岸近くに分布し、成長に伴い沖合の深みに移動する。季節回遊をしていることが考えられる。成熟個体はときに数百尾からなる群れを作り、各々が一定の距離を保ちながら同じ行動をとるが、群れる目的はよく分かっていない。群れの中では、おもに体の大きさにより優劣関係ができている。 生殖方法は胎盤タイプの胎生。妊娠期間は 9〜12 ヶ月で、13〜32 尾の子を産む。 シュモクザメ類は板状の頭部を上下に動かしたり、斜めにすることができ、泳ぐときに頭でカジとりをする。この頭は水中では非常に効率の良いカジとり装置となっている。シュモクザメの頭部は胸鰭と似た機能をもっているため、シュモクザメ類の胸鰭は小さい。

海底散歩がお得意 マモンツキテンジクザメ 5-4)

マモンツキテンジクザメ
Hemiscyllium ocellatum
／テンジクザメ目 テンジクザメ科

1）特徴	尾部が非常に長く、総排出腔は体の前半にある。第一背鰭と第二背鰭は同形同大で、腹鰭と臀鰭の間にある。臀鰭は小さく、尾鰭下葉と接している。口は眼よりも吻端に近い。鼻孔は吻端付近にあり、鼻孔と口の間には溝がある。第5鰓孔は第4鰓孔と近接する。体や鰭には様々な模様や斑点があるが、吻部には斑点がない。胸鰭上には他の斑点よりも大きい黒い円形の巨大斑紋があり、白く縁取られる。
2）分布	世界：オーストラリア北部からニューギニアの海域 日本：なし
3）生息場所	珊瑚礁の中やタイドプール、潮間帯などの浅瀬に生息し、エダサンゴ類の生えている場所などを好む。
4）大きさ	全長15cmで卵からふ化し、オスは約60cm、メスは約65cmで成熟し、最大1mを超える。
5）行動・その他	マモンツキテンジクザメは"歩く"のが得意だ（写真）。胸鰭と腹鰭を使って、体をくねらせながら、珊瑚の下や岩の間を歩く。胸鰭などの構造を調べたところ、胸鰭を支える担鰭軟骨が肩帯の突起に関節し、胸鰭がかなり自由に動かせること、その先にある輻射軟骨が互いにゆるく配列し、筋肉がよく発達していることなどが明らかになり、このために胸鰭を器用に使えることが証明された。つまり、内部構造も"歩行"に適した形だったのだ。 生殖方法は卵生で、卵が産みつけられてからふ化までの所要日数は約120日である。 夜行性で、人が珊瑚礁を歩いて踏みつけた時に飛び出してきた無脊椎動物などを捕食する。そのために、人を恐れず、足下に寄って来ることがある。

背鰭は1つ、鰓孔は7つ エビスザメ 5-5)

エビスザメ
Notorynchus cepedianus／カグラザメ目 カグラザメ科

1）特徴	体は太く、大型になる。吻は短くて、吻端は円い。胸鰭は最後の鰓孔の後部にある。背鰭は1つしかなく、腹鰭の後ろ、臀鰭よりやや前に位置する。臀鰭は背鰭より小さい。口は頭部の下側にあり、大きなアーチ状。鰓孔は7対あり、第1鰓孔が最大で、後方の鰓孔がより小さい。上顎歯は小さく、数尖頭からなる鋭いフック状で、下顎歯は薄く幅広い片側 6 枚の櫛状歯と数個の小形の歯からなる。眼は小さい。体色は地色が暗色で、多くの暗色点や暗色斑紋がある。
2）分布	世界：北大西洋を除く世界の亜熱帯から温帯海域 日本：おもに相模湾以南の南日本の太平洋、日本海
3）生息場所	50m以浅の沿岸浅海域や内湾などに生息するが、大型個体は水深 500m以深にもすむ。
4）大きさ	全長 34～45ｃｍで産まれ、オスは 1.3～1.7m、メスは 2mで成熟し、最大で 3mを超える。
5）行動・その他	日本沿岸ではあまり見ることがないが、北米太平洋岸の沿岸では湧昇流（下層から上層への流れ）や生産力の高い海域に多く見られる。夜行性が強く、潮の満ち干きに伴って、浅深移動をしたり、淡水を避ける行動をする。単独行動をするが、アザラシなどの大型の獲物を襲うときは、群れをなし、集団で獲物を襲う。温帯に生息する集団は回遊をする。 生殖方法は卵黄依存型の胎生で、オスは 4～5才で、メスは 11～21才で成熟。妊娠期間は約1年で、2年に1度妊娠出産する。春に浅い内湾で 67～104 尾の子を産む。 アザラシ、イルカなどのほ乳類のほかに、軟骨魚類や硬骨魚類を食べる。 鰓孔が 7 つあるサメは本種とエドアブラザメだけ。エドアブラザメは吻端が尖り、眼が大きく、体に暗色斑紋がないので区別できる。

背鰭がなくなる？ オオテンジクザメ 5-6)

オオテンジクザメ
Nebrius ferrugineus ／テンジクザメ目　コモリザメ科

１）特徴	体は強健で大型になる。第一背鰭は第二背鰭と比べやや大きく、その基底は腹鰭基底の真上にある。臀鰭は第二背鰭より後位で、尾鰭下葉と近接する。尾鰭は長く、全長の1／4を超える。背鰭の先端は角張り、臀鰭は前縁が伸長して突出する。口は小さく、眼より前の吻端付近にある。鼻孔にヒゲがあり、鼻孔と口は溝で連結する。口角部にある唇褶（しんしゅう）は非常に大きい。第4・第5鰓孔は近接する。体は背面がほぼ一様な灰褐色。
２）分布	世界：西部太平洋、インド洋の熱帯から亜熱帯海域 日本：南西諸島海域
３）生息場所	水深5～70mの珊瑚礁、岩場、ラグーンなどの砂泥地などに生息する。
４）大きさ	全長60～71cmで産まれ、オスは2.5m、メスは2.3mまでに成熟し、最大で3.2mになる。
５）行動・その他	夜行性で、昼間は珊瑚礁や岩場などの隠れた場所で集団で休む。一個体の行動範囲はあまり広くなく、索餌などの後は同じ場所に戻る。夜間は珊瑚礁や岩礁地帯を泳ぎ回り、割れ目や穴に潜んでいる魚やタコを見つけると口を近づけ、口腔を急速に広げて陰圧を作り、小さな口で餌を吸い込んでしまう。また、口から水を噴出させることもでき、捕らえられたときなどには人に向かって水を吹きかけることがある。 生殖方法は食卵タイプの胎生で、テンジクザメ目内の唯一の食卵性種である。 タコ類、甲殻類、ウニ類、魚類などを食べる。 オオテンジクザメには第二背鰭がない個体がときどき見受けられる（写真）。この現象は台湾や沖縄県八重山（やえやま）海域の個体に、オスメスに関係なく見られ、第二背鰭を欠く個体の出現率は捕獲された数の半数以上になるという。日本や台湾以外の海域からは2011年5月末現在、第二背鰭を欠く個体の報告がないが、この現象が上述の海域だけのものなのか、何故この様なことが起きるのか不明である。

臀鰭がなくてもスイスイ泳ぐ ユメザメ 5-7）

ユメザメ
Centroscymnus owstonii ／ツノザメ目　オンデンザメ科

1）特徴	背鰭は2つで、その前縁に小さな棘がある。第一背鰭は第二背鰭より細長く、小さい。第二背鰭は腹鰭のやや後ろに位置する。臀鰭はなく、腹鰭と尾鰭は接近する。胸鰭は小さくブラシ状で、胸鰭と腹鰭の間は非常に広い。尾鰭先端付近に欠刻がある。吻が長く、口前吻長と口幅はほぼ等しい。上顎歯は細長く、1尖頭で直立する。下顎歯は上顎歯と比べて幅広く、尖頭は外側に傾いて、すべての下顎歯が密接し、1切縁を構成する。体全体が密に鱗でおおわれる。腹部の両側に肉質の隆起線がある。体や鰭は黒い。
2）分布	世界：西部太平洋、南東太平洋、大西洋 日本：相模湾、駿河湾、土佐湾、沖縄諸島など南日本の海域
3）生息場所	大陸斜面や海山の水深150〜1,500mに生息する。
4）大きさ	全長約30cmで産まれ、オスは約70cm、メスは約1mで成熟し、最大で1.2mになる。
5）行動・その他	行動や生態に関してはほとんど分かっていない。ときにオス・メスに分かれて、群れをつくる。肝臓が巨大なので、肝油を目当てに漁獲されているが、深海域は低水温のために成長が遅く、資源の枯渇が危惧されている。 生殖方法は卵黄依存型の胎生で、35尾ほどの子を産む。 魚類やタコ・イカ類を食べる。 臀鰭には、プロペラの役目や水の流れを整える機能があるが、ユメザメなどのツノザメ目にはこの臀鰭がない。しかし、腹鰭が体の後方に位置し、腹鰭が臀鰭の機能の一部を補っているので泳ぐのには問題がない。

第5章・サメの生殖

1) サメの生殖方法

1-1) 軟骨魚類の生殖法

　サメ類が属する軟骨魚類と、タイやヒラメやサケのような硬骨魚類の最も大きな違いの1つは生殖方法だ。サケの産卵シーン（右図）を見ると分かるように、硬骨魚類はメスがたくさんの小さな卵を産み、オスは産卵された直後の卵に精子をかけ受精させる体外受精をする。産卵数はふつう数千〜数百万で、その中の数尾が無事に育ち、再生産できるまで生き伸びれば良いという"下手な鉄砲も数打ちゃ当たる"的な生殖方法なのだ。

　軟骨魚類の生殖方法は、硬骨魚類よりはるかに効率的で、卵を産むもの（卵生、下図A，B）と数〜数十尾（ときには100尾以上）の子供を産むもの（胎生、次頁図）があり、生殖の仕組みも複雑だ。軟骨魚類は全て体内受精で、オスは精子をメスの体

サケの産卵

内に送り込む交尾のための特別な器官をもっている。軟骨魚類の生殖方法は大きな卵や大きな子を数少なく産み、育てるという"少数精鋭主義"なのだ。

　ところが、この少数精鋭主義の生殖方法には常

卵生のサメ
A トラザメの卵
B トラザメの親魚

A シロシュモクザメ　B シロシュモクザメの子宮と胎仔

に危険がつきまとう。無駄がないために地球の環境悪化や乱獲や混獲によって、大きな影響を受けやすいのだ。たとえば、あるサメが1000個体いたとする。その中の900個体が何らかの原因で死滅し、100個体に減ってしまったとしよう。残った100個体のうち、年老いた個体は死に、成熟している個体が生殖活動をする。彼らは優れた子供を産むので、より確実に数を増やすことができる。しかし、産まれてくる子の数も少ない。1年で10個体産まれたとしても、自然死亡する個体もいるので、10個体も増えないだろう。元の1000個体まで回復するには、途方もない時間と幸運さが必要なのだ。さらに数が減り続ければ、そのサメは絶滅への道を歩むことになる。

では、硬骨魚類はどうだろう。1000個体いたものが100個体に減っても、この中のほんの数個体が数千〜数百万の卵を産み、条件さえ良ければ一気に数千個体まで回復することができる。チャンスがあれば短時間に元に戻る可能性をもっているわけだ。

軟骨魚類は、数億年の進化のプロセスの中で、硬骨魚類を凌ぐ素晴らしい生殖方法を獲得してきた。しかし、彼らの生殖方法は、乱獲などの急激な人工的変化には対応ができないのだ。自然現象と人工現象のミスマッチ、乱獲や環境悪化が続く限り、軟骨魚類の将来は決して明るくない。

1-2) 軟骨魚類の単為生殖

軟骨魚類ではオスとメスが交尾をし、メスの体内で精子と卵が合体し、初めて発生が始まる。しかし、ウチワシュモクザメ(メジロザメ目、シュモクザメ科；詳しくは146ページ)、カマストガリザメ(メジロザメ目、メジロザメ科)、テンジクザメ(テンジクザメ目、テンジクザメ科)、トラフザメ(テンジクザメ目、トラフザメ科)などでは、メスだけで子供を作ってしまう(単為生殖する)という例が報告されている。いずれも水族館という特殊な環境下で飼育されていた個体で、特殊な例ではあるが、サメ類の生殖方法の柔軟性を示す事実であろう。

1-3) サメ類の生殖法

サメはふつう交尾をし、体内受精をする。

メスの卵巣で卵が熟すと、卵は卵巣から体腔に排卵され、体腔内を移動して、体腔の前端中央に開いているラッパのような輸卵管の入り口（受卵口）から輸卵管に送り込まれる（下図A）。

一方、精子はオスの精巣で形成され、精液と混ぜられて輸精管を通って後方に送られ、貯精嚢に貯えられる（下図B）。精子は交尾の時に泌尿生殖突起から総排出腔に出て、交尾器を通ってメスの体に送り込まれる。その後、精子はメスの輸卵管にある卵殻腺に達し、ここで卵を待ちかまえている。

卵は受卵口から左右に分かれた輸卵管内を通って、卵殻腺にたどりつく。卵殻腺の中はいくつかの部位に分かれており、卵を保護するための卵殻やゼリー状物質などが分泌され、さらにここで待ちかまえていた精子により卵が受精される。

受精後、卵はゼリー状物質で完全におおわれ、卵殻やうすい卵殻膜に包まれて子宮（輸卵管の膨大部）に送られる。

ここまではどのサメもほぼ同じ。だが、その後の卵の運命はサメの種類によって色々だ。

サメ類には卵殻に包まれた卵（卵殻卵）を産む卵生と親のミニチュアを産む胎生がある（P.130 表1）。

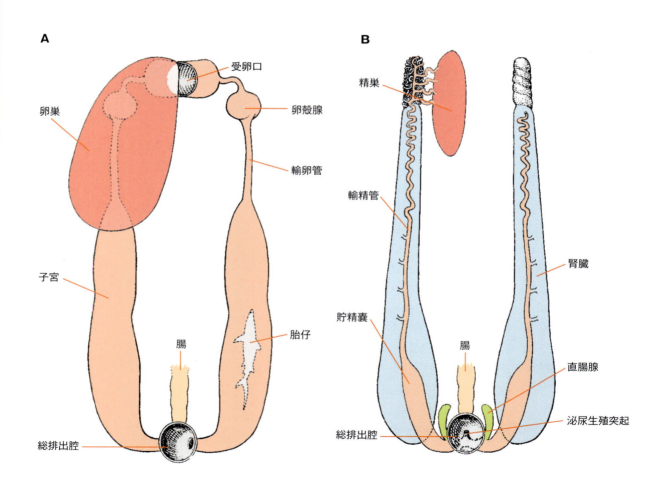

サメ類の生殖系　Aメス　Bオス

①卵生

現生のサメの約4割が卵生種といわれており、卵生には次の2つの型がある。

1. 単卵生型

トラザメ（単卵生）

卵殻に包まれた受精卵が輸卵管に移動するとすぐに2個ずつ産卵され、これが繰り返されるのが単卵生型の特徴だ。産卵数がなぜ2個なのか不思議だが、それは輸卵管が左右にあるためだ。それぞれの輸卵管に1個の卵が送り込まれ、各輸卵管の卵が同時に産み出される。したがって、一度の産卵数は2個というわけだ。単卵生のサメはすぐに産卵するために、卵殻内では胚発生が始まったばかりで、胚体は形成されておらず、一見、大きな卵黄だけしか目につかない。

単卵生は、ネコザメ目、多くのトラザメ類、一部のテンジクザメ目などに見られる。ネコザメの卵殻（右図A）は非常に変わった形をしていて、周囲にらせん状の張り出しがある。卵は岩のすき間などに入ってから硬くなり、しっかりと固定される。トラザメ類の卵殻はほぼ長方形で、ナヌカザメ（右図B）やトラザメの卵殻には四隅にコイル状の巻きヒゲがあり、このヒゲで海藻や岩にしっかりと固定される（右図B）。トラザメ科のカンパヘラザメ（右図C）やテンジクザメ目のトラフザメ（右図D）の卵殻には巻きヒゲがほとんど発達せず、そのまま海底や海藻の間に産卵される。また、サメではないが、ギンザメ類やガンギエイ類も単卵生だ。

卵生種の卵殻
A ネコザメ　B ナヌカザメ
C カンパヘラザメ　D トラフザメ

2. 複卵生型

　この型の卵生では、受精卵がしばらくの間、子宮（輸卵管の膨大部）に留まり、胚がある程度育ってから産卵される。卵は卵巣から定期的に排卵され、卵殻に包まれて子宮に送り込まれるため、子宮には複数の卵殻卵がたまってくる。ナガサキトラザメ（下図）の子宮には数個の卵殻が整然と並び、卵殻の中の子ザメは体の前方（卵殻腺側）で一番小さく、後方（総排出腔側）でより大きい。また、左右の子宮内の卵殻を比べてみると、同じ順番の卵殻にはほぼ同じ大きさの子ザメが入っている。これらのことから、卵は左右1組が同時に、そして定期的に排卵・受精され、子宮内で卵が順番に育っていることが分かる。その後、ある時期に後方の卵殻から順番に産卵されるわけだ。では、どのようなメカニズムで産卵のタイミングが決められているのだろうか。子宮が卵殻卵でいっぱいになった時に一番後ろの卵殻が押し出されるのかも知れないが、よく分からない。産卵のタイミングがもっと後にずれ込み、母親のお腹の中でふ化してしまうこともあるという。この場合には、卵を産むのではなく、子供を産むので「胎生」ということになる（この場合には偶発胎生という名称が使われることがある。下記参照）が、これは卵生の変形と考えるべきであろう。

　典型的な複卵生のサメとしてはナガサキトラザメ、一部のヤモリザメ類などがある。

　複卵生は卵が母体内でより長期間保護されるために、すぐに産卵する単卵生よりも、より進んだ生殖方法だと考えられている。

ナガサキトラザメ（複卵生）

② 胎生

　胎生のサメは親のミニチュアを産む。現生のサメのほぼ6割をしめているのが胎生である。サメの胎生はとても複雑で、母親の体内では信じられないようなことが起きている。サメの胎生は、栄養物質の起源により卵黄依存型と母体依存型の2つに分けられる。

1. 卵黄依存型胎生

　卵黄依存型胎生のサメは自分の卵黄だけで成長する。最初、子供は母親の子宮（輸卵管）の中の卵殻中で成長する（次頁下図A, B）。その後、子供は卵殻からふ化し、子宮の中で大きく育ってから産み出される（次頁下図C）。母親からは酸素などの供給は受けるものの、栄養的にはほとんど独立していると考えられている。この中にはさらに次の2つのタイプがある。

【偶発タイプ】

　偶発胎生ともよばれるもので、通常は卵生であるが、条件により母体内で卵殻からふ化してしまい、子ザメとして産出されるものだ。逆に、通常は胎生であるが早産で卵殻に包まれて産出されるものもある。偶発タイプの例として、ジンベエザメ（次頁上図）やヤモリザメの1種があり、ナガサキトラザメ（上図）もこの可能性が示唆されている。いずれにせよ、偶発タイプは卵生と胎生の境界領域にあり、このようなサメの存在を考えると、軟骨魚類の生殖方法を卵生と胎生に分ける方式は、母体と胚（胎仔）の間の物質交換を調べた上で、もう一度考え直してみる必要がありそうだ。

15cm

ジンベエザメの胎仔と卵殻
(卵黄依存型胎生・偶発タイプ)

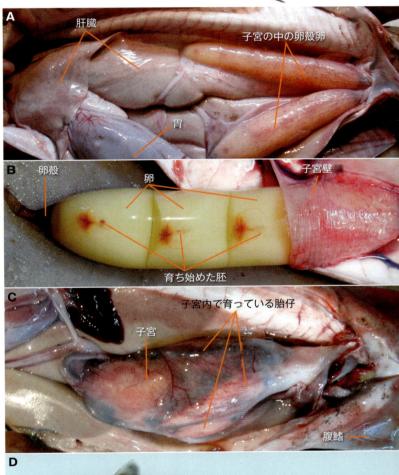

A 肝臓　子宮の中の卵殻卵　胃
B 卵殻　卵　子宮壁　育ち始めた胚
C 子宮　子宮内で育っている胎仔　腹鰭

アブラツノザメの卵殻卵と胎仔
(卵黄依存型胎生・真生タイプ)
A 左右の子宮に2本の卵殻が入っている
B 卵殻には数個の受精卵が入っている
C 子宮内で成長する胎仔
D 子宮から取り出した胎仔と卵黄嚢

【真正タイプ】

偶発タイプ以外の卵黄依存型胎生をいい、典型的な種はアブラツノザメ（前頁図、下図）である。ホシザメ（次頁上図）もこのタイプに属するが、産まれたときの体重が自分のもっていた卵黄の10倍にもなるという。この場合には、自分の卵黄以外の栄養物質（例えば、後出の子宮ミルクなど）を使わなければ説明ができない。真正タイプも種によって他の生殖方法が組み合わされており、そう単純ではない。このタイプのサメとしては、カグラザメ目、キクザメ目、ツノザメ目、ノコギリザメ目、ドチザメ類などがあげられるが、それぞれ親と胎仔の間の物質交換を調べ、母体への質的量的な依存状態を確かめる必要がある。イタチザメ（右図）では実際にこの様な関係にあることが、近年証明された。

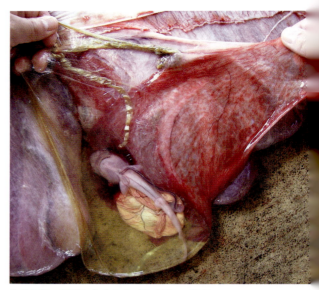

大きな薄い卵殻に包まれたイタチザメの胎仔
（卵黄依存型胎生・真正タイプ）

コギクザメ（卵黄依存型胎生・真正タイプ）
A 子宮内の卵　B 発生中の胎仔

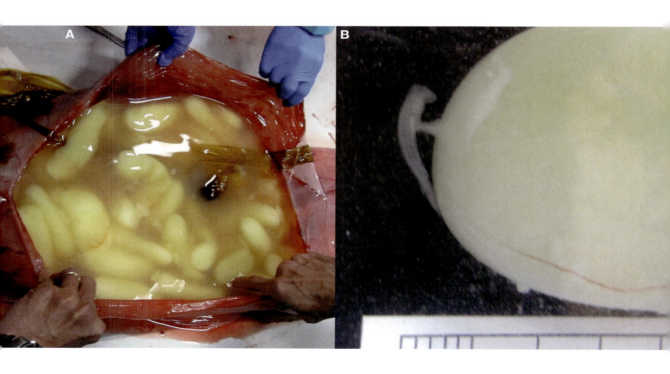

ホシザメの胎仔（卵黄依存型胎生・真正タイプ）

ホホジロザメ胎仔の歯
（母体依存型胎生・食卵タイプ）

２．母体依存型胎生

　母体依存型胎生のサメは母親から栄養をもらって成長する。どの種も発生の初期は自分の卵黄で成長を始めるが、卵黄がなくなってからは母親から栄養の補給を受けながら育つ。母体依存型胎生は栄養の補給方法や栄養物質によって以下の３タイプに分けられる。

【食卵タイプ】

　このタイプのサメは卵黄を自分自身で食べて成長する。子宮（輸卵管の膨大部）内で成長している子ザメは、次々と送り込まれてくる無精卵を食べる。卵黄を食べるために産まれる前の子ザメにも立派な歯が生えており（上図）、胎仔に指を咬まれた人もいるそうだ。食卵タイプのサメは、ネズミザメ（次頁上図）、ホホジロザメ、アオザメ、オナガザメ類（次頁中図）などのネズミザメ目、テンジクザメ目のオオテンジクザメ、メジロザメ目のチヒロザメなどだ。ネズミザメ目のシロワニは無精卵を食べるだけでなく、子宮内の兄弟姉妹も食べてしまうという。最強の１個体だけが産まれてくるというわけだ。

　この食卵タイプは獰猛なサメらしい胎生だ。

子宮から取り出されたネズミザメの胎仔（母体依存型胎生・食卵タイプ）

マオナガの胎仔（母体依存型胎生・食卵タイプ）

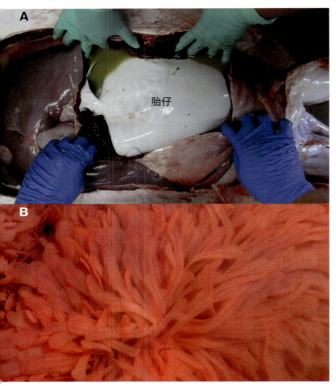

Aイトマキエイの胎仔　Bイトマキエイの子宮内壁の拡大
（母体依存型胎生・子宮ミルクタイプ）

【子宮ミルクタイプ】
　このタイプのサメは子宮壁から分泌される特殊な栄養物（子宮ミルク）を独特の構造物や皮膚を通して吸収したり、直接飲み込んで成長する。典型的な例はアカエイ、イトマキエイ（左図）、トビエイ類など。ホシザメ（前頁上図）や他の卵黄依存型胎生のサメ類もこのタイプの可能性がある。

【胎盤タイプ】
　このタイプのサメは成長途中で自分のもっている卵黄を使い切ってしまうと、胎盤ができるまで一時的に子宮ミルクの補給を受ける。胎盤は卵黄嚢（卵黄をつつんでいた袋）から形成され、栄養物質が胎盤とヘソの緒を通して子ザメに供

ヘソの緒と胎盤がついたシロシュモクザメの胎仔
（母体依存型胎生・胎盤タイプ）

給される（次頁上図）。
サメの胎盤はほ乳類の胎盤とは起源が異なるが、機能はほ乳類の胎盤と同じ。魚類に胎盤型の生殖法が発達したという事実はまさに驚きだ。胎盤タイプはシロザメ（右図A）、メジロザメ類、シュモクザメ類（右図B）などの進化したメジロザメ目のサメだけに見られる。

　サメ類の生殖方法を型やタイプに分けて説明をしたが、サメ類の生殖方法には中間型や他のタイプとの組み合わせが考えられ、さらに細かく見ると様々なバリエーションがある。まだ不明な点が多く、新たな事実の収集と十分な情報に基づいて、考えてみる必要がある。

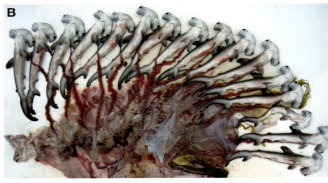

母体依存型胎生・胎盤タイプのサメ　Aシロザメ　Bシロシュモクザメ

1-4) サメ類の生殖方法の進化

目別の生殖方法

上目	目	生殖方法
ツノザメ・カグラザメ	カグラザメ	胎生（卵黄依存型）
	キクザメ	胎生（卵黄依存型）
	ツノザメ	胎生（卵黄依存型）
	ノコギリザメ	胎生（卵黄依存型）
	カスザメ	胎生（卵黄依存型）
ネズミザメ・メジロザメ	ネコザメ	卵生
	テンジクザメ	卵生、胎生（卵黄依存型、母体依存型の食卵タイプ）
	ネズミザメ	胎生（母体依存型の食卵タイプ）
	メジロザメ	卵生、胎生（卵黄依存型、母体依存型の食卵・胎盤タイプ）

　サメの目ごとに生殖方法をまとめてみた（上表）。サメ類はツノザメ・カグラザメ上目とネズミザメ・メジロザメ上目に分けられ、両者はやや遠い関係に、各上目内の目はたがいに近縁にあると考えられている。ツノザメ・カグラザメ上目の生殖方法は5目全てが卵黄依存型の胎生である。

　一方、ネズミザメ・メジロザメ上目では目毎に大きな違いがあり、ネコザメ目は卵生のみ、テンジクザメ目は卵生と卵黄依存型の胎生が主で、ネズミザメ目は食卵タイプの胎生のみが見られる。メジロザメ目は約280種、サメの半分以上を占める巨大で多様な一群で、サメ類の全ての生殖方法を見ることができる。原始的なメジロザメと考えられているトラザメ科には、多くの単卵生種と少数の複卵生種、そしてわずかな卵黄依存型の胎生種が見られる。より進化したタイワンザメ科やドチザメ科などでは、極めて少数の卵生種と多くの卵黄依存型や食卵タイプの胎生種、そしてわずかな胎盤タイプの胎生種が見られる。そして、最も進化しているメジロザメ科やシュモクザメ科ではほとんどが胎盤タイプの胎生種で、卵黄依存型の胎生種は極めて少数である。

　動物界全体を考えると、ほ乳類に発達した胎生が最も進化した生殖方法と考えられ、その対極的な位置にある卵生が原始的な生殖方法とされている。サメ類でも一般に卵生が原始的で、卵生から胎生へ向けて生殖方法が進化したとされている。サメ類の複卵生は単卵生から進化したと考えられており、単卵生から複卵生への流れの先には卵黄依存型の胎生が見える。さらに、子宮ミルクタイプや食卵タイプ、そして胎盤タイプの母体依存型の胎生へと進化の大きな流れがあったと考えてもあまり違和感がない。

　しかし、卵生がもっとも原始的であるというのは単なる思い込みで、丁寧に検証をしていくと、軟骨魚類での最も原始的な生殖方法は卵黄依存型の胎生になる、という新説が近年発表されている。したがって、サメ類の生殖方法の進化やその解釈については流動的になる可能性がある。

1-5) おちんちんは２つ

　何度も述べてきたように、サメは体内で受精し、そのための交尾器をもつ。交尾器はオスのおちんちんのこと、そしてサメにはおちんちんが２つもある。

　その理由はおちんちんの起源を考えれば理解できる。サメのおちんちんは腹鰭（はらびれ）の一部が変形してできる。腹鰭はほ乳類など動物の後ろ足にあたるので、左右１対になっている。左右それぞれから１つずつできるので、合計２つになる。

　そんなおちんちんの話をもう少ししておこう。サメが子供のときは、おちんちんも小さくて目立たない（右図A）。成長し性成熟が始まると、中の骨が発達し始め、突然長く大きく、そして硬くなる（右図B）。

　おちんちんの形は、サメの種類によって太くて短いもの、細くて長いものなど色々だ（P.132〜133図A〜F）。その大きさも様々で、体が大きければおちんちんも大きい（P.134下図）。そして、おちんちんには骨やトゲや大きな鱗もあって、とても複雑な構造になっている（P.135上図）。大きくなったおちんちんは目立つので、遠くからでも見つけることができる。水族館でも、下からサメの腹鰭を見れば、オスかメスかは一目瞭然だ。

　さて、"２つのおちんちん"に話を戻そう。

　交尾のときには、おちんちんがメスの生殖孔に挿入される。メスの生殖孔（せいしょくこう）は左右の腹鰭の間にある総排出腔（そうはいしゅつこう）という穴。肛門のような場所と考えると分かりやすいが、肛門とはちょっと違う。肛門は糞を出す穴のこと。しかし、総排出腔は糞だけでなく、尿、卵や精子、それに子供まで、何もかもが出てくる穴なのだ。

　メスの総排出腔は１つだけ、だがオスのおちんちんは２つ。どうやっておちんちんを使うのだろう。これには魚の専門家も頭を痛めた。これを解決したのは水族館だ。水族館のサメの中には人前で堂々と交尾をするものも現れたのだ（P.134上図）。その結果、サメは一度の交尾に片方のおちんちんしか使わなかったのである。いくつもの交尾の目撃例が報告されたが、結果は同じだった。

アブラツノザメの交尾器
A 未成熟個体
B 成熟個体

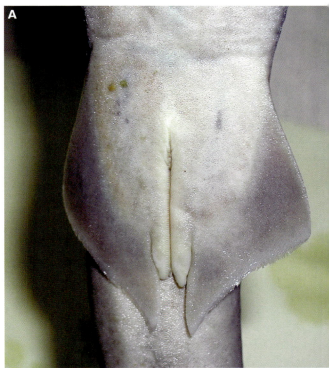

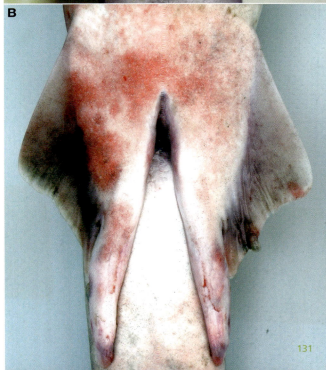

第5章 サメの生殖

1) サメの生殖方法

サメの交尾器
Aラブカ
Bシロカグラ
Cユメザメ
Dオオセ
Eハチワレ
Fトラザメ

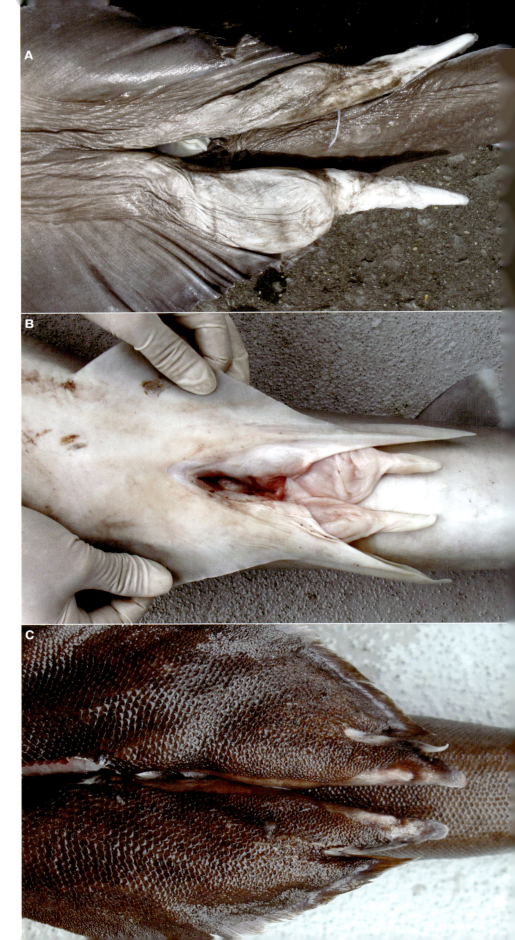

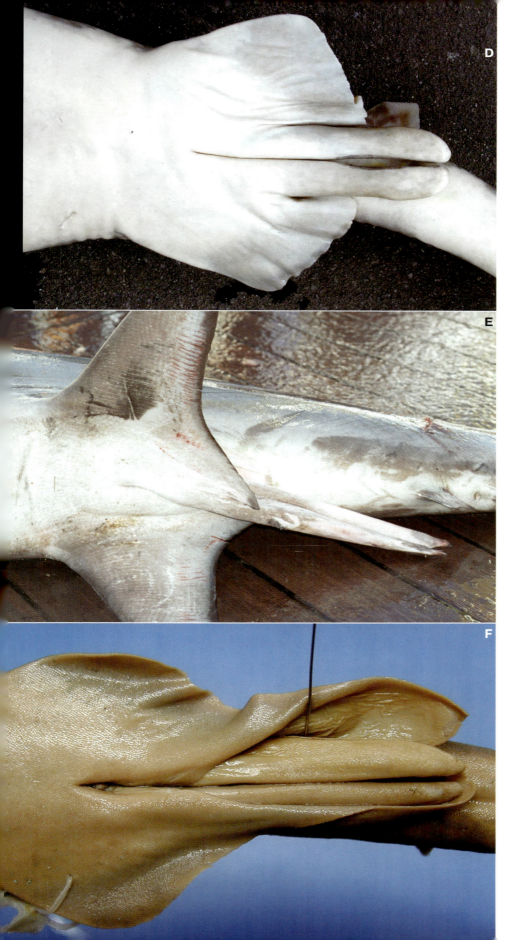

片方しか使わないのならば、2つもいらないではないか。動物は生存競争に勝つため、不必要なものは退化させ、必要なものを発達させ、より合理的な形に進化してきた。おちんちんの場合、1つしか使わないのに2つある。ということは、どうしても2つ必要、ということになる。

　答えを出すには、サメ独特の交尾スタイルがヒントになりそうだ。交尾のスタイルはサメの種類によって様々。オスがメスの体に巻きついたり、寄り添ったり、腹と腹を合わせたりして交尾する。交尾のとき、オスの体はメスの体の右側か左側のどちらかにくる。どちらでもかまわない。しかし、骨で支えられているサメのおちんちんは自由には動かない。おちんちんと腹鰭の骨は関節し、おちんちんのすぐ外側には腹鰭がある。実際に標本を使っておちんちんを動かしてみた（次頁中図）。すると、右のおちんちんは左へ、左のおちんちんは右へと大きく折り曲げることができたが、その逆はなかなか難しかった。自然な状態でもこのようなおちんちんの動きは観察できる（次頁下図）。細かなことは省略するが、総排出腔（精液の出口でもある）とおちんちんの溝の位置関係から考えても、逆は都合が悪いのだ。

オオテンジクザメの交尾

　この様なことから、1つのおちんちんの守備範囲は体の片側だけ、ということになる。実際の交尾シーンでも、オスがメスの右側にいる時は、右のおちんちんを左に大きく曲げて交尾をしている。左のおちんちんはまっすぐに伸びたままだ。

　交尾のとき、オスがメスの右になるか左にくるかは、そのときの成り行き次第。だから、おちんちんが1つだけでは半人前。一人前になるには、左右2つのおちんちんが必要というわけだ。

ウバザメの巨大な交尾器

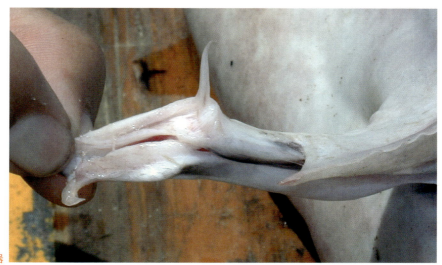

ツノザメの交尾器

エイラクブカの
交尾器反転実験

オオワニザメの交尾器反転(自然状態)

2) 特徴的なサメ
太っ腹母さん　ホホジロザメ 2-1)

ホホジロザメ
Carcharodon carcharias ／ネズミザメ目 ネズミザメ科

　ホホジロザメを含むネズミザメ目のサメは、食卵タイプの胎生だ。子ザメは、母親の子宮の中で自分の卵黄を使って成長を始めるのだが、卵黄が少なくなってくると、小さいながらも上下顎に歯が生えてくる（下図 A）。その頃、たくさんの栄養豊かな無精卵が子宮に食料として送り込まれてくる。そこで子ザメは自分の口と歯を使って周囲にある卵黄を食べ始めるのだ。使っている歯は成長するにしたがって抜け代わり、より大きな歯に入れ替わっていく。抜けた古い小さな歯は卵黄と一緒にのみ込まれ、自分の胃や消化管の中に貯えられる（下図 B, C）。もし古い歯が抜けて子ザメの体外（母ザメの子宮の中）に落ちれば、子宮の中は危険な歯で一杯になり、子ザメたちや子宮は傷だらけになってしまうだろう。

　ホホジロザメは約1年間母親の体内で育ち産まれてくるのだが、産まれるときの大きさは全長1.2～1.5m、体重は12～32ｋｇもある。小学3

ホホジロザメ胎仔の歯　A顎の歯　B胃から見つかった歯　C腸から見つかった歯

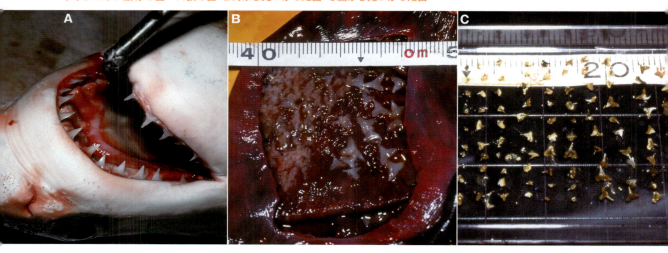

年生が平均身長133ｃｍ、体重31ｋｇだそうだ。私もこんな胎仔を何度か見たことがあるが、実に巨大で、腹周りは電信柱くらいある（下図）。

　そして、さらに驚くことがある。小学3年生ほどの大きさの子どもを一度に何匹も育てるのだ（次頁上図）。記録によると、子どもの数は2〜14尾。小学3年生が14人も集まった所を想像してみてほしい。お腹は今にも破裂しそうにパンパンになる。お産の周期は2〜3年で、そのたびにこのような経験をするのだから、母親の負担は相当に大きいだろう。太っ腹の母さんザメはなんともたくましい。

　真っ暗な母親の狭い子宮の中で、ジャンボサイズの子ザメたちは誕生までギュウギュウ詰めになって生活している。卵黄を食べればウンチもオシッコも出るだろう、呼吸もしなくては窒息してしまう。子宮の中でいったいどんな生活をしているのだろう。なぞだらけだ。

産まれる直前のホホジロザメ胎仔

　ホホジロザメのお産の場所も良く分かっていない。お腹の中に産まれる直前の全長110〜150ｃｍの子ザメをもったメスがいた場所と、産まれた直後と思われるサメが発見された場所から、日本近海のお産の場所は紀伊半島から沖縄の沿岸海域ではないかと考えられている。しかし、北海道で捕まったホホジロザメからも産まれる直前の胎児が見つかったことがあるので、ホホジロザメのお産の場所はもっと北に広がる可能性もある。お産の時期は九州以北では4〜5月、沖縄では2〜3月頃と考えられているが、これもハッキリとしない。

　ネズミザメ目のサメはこのような子育てをする。今述べたように、ひとつの子宮の中に何匹かの子ザメが育ってくるのがふつうなのだが、母親のお腹の中でときに悲劇が起きる。一番安全なはずの子宮の中で兄弟姉妹が共食いを始めるのだ。弱いものが食べられてしまい、一番強い子どもだけが生き残る。こんな悲劇を演ずるのはシロワニ（P.206）、日本近海では小笠原や南日本に生息している大型のサメだ。

　ホホジロザメの場合はこんな悲劇は起こらない。兄弟姉妹が母親のお腹の中で仲良く押しくら饅頭をして育つのだ。

第5章 サメの生殖　2）特徴的なサメ　2-1）ホホジロザメ

138

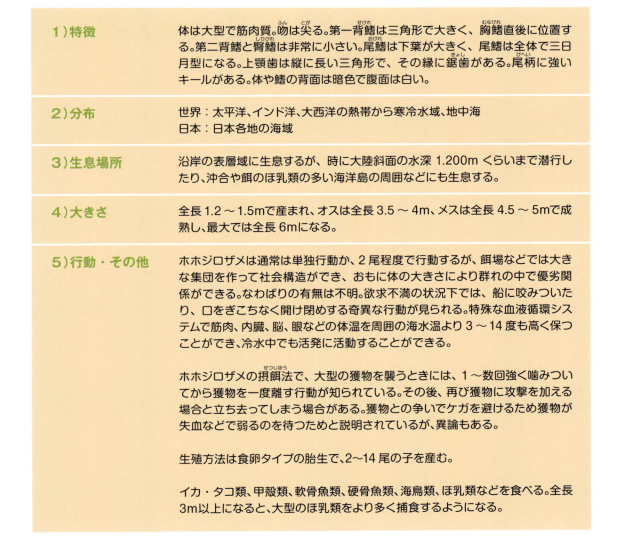

ホホジロザメ
A 和歌山県でとれた母ザメ
（7 尾の胎仔をもっていた）
B 北海道でとれた大きなメス
（胎仔は見つからなかった）

1）特徴	体は大型で筋肉質。吻は尖る。第一背鰭は三角形で大きく、胸鰭直後に位置する。第二背鰭と臀鰭は非常に小さい。尾鰭は下葉が大きく、尾鰭は全体で三日月型になる。上顎歯は縦に長い三角形で、その縁に鋸歯がある。尾柄に強いキールがある。体や鰭の背面は暗色で腹面は白い。
2）分布	世界：太平洋、インド洋、大西洋の熱帯から寒冷水域、地中海 日本：日本各地の海域
3）生息場所	沿岸の表層域に生息するが、時に大陸斜面の水深 1,200m くらいまで潜行したり、沖合や餌のほ乳類の多い海洋島の周囲などにも生息する。
4）大きさ	全長 1.2〜1.5m で産まれ、オスは全長 3.5〜4m、メスは全長 4.5〜5m で成熟し、最大では全長 6m になる。
5）行動・その他	ホホジロザメは通常は単独行動か、2 尾程度で行動するが、餌場などでは大きな集団を作って社会構造ができ、おもに体の大きさにより群れの中で優劣関係ができる。なわばりの有無は不明。欲求不満の状況下では、船に咬みついたり、口をぎこちなく開け閉めする奇異な行動が見られる。特殊な血液循環システムで筋肉、内臓、脳、眼などの体温を周囲の海水温より 3〜14 度も高く保つことができ、冷水中でも活発に活動することができる。 ホホジロザメの摂餌法で、大型の獲物を襲うときには、1〜数回強く噛みついてから獲物を一度離す行動が知られている。その後、再び獲物に攻撃を加える場合と立ち去ってしまう場合がある。獲物との争いでケガを避けるため獲物が失血などで弱るのを待つためと説明されているが、異論もある。 生殖方法は食卵タイプの胎生で、2〜14 尾の子を産む。 イカ・タコ類、甲殻類、軟骨魚類、硬骨魚類、海鳥類、ほ乳類などを食べる。全長 3m 以上になると、大型のほ乳類をより多く捕食するようになる。

スーパー・ママゴン ジンベエザメ 2-2)

ジンベエザメ
Rhincodon typus ／テンジクザメ目 ジンベエザメ科

ジンベエザメの巨体（台湾）

　人を襲う恐怖のホホジロザメに負けぬくらい人気者のサメがジンベエザメ。ジンベエザメと一緒に泳ぐ癒しのツアーなるものが昨今人気になっている。

　ジンベエザメは超大型サメとして知られ、最大で全長18～21mになるともいわれている。2015年までの実測値(じっそくち)の最大は18.8mとされているが、どの程度の大きさまで成長するかは良く分かっていない。だが、いずれにしてもジンベエザメは最大のサメ、そして最大の魚類でもあることは間違いがない。

　このようにジンベエザメは体も大きいが、謎も多い。どこで産まれ、どのような生活をし、どこを回遊し、どの位の大きさで成熟するかなど、その生態は謎だらけだ。

　その謎の1つは生殖法。長い間ジンベエザメは卵生ではないかといわれてきたが、十数年前にそれが間違いであることを証明する巨大な証拠が台湾で発見された。その結果、ジンベエザメは胎生、しかも一度に300尾以上の子供を産むという衝撃の事実が明らかになった。

　その巨大な証拠とは、1995年7月15日に台湾の東海岸沖で捕獲された全長10.6m、体重16トンの巨大なメスだ（上図）。このスーパーママゴンは妊娠していて、子宮から少なくとも307尾の産まれる直前と思われる子ザメ、子ザメが入った巨大な卵殻、そして空の卵殻が発見されたのだ（次頁上図）。それまでは子供の数が最も多いサメは135尾のヨシキリザメだった。したがって、ジンベエザメは体の大きさも最大だが、子供の数

体内から出された子ザメたち

もサメ界の最多記録を2倍以上上回る新記録を打ち立てたわけだ。これでは広い海がジンベエザメだらけになってしまうのではないかと心配にもなってくる。

　307尾のうち237尾を計測した記録が公表されている。その報告によると、子ザメの大きさは全長42～64cmで、全長58～64cmの大きな個体は卵殻から出ていて、外卵黄がなく、腹にヘソの緒の跡が確認されたそうだ。この大型個体は卵殻からふ化し、産まれる直前の状態、それより小さな個体はまだしばらく卵殻中で成長し、それからふ化するのであろうと推察している。237尾の性比はメス：オスが123：114だったそうだ。これらの個体は世界の研究者や研究機関に寄贈され、私も観察したが、巨大な卵殻と大きな子ザメに改めて驚かされた（下図）。

　このような事実と今までの文献情報から、ジンベエザメは卵黄依存型（らんおういぞんがた）の胎生で、300尾以上の子を産み、産まれる大きさは全長55～64cmと結論できる。しかし、交尾時期や妊娠期間などの生殖や回遊などの生態は依然としては不明で、巨大な謎を秘めた種であることは間違いない。

全長約60cmの子ザメと巨大な卵殻

後日談になるが、このスーパーママゴンの子供のうち15尾は生きていて、その1尾が大分マリーンパレス水族館「うみたまご」で飼育されていた（下図）。著者に提供された3年間の飼育記録によると、このジンベエザメ「ジジ君」は飼育開始時には全長70ｃｍ、体重800ｇだったが、3年後には全長3.7ｍ、体重350ｋｇにもなったという。長さ5倍以上、体重で430倍以上に成長したわけだから、実に驚異的な成長力というしかない。ジジ君は残念ながら死んでしまったが、もし生き続けてくれていれば今頃は全長6〜7ｍになって、彼らの秘密をもっと明かしてくれていたに違いない。
（種の詳しい説明は第6章 P.164を参照）

大分マリーンパレス水族館・うみたまごのジンベエザメ
（生後6ヶ月、体長約1.6ｍ、飼育160日目）

あなたはオトコ？
テングヘラザメ 2-3)

テングヘラザメ
Apristurus longicephalus ／メジロザメ目 トラザメ科

　軟骨魚類は体内受精をし、オスが体内受精のための交尾器をもっていることは前に述べた。ところが1970年頃に高知県の土佐湾から発見されたヘラザメ属の1種「テングヘラザメ」は違っていた。

　ヘラザメ属の分類は当時から大混乱をしていて、その頃、私はその解決に挑戦し始めたところだった。テングヘラザメは1個体しか採集されていなかったが、異常なほど長い鼻面のサメはそれまで知られておらず、明らかに新種であった。詳しい調査の結果、1975年に *Apristurus longicephalus* と命名し、新種として発表した。この貴重な1個体には未発達の小さなおちんちんがあり、何の疑いもなく未熟なオスと判定をした。ところが、後にこのオスはメスだったという事実が明らかになる。

　この変な現象に気がついたのは、私の研究室に訪問研究員として滞在していたフランス人若手研究者のサミュエル君であった。当時私の研究室には世界中から数百個体のヘラザメ類が集められ、ヘラザメ属の分類研究センターのような形になっていた。このテングヘラザメについても、日本近海、ニューカレドニア、オーストラリア、インド洋などで採集された全個体が私の研究室に集められていた。

　サミュエル君がこれらの標本を調査しているときのことだった。突然私の部屋に入ってきて、
「カズ、メスにおちんちんがある」
というではないか。そんなことはあるはずがないからもっと詳しく調べるように指示を出した。そして、彼は全ての標本82個体を片っ端から調べ上げていった。
「やっぱりメスにおちんちんがある」
　これが彼の出した結論だった。

　いくつかの個体を一緒に調べてみた。小さなおちんちんのある個体の腹の中を探ってみると、大きく発達した卵巣があるではないか（次頁上図）。だから、この"オス"は立派なメスだったのだ。大きなおちんちんをもっている個体を調べてみると、立派な精巣があるが、未発達のメスの生殖器官も発見された（P.145図）。この"オス"は本当のオスだった。全部の個体を再調査した結果、大部分の個体にオスとメスの両方の生殖器官があり、オスかメスのいずれかの生殖器官が成熟していた。例えば、おちんちんの長さを見てみよう（次頁下図）。この図はオスとメスのおちんちんの長さが成長によりどのように変化するかを示したものだ。大人になる全長40cm位になると、オスのおちんちんは急に長くなる（青丸）。一方、メスのおちんちんの長さ（赤丸：メスのおちんちんの長さが測れること自体が変なことだが）は大人になっても短いまま。

　テングヘラザメはオスメス両方の生殖器官をもつことが明らかになった。

　別のサメでもオスメス両方の生殖器官をもっている個体が報告されたことはあった。しかし、これらは局所的に発生する化学汚染物質などが原因と

第5章 サメの生殖　2）特徴的なサメ　2-3）テングヘラザメ

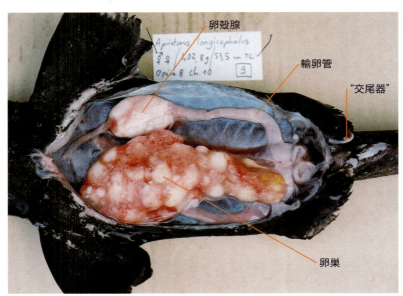

"交尾器" をもっているメス

なって発生する奇形と結論されていた。テングヘラザメの場合も、奇形の可能性をも考えて、この不思議な現象を分析してみたが、日本からニューカレドニアやオーストラリアなど広大な海域からとれた個体全体にこの現象が認められたこと、テングヘラザメと同じ場所にすんでいるほかのヘラザメ類にはこのような現象が見られないなどの理由で、奇形の可能性は否定された。

この結果をイギリスの科学雑誌に「テングヘラザメのメスにはおちんちんがある」と報告した。テングヘラザメの新種発表から30年後の2005年のことだった。テングヘラザメの新種記載では、土佐湾産の1個体を分類の基準標本（ホロタイプ）に指定し、小さなおちんちんを確認した上で、未熟オスと発表していた。しかし、腹の中はメスの生殖腺が発達していた。このオスはメスだったのだ。

テングヘラザメの性決定機構は未だに研究されていないが、どのように性が決められるのだろう。興味ある研究ができそうだ。

軟骨魚類の性別は、今までおちんちんの有無で決められてきた。しかし、これからはもうちょっと慎重にオスメスの判定をする必要がある。

おちんちんの成長

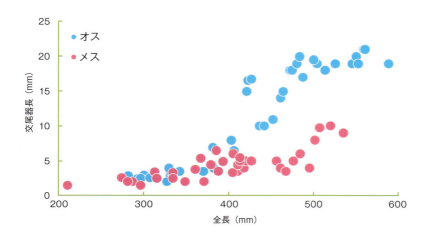

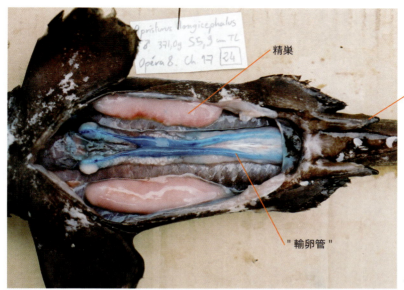

"輸卵管"をもっているオス

1）特徴	体は細長い。吻は薄く、非常に細長いヘラ状で、前鼻孔より前の吻長は両眼間隔幅よりも大きい。第一背鰭は腹鰭基底後半上に始まり、第二背鰭とほぼ同形で、大きさは第二背鰭よりやや小さい。臀鰭は基底が非常に長く、高さはあまり高くない。臀鰭と尾鰭下葉は接する。尾鰭は細長く、下葉はわずかに発達する。胸鰭と腹鰭は近く、胸鰭・腹鰭の両基底間隔は臀鰭基底長よりも短く、胸鰭後端は胸鰭・腹鰭の両基底間隔の中央点を越える。鱗は小さく、互いに重なる。両顎歯はまばらに生える。上顎の唇褶は下顎の唇褶より少し長い。体は暗灰色〜黒色。
2）分布	世界：西部太平洋、インド洋 日本：四国地方以南の太平洋
3）生息場所	水深500〜1,350mの大陸斜面に生息する。
4）大きさ	オスは全長48cm、メスは49cmで成熟し、最大で60cmになる。
5）行動・その他	生殖方法は卵生で、おそらく一度に2個の卵殻に入った卵を産む（単卵生）。テングヘラザメは軟骨魚類唯一の雌雄同体の種で、大部分の個体は機能的な性と機能しない性の両方の生殖器官をもっている。しかし、性転換をするという事実は見つかっていない。機能的なメス（つまり発達した卵巣や卵殻腺をもつ個体）も小さな交尾器をもっているため、本種の正確な性判定は交尾器の有無ではできないので、注意が必要である。 ヘラザメ属は深海性のトラザメ科の一群で、現在世界に35種が知られている。しかし、まだ新種の存在が確認され、分類学的に混乱状態にある。テングヘラザメは吻が非常に長いこと、歯がまばらに生えていることなどの顕著な特徴をもち、他種とは簡単に区別できる。

父なき子 ウチワシュモクザメ
2-4)

ウチワシュモクザメ
Sphyrna tiburo／メジロザメ目 シュモクザメ科

　アメリカ・ネブラスカ州の水族館で飼育されていたウチワシュモクザメのメスが子ザメを出産したという。これだけならば、何も珍しい話ではないが、中味は大変ショッキングなニュースだった。この水族館で飼育されていたウチワシュモクザメは3尾で、全てメスだった。この3尾はその3年ほど前にフロリダで捕獲され、その時彼女たちは性的に未熟だった。そのまま水族館に引き取られ、3年間で大人のサメになった。

　サメ類が子供を産む場合には、まずメスはオスと交尾をし、卵と精子が合体し、メスの体内で受精が起きる。その後、胚の発生が始まり、シュモクザメの場合には、母親の子宮の中で胎盤をとおして栄養をもらい、成長して生まれてくる。

ウチワシュモクザメの頭部

ところが、水族館にはオスがいなかったのだ。オスがいなければ交尾ができず、卵の受精が起こらないので胚発生は始まらない。だから子どもが生まれるはずがない。しかし、子供が生まれたというのだ。

サメのメスは交尾をしてオスから受けとった精子をしばらくは卵殻腺などに貯えることができる。今まで水族館にもち込まれたサメやエイが、水槽内にオスがいなくても産卵したり、子供を産んだりすることがよくあったが、この場合は水族館にもち込まれる前に交尾をし、メスの体にはすでに精子があったためと考えられている。このウチワシュモクザメの場合も、このような可能性をも含めて、詳しい調査がされたが、彼女たちは水族館に連れてこられたときはまだ子供で、成熟した後はオスのシュモクザメとは出会うチャンスが全くなかったことが判明した。

その後、3尾のメスと産まれてきた子ザメの遺伝子を調べたところ、子ザメの遺伝子は1尾のメスと完全に一致したのだそうだ。卵と精子が合体して子どもができた場合、オス由来の遺伝子とメス由来の遺伝子が半分ずつになる。しかし、この子ザメにはオスに由来する遺伝子が見つからなかったのだ。したがって、このウチワシュモクザメの場合は、卵が精子と合体することなしに、卵だけで発生を開始し、成長し、産まれてきたことになる。これは研究者にとっては衝撃的な出来事だった。

このような生殖の方法を単為生殖というが、それまでほ乳類と軟骨魚類では単為生殖は知られていなかったし、体内受精を行う軟骨魚類では想定外の話だった。ひょっとすると彼女たちはメスだけしかいない特殊な環境に押し込められ、秘められた特殊能力を発揮したのかもしれない。生物は特化するにしたがい可塑性を失うといわれるが、もし上のことが事実ならば、軟骨魚類の適応能力や柔軟性の高さを改めて考えなおす必要があるだろう。

そして、単為生殖という特殊な生殖戦略を、軟骨魚類の生殖法の1つとして加える必要があるようだ。(単為生殖については第5章 P.121、種の詳しい説明は第6章 P.180を参照)

ウチワシュモクザメの頭胸部腹面

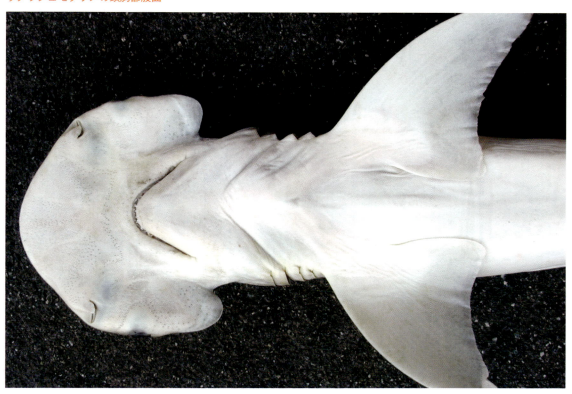

第6章・サメの分布

　サメ類は灼熱の熱帯の海から氷山の浮かぶ極海、日光が射し込む明るい浅海から数百気圧もの高圧のかかる暗黒の深海まで、色々な場所に生息域を広げ、中には汽水域や湖にまで入り込むサメもいる。

　現在(2016年春)、サメ類は510種ほどが知られているが、彼らにはいくつかの系統がある(第1章や巻末のリスト参照)。例えば、現生のラブカ、アブラツノザメ、ジンベエザメ、ホホジロザメ、シュモクザメはそれぞれが別の家系に属している。つまり、同じサメの仲間でも、これらは互いに遠い血縁関係にあるのだ。

　彼らの遠い祖先は数千万〜数百万年前に、世界の違った場所で出現した。彼らが生活を始めた海は大陸移動や地殻変動によって、地形、水深、水温などの生息環境が激変し、ほかの魚類やサメ仲間との生存競争もその時代時代で様変わりしていった。

　しかし、家系により違った形態、生態、生理学的な特徴をもっていたこれらのサメ類はそれぞれが独自の方法で新しい環境に適応し、分布を広め、進化してきた。

1) 水温による分布

　海の表面は太陽からの日射を受け、水温は海表面付近で高く、深部では低い。この太陽光の影響を直接受ける表層水と深層水の境目には水温躍層があり、水温躍層を上から下に通過すると水温が急激に低下し、水温躍層よりも下側(深層水)では水温はほぼ一定になる。表層水の水温は低緯度海域では高く、高緯度海域では低く、また中緯度海域は低緯度海域からの暖流と高緯度海域からの寒流の影響を受け、季節により大きく変動する。したがって、表層域に生息するサメは海水温の影響を強く受け、基本的に水温により分布が決まってくる。

　このようなことから、海洋を表層域の温度データに基づき、熱帯・亜熱帯海域(年平均水温が22℃以上の海域)、温帯海域(同10〜22℃)、寒帯海域(同2〜10℃)、極海域(同2℃以下)に分けた(下図)。

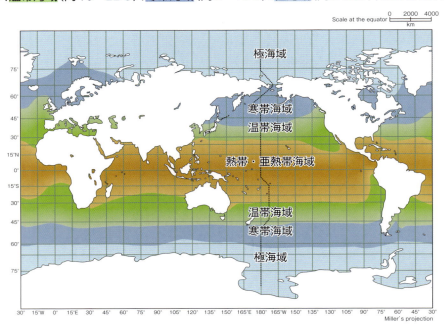

1-1) 目グループの分布

サメ類の分布の一般的な特徴を知るために、水温とサメ類を大きな家系（分類学的には目レベル）に分けて、その関係を見てみよう。

下図はサメ類9目と熱帯海域から極海までの分布状態を示しているが、全てのサメ類が熱帯・亜熱帯海域と温帯海域には分布していることが分かる。中でもキクザメ目、ノコギリザメ目、カスザメ目、ネコザメ目、およびテンジクザメ目のサメ類はほとんどがこの範囲に分布が限定されており、カグラザメ目、ツノザメ目、ネズミザメ目、およびメジロザメ目のサメ類は熱帯・亜熱帯海域から寒帯海域、または極海にまで分布を広げている。ノコギリザメ目、カスザメ目、ネコザメ目、そしてテンジクザメ目の4目は底生性で、海底に密着した生活をしており、大洋規模の大きな移動や回遊は行わない（ジンベエザメを除く）。一方、カグラザメ目、ツノザメ目、ネズミザメ目、そしてメジロザメ目のサメ類は、その多くが海底から離脱した生活をし、大洋規模の大回遊をするものも少なくない。

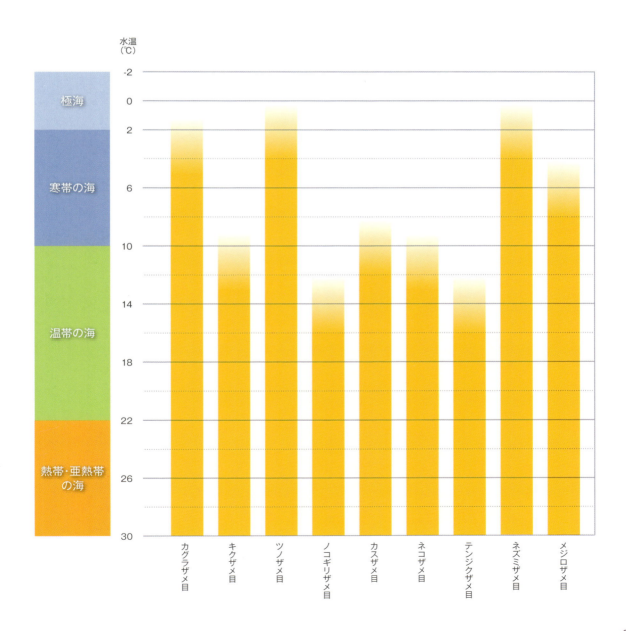

1-2）各水温帯のサメ

熱帯・亜熱帯海域

浅い所も何のその ツマグロ

Carcharhinus melanopterus
／メジロザメ目 メジロザメ科

1）特徴
吻は短く円い。眼は円い。第一背鰭は大きく、胸鰭後端付近に始まり、先端は円い。第二背鰭は第一背鰭と比べると非常に小さく、遊離縁も短い。臀鰭は第二背鰭と対在し、第二背鰭よりやや小さく、後縁は湾入する。両背鰭間には隆起線がない。上顎歯の主尖頭部は幅狭い三角形で、その縁辺には鋸歯があり、左右の基底部には小さないくつかの尖頭がある。下顎歯は細長い。体や鰭の背面は一様な灰褐色で、腹面は白い。各鰭の先端付近や縁辺は明瞭に黒い。

2）分布
世界：中央と西部太平洋、インド洋の熱帯から亜熱帯海域。スエズ運河を通って東部地中海に侵入し、地中海に分布を拡大している。
日本：日本に分布するといわれているが、確認されたわけではない。しかし、台湾北東部で分布が確認されているので、日本の最南端には分布している可能性がある。

3）生息場所
珊瑚礁やその周辺に生息し、礁湖内など非常に浅い場所にも進入する。

4）大きさ
全長 30〜50cm で産まれ、オスは 90〜100cm、メスは 95〜110cm で成熟し、最大では 2m 近くになる。

5）行動・その他
生殖方法は胎盤タイプの胎生で、妊娠期間は 16 ヶ月、2〜4 尾の子を産む。
好奇心が強く、また生息域が人間の活動域と大きく重複するために、本種による事故がよく発生する。ひざ下位の浅い所にも入ってくるので、珊瑚礁付近や珊瑚礁湖内で泳いだり、歩くときには、警戒をした方がよい。珊瑚礁域など環境変化の大きな場所に生息しているため水槽などの人工環境にも慣れやすい。各地の水族館で一番多く目にするメジロザメの仲間である。

■ 分布域

■ 生息域

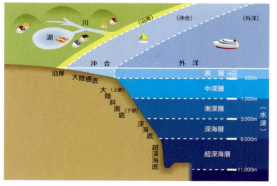

温帯・寒帯海域

冬眠もする？ ウバザメ

Cetorhinus maximus／ネズミザメ目 ウバザメ科

1）特徴
体は巨大。吻は細く突出する。口は巨大で頭部下面にあり、歯は微小。鰓孔は大きく、体をほぼ一周する。第一背鰭は三角形で大きく、胸鰭と腹鰭の中間部に位置する。第二背鰭と臀鰭は非常に小さくほぼ同大。尾鰭は下葉が大きく発達し、尾鰭は三日月形となる。尾柄に隆起線がある。体や鰭の背面は暗色で、腹面は白っぽい。

2）分布
世界：熱帯と亜熱帯海域を除く太平洋、インド洋、大西洋、地中海
日本：日本全域

3）生息場所
温帯から寒帯海域の沿岸から沖合の表層域に生息する。ときに水深 1,200m くらいまで潜る。日本近海域では太平洋側にはおもに春から夏に、日本海側には冬から春に来遊する。

4）大きさ
全長 1.5～1.8m で産まれ、オスは 4.6～6.1m、メスは約 8m で成熟し、最大で 11m くらいになる。

5）行動・その他
表層域に生息し、ときに大きな群れをつくる。ウバザメはプランクトン食性で、プランクトンの群れの中を大きな口を開いたまま泳ぎ回り、細かな櫛状に配列した鰓耙でプランクトンをこしとる。プランクトン量が減る冬季には鰓耙が抜け落ちるため、冬は深海で冬眠をするともいわれているが、良く分からない。鰓耙がない期間の栄養源として、巨大な肝臓の脂肪が使われていることは十分考えられる。
生殖方法は食卵タイプの胎生と考えられる。北東大西洋のウバザメは春に沖合に出現、夏に交尾し、秋には同海域からいなくなる。また、同海域では全長 2m 以下の個体が春に見られるため、出産は春と考えられている。一例で 6 尾の胎仔が確認されたことがある。

■ 分布域

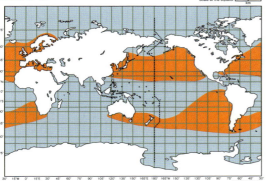

■ 生息域

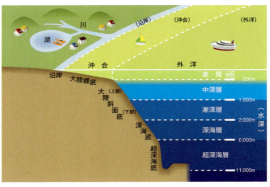

寒帯海域

冷たい海の重要種 アブラツノザメ

Squalus suckleyi ／ツノザメ目 ツノザメ科

1）特徴
第一背鰭起部は胸鰭内角上かやや後ろにある。第二背鰭は第一背鰭よりも小さく、後縁は湾入する。胸鰭の内角部は円い。尾鰭は先端付近に欠刻がなく、尾柄腹面に隆起線がある。両顎歯は同形で、尖頭部が外側に強く傾き、隣の歯と接し、切縁を形成する。体や鰭の背面は灰褐色で、腹面は白い。体側には白点が散在するが、時にあまり目立たないものもある。

2）分布
世界：北太平洋の寒帯海域
日本：東北・北海道に多く、主に太平洋側は千葉県以北、日本海側は山陰地方以北に分布する。

3）生息場所
沿岸域から水深 150～600mの大陸棚や大陸斜面に生息する。ときに水深 1,000m くらいまで潜る。また外洋域では表層域を泳ぐ。

4）大きさ
全長 20～35ｃｍで産まれ、オスは 70～75ｃｍ、メスは 75～90ｃｍで成熟し、最大で 1.3mほどになる。

5）行動・その他
アブラツノザメは大規模な南北回遊や東西回遊を行い、カナダで標識放流された個体が日本沿岸で数多く採集されている。
生殖方法は卵黄依存型の胎生で、冬に交尾をし、1～32尾の子供を産む。妊娠期間は 20～22 ヶ月。出産時には背鰭の棘は母ザメを傷つけないよう軟骨性の物質でおおわれ、頭部を先にして産まれてくる。寿命はオスが 30～40才、メスが 50～60才で、70才以上になるものもあるといわれている。オキアミ類、魚類、イカタコ類、甲殻類、多毛類などを食べる。
今まで、学名で *Squalus acanthias* という種が全世界の寒帯海域に分布していると考えられてきたが、北太平洋に分布する種は別種の *Squalus suckleyi* であることが明らかになった。したがって、*Squalus suckleyi* の和名がアブラツノザメとなる。

■ 分布域

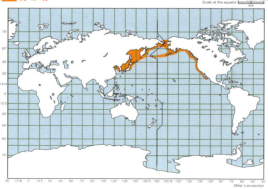

■ 生息域

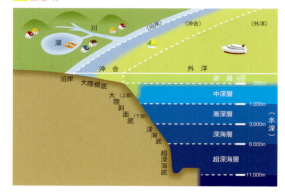

| 極海 |

氷海の巨大ザメ オンデンザメ

Somniosus pacificus ／ツノザメ目 オンデンザメ科

1）特徴
体は太い。背鰭は 2 つで小さく、第一背鰭は胸鰭へよりも腹鰭に近い。両背鰭間の距離は吻端から第 1 鰓孔までの距離の 7 割程度しかない。両背鰭に棘がない。尾鰭は下葉が大きく発達してうちわ状で、先端付近に欠刻がある。両顎歯は単尖頭であるが、上下顎歯は異形で、上顎歯はナイフ状に直立する。下顎歯は幅広で尖頭部が外側に強く傾き隣の歯と接して、下顎歯全体で切縁を形成する。鱗は鉤状で、皮膚は粗雑。体は全体に黒褐色。

2）分布
世界：北太平洋、北極海
日本：土佐湾以北の太平洋、日本海、オホーツク海

3）生息場所
本種は浅海から水深 2,000m 程度の海底部に生息しているが、若魚が外洋中層で捕獲されたこともある。高緯度地方では非常に浅い海にも出現する。

4）大きさ
産まれた時の大きさは不明だが、海で捕獲された最小個体は全長 65cm。オスは 4.0m ではすでに成熟している。メスは 3.7〜4.3m で成熟する。最大では 7m を超える。

5）行動・その他
成熟したオス個体がほとんど発見されていないため、若魚や成熟したメスとは別行動をしているものと考えられている。
生殖方法は卵黄依存型の胎生であるが、子供の数、妊娠期間などは不明である。
オヒョウ、カレイ類、メヌケなどの底生性魚類、サケなどの遊泳性魚類、頭足類、甲殻類などの他に、アザラシやオットセイなどのほ乳類も食べる。

■ 分布域

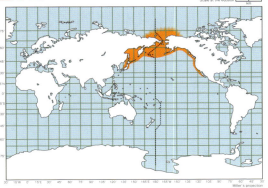

■ 生息域

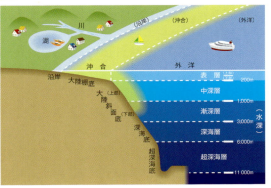

2) 水深による分布

　深くなると水温はほぼ一定になるが、水圧が急激に上昇する。したがって水圧の変化はそこにすむ生物に大きな影響を与え、垂直分布の重要な制限要因となる。サメ類は、浮き袋をもつ硬骨魚類と比べると、水圧の影響をそれほど大きくは受けないが、水深と関連した光、餌生物、溶存酸素と、海底との関わりや底質によって生息水深や生息場所が決定される。

　ここでは、サメ類の生息状況を考慮して、海洋を幾つかの水深帯に区分した（下図）。

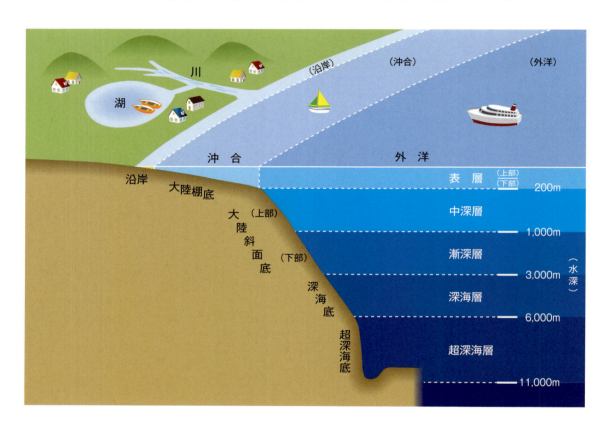

2-1) 目グループの分布

　水深による分布はサメの家系（目）ごとにかなり特徴的である。カグラザメ目は水深1,900m以浅の沿岸、大陸棚、大陸斜面の海底付近から海表面まで（次頁上左図）、キクザメ目は沿岸から水深1,100mの大陸棚や陸棚斜面の海底付近に分布する（同上右図）。ツノザメ目は沿岸、大陸棚や水深4,500mまでの大陸斜面の海底付近、海表面からの漸深層までの中間層など海洋全体に広く分布している（同中左図）。ノコギリザメ目は1,000m以浅の沿岸、大陸棚、大陸斜面の海底部（同中右図）に、カスザメ目は1,300m以浅の沿岸、大陸棚、大陸斜面の海底部（次頁下図）に、ネコザメ目は水深300m以浅の沿岸、大陸棚、大陸斜面の海底部（P.156上左図）に分布が見られる。テンジクザメ目は水深300m以浅の沿岸、大陸棚、大陸斜面の海底部に限定されているが、ジンベエザメのみ例外で、海底生活から離脱し、沿岸から外洋の水深700mまで表層・中深層に分布を広げている（同上右図）。大型サメ類の多いネズミザメ目は、沖合から外洋域の水深1,300m以浅に分布し、沿岸にはあまり近寄らない（同下左図）。メジロザメ目は水深2,200m以浅の沿岸、大陸棚、大陸斜面の海底部と水深350m以浅の沖合、外洋域と一部は淡水域に分布している（同下右図）。

カグラザメ目
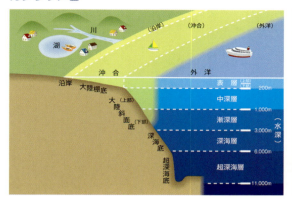

キクザメ目

ツノザメ目
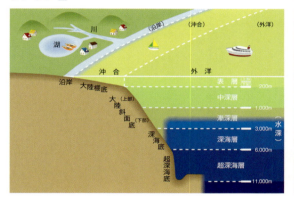

ノコギリザメ目
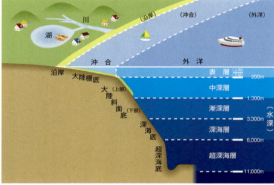

カスザメ目
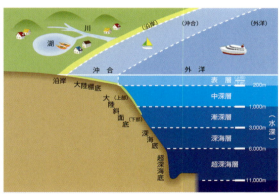

生息域

第6章 サメの分布

2）水深による分布（沿岸）

ネコザメ目
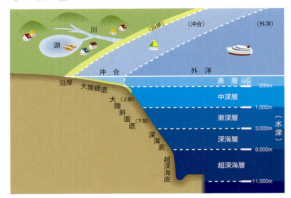

テンジクザメ目（破線はジンベエザメの分布）
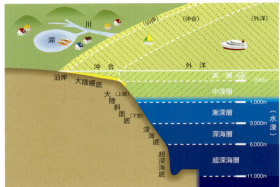

ネズミザメ目
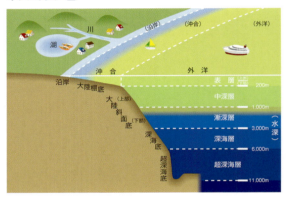

メジロザメ目
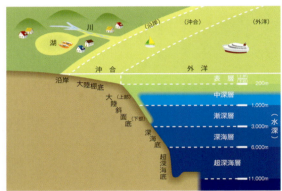

生息域

2-2) 各水深帯のサメ

沿岸

手出しをするな ネムリブカ

Triaenodon obesus ／メジロザメ目 メジロザメ科

1) 特徴
眼は楕円形。口は大きい。第一背鰭は胸鰭よりも腹鰭に近い。第二背鰭は第一背鰭とほぼ同形であるが、やや小さい。臀鰭は第二背鰭と対在し、ほぼ同大。尾鰭下葉は突出する。尾鰭起部の尾柄上部に凹窩がある。上顎歯と下顎歯はほぼ同形で、大きな主尖頭とその両側に小さな尖頭がある。体や鰭は背面が一様な灰褐色で、体側には不規則に暗色のぶち状斑点がある。第一背鰭と尾鰭上葉の先端部は白い。腹面は白い。

2) 分布
世界：中西部太平洋、インド洋の熱帯から亜熱帯海域。東太平洋ではガラパゴス諸島や中央アメリカ太平洋岸
日本：九州、南西諸島、伊豆七島、小笠原諸島など

3) 生息場所
水深40m程度までの岩場、珊瑚礁、砂泥底などに生息するが、水深330mまで潜ったという記録もある。

4) 大きさ
全長50～60cmで産まれ、オス、メス共に1m程度で成熟し、最大で2mになる。

5) 行動・その他
昼間は海底の洞窟、岩の下や割れ目などに休止し、狭い場所では折り重なるように集まっている。夜行性で夕方から活動を開始し、夜間は珊瑚礁の内外を盛んに泳ぎ回り、餌を探す。
生殖方法は胎生で5才位で成熟し、1～5尾の子を産む。飼育しやすいので、水族館などで飼われているが、詳しい生殖や年齢など未知の部分が多い。寿命は25才以上。
タコ類、エビ・カニ類、ハタ、ブダイなどを食べる。
人を襲うことはないが、触ったりすると反撃をされることもあるので注意する必要がある。

■ 分布域

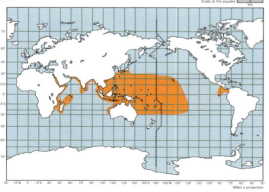

■ 生息域

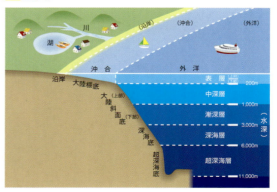

大陸斜面上部底

ノコギリ尾鰭は懐刀(ふところがたな) ニホンヤモリザメ

Galeus nipponensis ／メジロザメ目 トラザメ科

1）特徴
体は細長い。吻は長く、吻端は円い。眼は大きく、下縁に瞬皮がある。口角部に唇褶がある。第一背鰭は腹鰭基底上部に、第二背鰭は臀鰭基底中央付近に始まる。両背鰭はほぼ同形であるが、第二背鰭がやや小さい。臀鰭は基底が長く、基底長は第一背鰭基底長の1.5倍程度ある。臀鰭と尾鰭下葉は広く離れる。尾鰭は小さく、その背縁には大きな鱗がノコギリ状に並ぶ。体には境の不明瞭な鞍状斑がある。

2）分布
世界：北西太平洋
日本：相模湾以南の太平洋、沖縄諸島

3）生息場所
底生性のサメで、水深360～840mの大陸斜面に生息する。

4）大きさ
全長13cmでふ化し、オスは約50cm、メスは55cmで成熟を開始し、全個体が性成熟に達するのはオスメス共に約60cmである。最大で75cmほどになるが、メスの方が大型になる。

5）行動・その他
尾鰭背縁にノコギリ状に並ぶ巨大鱗は、その形態から尾鰭を折り曲げて自己防衛などに使われるものと考えられるが、良く分かっていない。
生殖方法は卵生（単卵生）で周年産卵し、長さ9cm、幅2cm程度の細長い卵殻を産む。
駿河湾では、おもにアオメエソやマイワシなどの小形魚類を食べるが、イカ・タコ類や甲殻類も食べる。
ニホンヤモリザメは大型のヤモリザメで、吻部が長いことではハシナガヤモリザメに似ているが、ニホンヤモリザメは臀鰭基底と尾鰭下葉起部の間が眼径より広いという特徴をもっている。

■ 分布域

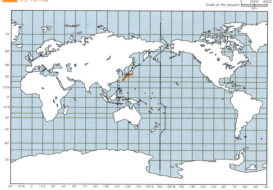

■ 生息域

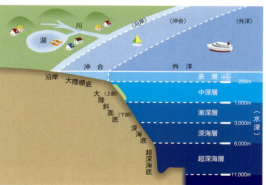

2-2) 各水深帯のサメ

沿岸

手出しをするな ネムリブカ

Triaenodon obesus／メジロザメ目 メジロザメ科

1）特徴
眼は楕円形。口は大きい。第一背鰭は胸鰭よりも腹鰭に近い。第二背鰭は第一背鰭とほぼ同形であるが、やや小さい。臀鰭は第二背鰭と対し、ほぼ同大。尾鰭下葉は突出する。尾鰭起部の尾柄上部に凹窩がある。上顎歯と下顎歯はほぼ同形で、大きな主尖頭とその両側に小さな尖頭がある。体や鰭は背面が一様な灰褐色で、体側には不規則に暗色のぶち状斑点がある。第一背鰭と尾鰭上葉の先端部は白い。腹面は白い。

2）分布
世界：中西部太平洋、インド洋の熱帯から亜熱帯海域。東太平洋ではガラパゴス諸島や中央アメリカ太平洋岸
日本：九州、南西諸島、伊豆七島、小笠原諸島など

3）生息場所
水深40m程度までの岩場、珊瑚礁、砂泥底などに生息するが、水深330mまで潜ったという記録もある。

4）大きさ
全長50～60cmで産まれ、オス、メス共に1m程度で成熟し、最大で2mになる。

5）行動・その他
昼間は海底の洞窟、岩の下や割れ目などに休止し、狭い場所では折り重なるように集まっている。夜行性で夕方から活動を開始し、夜間は珊瑚礁の内外を盛んに泳ぎ回り、餌を探す。
生殖方法は胎生で5才位で成熟し、1～5尾の子を産む。飼育しやすいので、水族館などで飼われているが、詳しい生殖や年齢など未知の部分が多い。寿命は25才以上。
タコ類、エビ・カニ類、ハタ、ブダイなどを食べる。
人を襲うことはないが、触ったりすると反撃をされることもあるので注意する必要がある。

■ 分布域

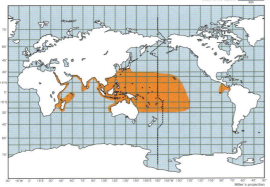

■ 生息域

大陸棚上部底

トレードマークは白い星 ホシザメ

Mustelus manazo／メジロザメ目 ドチザメ科

1）特徴
眼は楕円形。口は先端部が角張る。口角部の唇褶は長く、上顎の唇褶が下顎の唇褶より長い。第一背鰭起部は胸鰭内縁上で、第二背鰭より大きい。第二背鰭は臀鰭よりやや前にある。臀鰭は第二背鰭よりかなり小さく、その起部は第二背鰭基底後半下にある。尾鰭下葉はわずかに突出し、先端付近に欠刻がある。歯は敷石状で、密接する。体は灰色で、体の背面には小白色点が散在する。

2）分布
世界：南シナ海、東シナ海、日本周辺海域などの北西太平洋、西部インド洋
日本：北海道以南の日本各地

3）生息場所
水深200m以浅の砂泥底を好み、時に500m以深に潜ることもある。

4）大きさ
全長 30〜40cmで産まれる。性成熟に達するのは北で遅く、南で早い。オスは約80cm、メスは70〜80cmで成熟し、最大でオスは1m、メスは1.3mになる。

5）行動・その他
大きな回遊は行わず、一定の海域内で生活をし、個体群間にはほとんど交流がない。
生殖方法は卵黄依存型の胎生で、一般に交尾は5〜8月、出産は4〜5月に行われる。妊娠期間10〜12ヶ月。胎仔数は1〜22尾で、胎仔の数は母ザメの大きさ、年齢、個体群によって変化する。性成熟に達する年齢は海域や性により異なり、東シナ海ではオスメス共に2〜3才で成熟し、銚子ではオス3〜4才、メス4〜5才、東京湾ではオス5才、メス6才で成熟する。
おもにエビ・カニ類を捕食するが、イワシなどの魚類も食べる。
ホシザメ属には世界から28種が知られているが、本種はその名のように、小さな白色点が体に散在するという特徴をもっている。

分布域

生息域

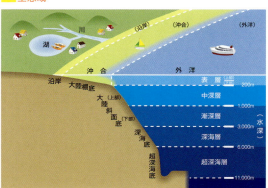

大陸棚下部底
まるで風船 ナヌカザメ

Cephaloscyllium umbratile ／メジロザメ目 トラザメ科

（背方からの写真）

1）特徴
体は太い。吻は短く円い。口は大きいが、口角部に唇褶はない。鼻孔の前鼻弁は小さく、口に達しない。鼻口溝はない。第一背鰭は腹鰭基底上部に始まり、第二背鰭より大きい。第二背鰭は臀鰭基底上に始まり、臀鰭とほぼ対在する。臀鰭は第二背鰭より大きい。尾鰭は小さく、下葉はわずかに発達し、先端付近に欠刻がある。第一背鰭の前には3本の幅広い暗色鞍状斑があるが、日本近海のナヌカザメには、全身に不規則なブチ状の斑紋や斑点があり、不明瞭になることがある。腹面は白っぽい。

2）分布
世界：東シナ海、日本周辺海域
日本：北海道南部以南の日本各地

3）生息場所
底生性で、大陸棚から水深700mくらいまでの大陸斜面に生息する。

4）大きさ
全長約20cmでふ化する。オスは85〜100cm、メスは90〜105cmで成熟し、最大でオス、メス共に1.1m以上になる。

5）行動・その他
ナヌカザメは水を噴門胃に吸い込んで、腹部を大きく膨らませる変わった習性をもっている。腹部を急に膨らませて捕食者を驚かせたり、体を大きくして捕食を防いだり、岩の割れ目や穴の中に入り込んで腹部を膨らませ体をすき間に固定する。
生殖方法は卵生（単卵生）で、一度に2個の卵殻卵を産み、産卵は周年行われる。卵殻は長さ10〜13cm、幅6〜7cmのほぼ長方形で、その四隅にはコイル状の長い巻きヒゲがある。
ナヌカザメは体に比して非常に大きな口をもち貪食で、ヌタウナギ類、トラザメ、ナヌカザメなどのサメ類、シビレエイ、ギンザメなどの軟骨魚類、マイワシ・カレイ類などの硬骨魚類、エビ・カニ類など甲殻類、イカ・タコ類などを食べる。

■ 分布域

■ 生息域

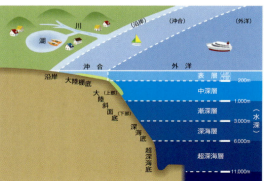

大陸斜面上部底
ノコギリ尾鰭は懐刀(ふところがたな) ニホンヤモリザメ
Galeus nipponensis ／メジロザメ目 トラザメ科

1）特徴
体は細長い。吻は長く、吻端は円い。眼は大きく、下縁に瞬皮がある。口角部に唇褶がある。第一背鰭は腹鰭基底上部に、第二背鰭は臀鰭基底中央付近に始まる。両背鰭はほぼ同形であるが、第二背鰭がやや小さい。臀鰭は基底が長く、基底長は第一背鰭基底長の1.5倍程度ある。臀鰭と尾鰭下葉は広く離れる。尾鰭は小さく、その背縁には大きな鱗がノコギリ状に並ぶ。体には境の不明瞭な鞍状斑がある。

2）分布
世界：北西太平洋
日本：相模湾以南の太平洋、沖縄諸島

3）生息場所
底生性のサメで、水深360〜840mの大陸斜面に生息する。

4）大きさ
全長13cmでふ化し、オスは約50cm、メスは55cmで成熟を開始し、全個体が性成熟に達するのはオスメス共に約60cmである。最大で75cmほどになるが、メスの方が大型になる。

5）行動・その他
尾鰭背縁にノコギリ状に並ぶ巨大鱗は、その形態から尾鰭を折り曲げて自己防衛などに使われるものと考えられるが、良く分かっていない。
生殖方法は卵生（単卵生）で周年産卵し、長さ9cm、幅2cm程度の細長い卵殻を産む。
駿河湾では、おもにアオメエソやマイワシなどの小形魚類を食べるが、イカ・タコ類や甲殻類も食べる。
ニホンヤモリザメは大型のヤモリザメで、吻部が長いことではハシナガヤモリザメに似ているが、ニホンヤモリザメは臀鰭基底と尾鰭下葉起部の間が眼径より広いという特徴をもっている。

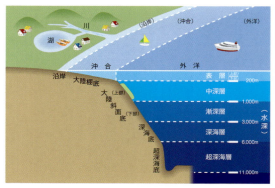

> 大陸斜面下部底

ヒフはほとんどおろし金 モミジザメ

Centrophorus squamosus ／ツノザメ目 アイザメ科

1）特徴

背鰭は2つで、その前縁に溝のある大きな棘がある。第一背鰭は基底が長くて低く、第二背鰭は基底が短くて高い。第一背鰭は胸鰭の、第二背鰭は腹鰭の少し後ろにある。胸鰭内角部は角張っているが、ほとんど伸長せず、内角の先端部は第一背鰭棘より後ろには達しない。尾鰭先端付近に欠刻がある。皮膚は粗雑で、鱗は葉状で大きく、互いに重なる。体や鰭は茶褐色や黒褐色。

2）分布

世界：西部太平洋、インド洋、東部大西洋
日本：相模湾、土佐湾、沖縄諸島などの南日本

3）生息場所

水深230mから3,400mの大陸斜面に生息するが、北東大西洋では1,000m以深の大陸斜面下部に多い。外洋域では表層から水深1,250mの中間層にも見られる。

4）大きさ

全長35～40cmで産まれ、オスは約1m、メスは約1.1mで成熟し、最大で1.6mになる。

5）行動・その他

生殖方法は卵黄依存型の胎生で、5～8尾の子供を産む。生態はよく分かっていない。
アイザメ類は世界に13種ほどが知られているが、皮膚の鱗の形で大きく2つにグループ分けすることができる。13種のうち11種の鱗はブロック状で皮膚は滑らかであるが、残り2種（本種とタロウザメ）は大形で葉状の鱗をもち、皮膚は非常に粗雑でおろし金のようである。

■ 分布域

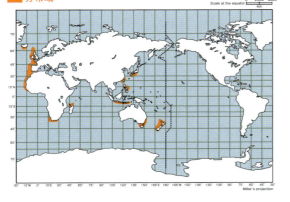

■ 生息域

深海のレコードホールダー フトカラスザメ

Etmopterus princeps ／ツノザメ目 カラスザメ科

1）特徴
体は太い。第二背鰭は第一背鰭よりかなり大きい。両背鰭の前縁に溝のある強い棘があり、特に第二背鰭の棘は大きい。尾鰭先端付近に欠刻がある。腹鰭基底と尾鰭起部間は胸鰭基部と腹鰭起部間よりはるかに短い。上顎歯と下顎歯は異形で、上顎歯は大きな1尖頭とその両側にいくつかの小さな尖頭が直立し、下顎歯は1尖頭で外側に強く傾く。鱗はトゲ状で列をなさない。皮膚は粗雑。体は全体に黒褐色で、特に腹部は黒いが、特に目立つ黒色斑紋はない。

2）分布
世界：北西太平洋、北部大西洋
日本：南日本（九州・パラオ海嶺）

3）生息場所
水深 350〜4,500mの大陸斜面底や深海底に生息する。

4）大きさ
オスは全長65cmで成熟し、最大で94cmになる。

5）行動・その他
生態や行動に関してはほとんど分かっていない。北大西洋では水深3,750〜4,500mからの記録があり、これは現在知られているサメ類の最深記録である。
生殖方法は卵黄依存型の胎生と考えられるがよく分かっていない。
カラスザメ属には32種が知られており、この種数はサメの中ではヘラザメ属に次いで2番目に多い。本種は体が太いこと、腹鰭基底後端と尾鰭下葉起部間が短く、吻端から噴水孔までの長さとほぼ等しいこと、体に特に黒い帯状斑紋がないことなどの特徴をもっている。

■ 分布域

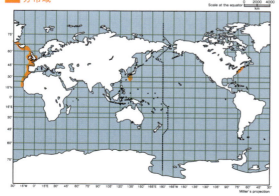

■ 生息域

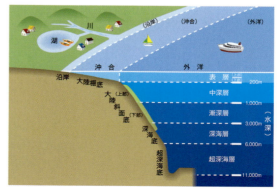

沖合表層

ちょっと危ない クロヘリメジロザメ

Carcharhinus brachyurus／メジロザメ目 メジロザメ科

1）特徴
吻は短く円い。眼は円い。第一背鰭起部は胸鰭内縁後端付近上に位置する。第二背鰭は小さく、尾鰭直前で臀鰭と対在する。臀鰭は第二背鰭より高く、後縁は切れ込む。両背鰭間には隆起線がない。典型的な上顎歯は幅広の三角形状で、両縁の中央付近に浅い切れ込みがあり、縁辺には鋸歯がある。下顎歯は細長く、縁辺に鋸歯がある。体は背面が一様な銅灰色で、胴部体側にははっきりとした白線がある。腹面は白い。各鰭の後縁は薄黒い程度。

2）分布
世界：太平洋、インド洋、大西洋の亜熱帯から温帯の海域、地中海
日本：北海道以南の日本各地、日本海

3）生息場所
生息水域は沖合表層域で、100m以浅に多く生息する。

4）大きさ
全長60～70cmで産まれ、オスは2.3m、メスは2.5mで成熟し、最大で3mをこえる。

5）行動・その他
季節による南北回遊をする。
生殖方法は胎盤タイプの胎生で、2年に1度7～24尾の子供を産む。妊娠期間は1年未満。成長は遅く、オスは13～19才で、メスは19～20才で性成熟に達する。魚類、イカ・タコ類などを捕食する。
時に攻撃的になるサメで、海中で遭遇したときには注意を要する。
メジロザメ属には31種が知られており、本種は体が細長いこと、各鰭の縁辺がうす黒い程度で、特に黒かったり、白く縁どられたりしないこと、上顎歯が幅狭くて湾曲することなどの特徴をもっている。

■ 分布域

■ 生息域

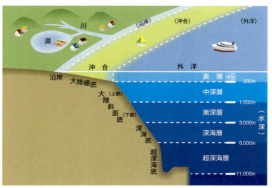

外洋表層上部

海のジャイアント ジンベエザメ

Rhincodon typus ／
テンジクザメ目 ジンベエザメ科

1）特徴
口は頭部前端に開くが、体に比して小さい。鰓孔は大きい。第一背鰭は大きく、腹鰭のやや前方にある。第二背鰭と臀鰭は小さく、第二背鰭がやや前にある。尾鰭は巨大で、下葉が大きく伸び、全体に"く"の字状となる。尾鰭上葉先端には非常に小さな欠刻がある。体に3条の長い隆起線があり、最下方の隆起線は尾鰭に達する。体の背面は地色が灰色〜緑褐色で、垂直に白や黄色味の斑点が並ぶ。

2）分布
世界：太平洋、インド洋、大西洋の熱帯から亜熱帯海域
日本：青森県以南の太平洋、日本海

3）生息場所
沿岸から外洋の表層域に生息するが、時に1,900m位まで潜行する。西部太平洋では21〜25度位の水温帯を、カリフォルニア湾では26〜34度の水温帯を好むという。これらの水温は餌のプランクトンの発生や出現と関連するようである。

4）大きさ
全長約60cmで産まれ、オスは6m、メスは8m以上で成熟し、今までの実測値の最大は18.8mとされてはいるが、最大サイズは不明である。

5）行動・その他
餌を求めて大きな回遊をし、同じ季節に同じ場所に戻ってくる。西オーストラリアのニンガルーリーフ近海は3〜4月に多くのジンベエザメが集まることで有名であるが、これ以外の時期の行動はほとんど分かっていない。通常は単独行動をする。
生殖時期、交尾や出産の場所、妊娠期間などは不明。生殖方法は卵黄依存型の胎生で、台湾で捕獲された全長10.6m、体重16トンのメスからは少なくとも307尾の胎仔が発見された。この中の1尾は大分マリーンパレス水族館うみたまごで飼育され、全長3.7mまで成長した。ジンベエザメは主にカイアシ類などのプランクトンを吸引濾過して食べるが、珊瑚や魚介類の産卵期にあわせて来遊し、その卵を食べたり、イワシやサバなどの小型魚類をも捕食する(P.140)。

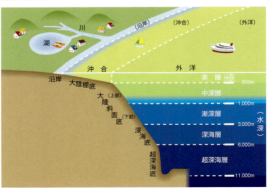

外洋表層下部

もっとも小さいネズミザメ ミズワニ

Pseudocarcharias kamoharai ／ネズミザメ目 ミズワニ科

1) 特徴
体は細い。吻は伸長し、眼が非常に大きく、鰓孔も長い。背鰭や臀鰭は小さく、第一背鰭は胸鰭と腹鰭の中間に位置する。第二背鰭は第一背鰭の半分以下で、臀鰭よりは大きく、臀鰭の前にある。尾鰭は下葉が伸長するが、上葉よりはかなり短い。尾柄の側面に隆起線がある。両顎歯は大きく、細長いナイフ状。体は一様な灰褐色で、腹側は色が淡い。

2) 分布
世界：太平洋、インド洋、大西洋の亜熱帯から熱帯海域
日本：南日本の沖合海域

3) 生息場所
外洋の表層域に生息し、水深600m位まで潜る。外洋で行われるマグロのはえ縄などでしばしば漁獲される。

4) 大きさ
全長40cmで産まれる。オスは約75cm、メスは約90cmで成熟し、最大で1.2mになる。ネズミザメ目の中で最小の種である。

5) 行動・その他
外洋の表層に生息し、昼夜で浅深移動をし、広い海域を回遊する。胴部が長く、巨大な肝臓をもつが、このことで体の浮力を確保し、外洋表層域での生活に適応している。
生殖方法は食卵タイプの胎生で、生まれてくる胎仔はふつう片方の子宮から2尾ずつ（合計4尾）である。
眼が巨大なこと、筋肉が発達し、尾柄に隆起線があることなどから、外洋を活発に泳ぎ回り、特に夜間や薄暗い深海で眼を有効に使って魚類、イカ類などを食べているものと考えられる。

■ 分布域

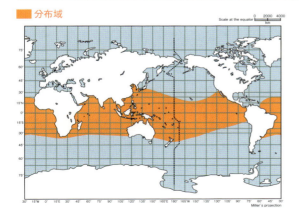

■ 生息域

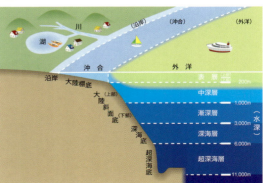

外洋中深層
でっかい目玉が上を向く ハチワレ

Alopias superciliosus／ネズミザメ目 オナガザメ科

1）特徴
頭の背縁に後方に向かう逆V字状の溝がある。眼は非常に大きく、縦長で、頭の背面まで達する。両眼の間は平らに近い。尾鰭は幅広く、強健で、その長さは体の他の部分の長さとほぼ等しい。尾鰭の先端部に欠刻があり、欠刻部よりも後方の尾鰭末端葉は臀鰭よりはるかに大きい。第一背鰭は胸鰭よりも腹鰭に近い。体の背面は暗褐色で、腹面は灰白または白色。腹面の灰白色の部分は胸鰭の背中側までは広がらず、胸鰭より後方は暗褐色。

2）分布
世界：太平洋、インド洋、大西洋、地中海の熱帯から温帯海域
日本：南日本

3）生息場所
沖合から外洋域の表層から700m以深の中深層に生息する。

4）大きさ
全長1〜1.4mで産まれ、オスは2.8〜3m、メスは3.4〜3.6mで成熟し、最大でオスは4.1m、メスは4.8mになる。

5）行動・その他
太平洋では、北緯20度よりも北の海域には全長3m以上の大型個体が出現し、北緯20度以南から南緯10度には小型個体が多く、それよりも南には再び大型個体が出現する。ハチワレの詳しい回遊の様子は不明であるが、大型個体と小型個体はすみ分けをしているようだ。ハチワレの眼は縦長で頭の横から背面にまで広がっている。このためハチワレは体の横に加え上方をよく見ることができる。このことは餌のとり方や生態と強い関係がある。
生殖方法は食卵タイプの胎生で、2〜4尾（主に2尾）の子を産む。特に定まった出産期や交尾期はない。
長い尾鰭を器用に使って、魚類を叩いて弱らせ、捕らえ食べる（P.82）。

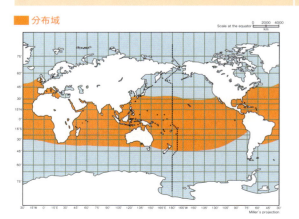

分布域

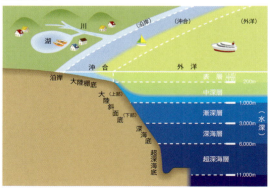

生息域

外洋漸深層
外海の風来坊 オキコビトザメ
Euprotomicrus bispinatus／ツノザメ目 ヨロイザメ科

1）特徴
吻端は円みを帯び、頭部は太く、体後方は細い。眼は大きい。第一背鰭は体の後方にあり、胸鰭へよりも腹鰭に近い。第二背鰭は基底が長く、第一背鰭の基底長の4倍位ある。両背鰭には棘がない。臀鰭はない。尾鰭は下葉が大きく発達してうちわ状。両顎歯は単尖頭で、上顎歯はトゲ状に直立し、下顎歯は幅広で隣の歯と接し、顎に添った切縁を形成する。体は黒褐色。鰭の縁辺部は白いが、生時は透明。

2）分布
世界：熱帯域を除く太平洋の南北海域、インド洋、大西洋南部の外洋域
日本：なし

3）生息場所
本種は外洋域の表層から漸深層に生息し、昼間は水深1,500m以深まで下降するが、夜間は表層域にまで浮上し索餌する。水深 3,600mある海域の表層部で捕獲されたオキコビトザメの胃中から砂粒が発見されたことがあり、この個体は 3,000mを越える垂直日周移動を行っていたと推定されている。

4）大きさ
全長約 8cmで産まれ、オスは約 18cm、メスは約 22cmで成熟し、最大で27cmになる。

5）行動・その他
外洋性に適応した小型のサメだが、まとまって獲れないため、その生態は良く分かっていない。
生殖方法は卵黄依存型の胎生で、8尾ほどの子を産む。魚類、頭足類、甲殻類などを捕食する。
腹部には発光器がある。

■ 分布域　　■ 生息域

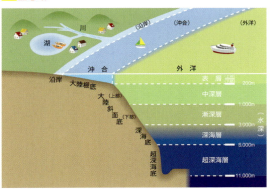

3) 海洋による分布

　地球の表面はその7割が海洋で、太平洋、大西洋、インド洋の3大大洋、地中海、そしてベーリング海、シナ海、日本海などの縁海からなる。これらの海はユーラシア大陸、アフリカ大陸、アメリカ大陸、オーストラリア大陸や半島などにより隔てられている。

　サメの分布を見ると、全ての海洋に現生のサメ類が均一に分布しているわけではないことがわかる。遊泳力の強い大型サメ類の中には世界的な分布をしている種もあるが、多くのサメはいくつかの海にだけ分布し、中にはある海の一部や特定の大陸の周囲にだけ分布しているサメもいる。

　この様なサメの分布のちがいは、地球の歴史（大陸の形成と移動、移動に伴う水深や水温の変化など）とサメの歴史（系統、起源した場所、進化など）によって決まってきた。

　最も古い型のサメが出現した古生代デボン紀には、大陸は現在とはまったくちがっていた。古生代最後のペルム紀（下図）になると、いくつかの大陸が衝突して巨大なパンゲア大陸が形成された。中生代三畳紀にはこのパンゲア大陸が分裂を始め、ジュラ紀（次頁上図）にはローラシア大陸とゴンドワナ大陸に分かれて、さらに分裂が進んでいった。次の白亜紀（次頁下図）にはローラシア大陸はさらに離れ、ゴンドワナ大陸はアフリカ大陸、南米大陸、オーストラリア大陸、インド亜大陸、南極大陸などに分裂し、隆起や沈降などをくり返しながら、それぞれが現在の大陸の場所に向けて移動していった。このような大陸移動とともに、海洋の形も大きく変化して、ローラシア大陸とゴンドワナ大陸の間にはテーチス海が、アフリカ大陸と南米大陸の間には大西洋が形成された。

　現生のサメにつながる祖先ザメが出現したのは、この様に大陸が盛んに分裂、移動し、新しい海が形成されていた中生代のジュラ紀（次頁中図）や白亜紀（次頁下図）であった。つまり現生のサメ達は大陸移動とそれに伴う海洋のさまざまな変化の中で進化してきたわけだ。

　したがって現在のサメ類の分布は地球の過去の歴史と強く関係があり、現在の分布パターンは彼らが、いつ頃、どこで起源し、どのように分散し、進化をしてきたかを物語っているのだ。

■ ジュラ紀

■ 白亜紀

3-1）目グループの分布

　カグラザメ目のサメ類は全世界の大陸や島の周囲に分布している（次頁上図）。ツノザメ目は外洋域では点状の発見が多いものの、極海を含む全世界の海洋に分布している（次頁中図）。ノコギリザメ目はその大部分がインド洋と西部太平洋に分布しているが、奇妙なことに1種だけが飛び地のようにフロリダ半島周辺（大西洋）に生息している（次頁下図）。カスザメ目は世界の海に分布するが（P.171 上図）、ネコザメ目は太平洋とインド洋に分布が限られる（P.171 中図）。テンジクザメ目は全世界に分布しているが（P.171 下図）、ジンベエザメとコモリザメの2種を除くと、他のテンジクザメ目は全てがインド洋・西部太平洋だけに見られ（P.172 上図）、特に東南アジアやオーストラリア近海に種類が多い。ネズミザメ目（P.172 中図）とメジロザメ目（P.172 下図）はともに世界の海洋に分布している。

　このようにサメ全体を大きく目のレベルで見ても、各々が独特の分布をしていることが分かる。同じ目のサメ達は同じ血統の親戚集団であるが、例えば、その親戚集団が太平洋にしかいなければ、その集団の祖先が将来太平洋になる海に起源し、そのままそこで進化して発展してきた、と考えるのが一番筋が通る。

第6章 サメの形

3）海洋による分布

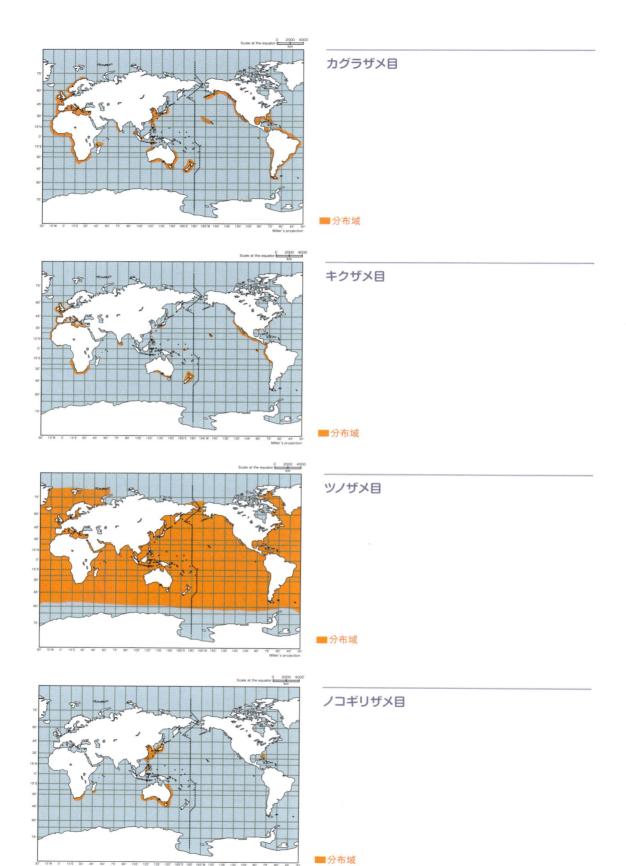

カグラザメ目 ■分布域

キクザメ目 ■分布域

ツノザメ目 ■分布域

ノコギリザメ目 ■分布域

カスザメ目

ネコザメ目

テンジクザメ目

テンジクザメ目
（ジンベエザメ／コモリザメを除く）

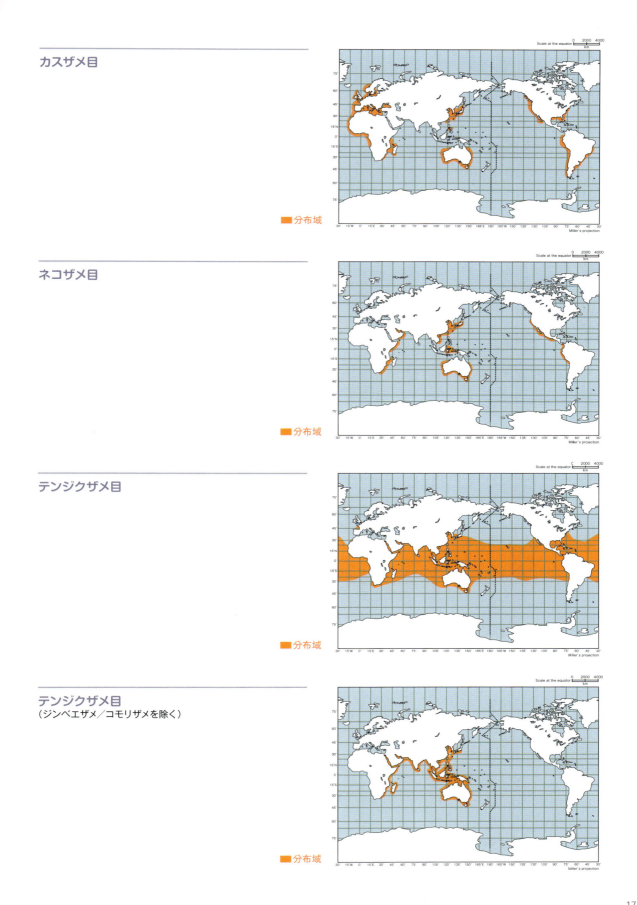

第6章 サメの分布

3）海洋による分布（全海洋）

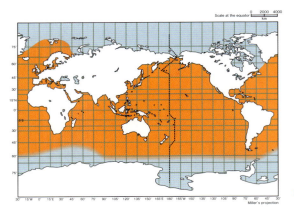

ネズミザメ目

■ 分布域

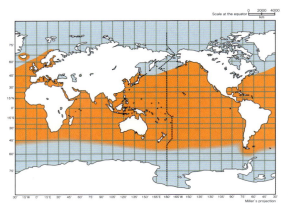

メジロザメ目

■ 分布域

3-2) 各海洋（地域）のサメ

全海洋

スマートな体で世界を泳ぐ ヨシキリザメ

Prionace glauca ／メジロザメ目 メジロザメ科

1) 特徴
体は細長い。吻は尖る。眼は円い。第一背鰭は胸鰭よりかなり後ろで、胸鰭よりも腹鰭に近い。第二背鰭は小さく、尾鰭直前で臀鰭と対在する。臀鰭は第二背鰭とほぼ同大で、後縁は湾入する。胸鰭は非常に細長く、鎌状。典型的な上顎歯は幅広く外方に湾曲した高い三角形状で、縁辺には鋸歯がある。下顎歯は細長くナイフ状で、縁辺に鋸歯はない。体は背面が一様な暗青色〜緑青色で、腹面は白い。

2) 分布
世界：太平洋、インド洋、大西洋の熱帯から亜寒帯の海域、地中海
日本：全日本

3) 生息場所
外洋表層域に生息し、水深1,000m位まで潜る。おもに大陸棚の外側の外洋域に生息するが、ときに沿岸や沖合域にも進入する。

4) 大きさ
全長35〜45ｃｍで産まれる。北大平洋ではオス、メスともに1.4〜1.6mで、北大西洋では約1.6mで成熟し、最大で3.8mになる。

5) 行動・その他
成長や季節により大きな南北回遊を行う。北西太平洋では、北緯20度付近で初夏に交尾をし、メスは約1年の妊娠期間を経て、北緯30〜40度付近で出産する。生まれた幼魚は北緯40度から北側の亜寒帯境界域を生育場として成長する。成熟するとオス、メスは熱帯域にまで生息域を拡大する。海流にのって大規模な東西の回遊をすることもあり、9,200ｋｍも移動した例がある。
生殖方法は胎盤タイプの胎生で、メスは1〜2年に一度4〜135尾（普通は15〜30尾）の子を産む。
おもに魚類やイカ類を食べる。

■ 分布域

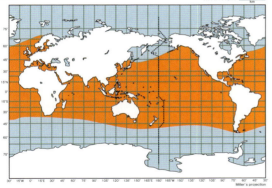

■ 生息域

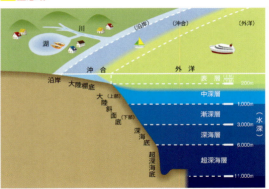

南半球

超子だくさん オジロザメ

Scymnodalatias albicauda／ツノザメ目 オンデンザメ科

1）特徴
体は太い。第一背鰭は小さく、胸鰭へより腹鰭に近い。第二背鰭は第一背鰭より大きく、起部は腹鰭基底後半上にある。両背鰭には棘がない。臀鰭はない。尾鰭は大きく、下葉が発達し、上葉の先端は尖る。尾鰭の先端付近に欠刻がある。上顎歯はトゲ状、下顎歯は幅広く、左右の歯が密着して1つの切縁を形成する。頭部や体は黒褐色で、尾部や尾鰭には白っぽいまだら模様がある。

2）分布
世界：太平洋、インド洋、大西洋の南部
日本：なし

3）生息場所
外洋の表層域から海山の頂上などの海底付近に生息する。オジロザメの捕獲記録や体色などから、夜間は海の表層まで浮上し、昼間は深海に潜り、大きな日周移動をしているものと考えられる。

4）大きさ
全長20cm位で産まれ、メスは1.1mになる。

5）行動・その他
非常に稀にしか捕獲されないため、詳しい生態は不明である。
生殖方法は卵黄依存型の胎生で、多くの子を産む。マグロはえ縄で漁獲された全長1.1mのメス個体からは外卵黄嚢をもつ全長16～19cmの胎仔が59尾も発見された。この胎仔数はツノザメ目の中では最多で、サメ全体を見渡しても、ジンベエザメ、ヨシキリザメ、カグラザメ、イタチザメに次いで多い。
深海性のツノザメの仲間であるが、背鰭に棘がなく、第一背鰭が腹鰭付近にあり、下顎歯が直立し、尾柄や尾鰭の一部が白っぽいことなどの特徴をもつ。

■ 分布域

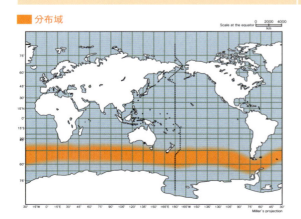

■ 生息域

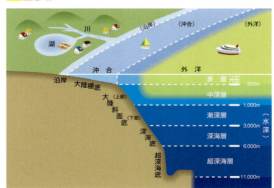

インド洋・太平洋

長いしっぽは叩くため ニタリ
Alopias pelagicus／ネズミザメ目 オナガザメ科

1）特徴
頭の背縁はなだらかで、溝などがない。眼は小さく、頭の背面までは達しない。第一背鰭は胸鰭と腹鰭の中間にある。第二背鰭と臀鰭は非常に小さく、ほぼ同大。尾鰭は非常に長く、その長さは体の半分以上ある。尾鰭の先端部に欠刻があり、欠刻部よりも後方の尾鰭は小さく、その大きさは臀鰭にほぼ等しい。尾鰭上葉の起部に大きな凹窩がある。体の背面は青灰色で、腹面は白い。体の腹面の白色は胸鰭の腹側に限定され、胸鰭より背方は白くない。

2）分布
世界：太平洋、インド洋
日本：日本海、南日本、八丈島、青森県太平洋側

3）生息場所
外洋表層性であるが、ときに沿岸に近づき、海岸付近で捕獲されることもある。水深 300m 程度からの記録がある。

4）大きさ
全長 1.3〜1.6m で産まれ、オス、メスともに 3m 程度で成熟し、最大で 4.2m になる。オナガザメ類 3 種の中では最も小型の種である。

5）行動・その他
遊泳力が強く、空中にジャンプをすることが知られている。回遊性であるが、その詳細は不明である。長い尾鰭を器用に使って、魚の群れをまとめたり、ムチのように振り回して獲物を叩く。オナガザメ類を目的とした延縄漁業では、この習性を利用して漁業が行われる。高知県で行われたニタリの延縄漁では 74 個体が漁獲され、そのうちの 65 個体（88％）が尾鰭で釣り上げられたという。
生殖方法は食卵タイプの胎生で、胎仔は全長 12cm 位になるまでは自分の卵黄で成長をするが、その後は未受精卵を食べて成長をする。特定の出産期はなく、1 年中出産する。出産する子供の数は 2 尾であるが、子宮内での共食いは知られていない。

分布域

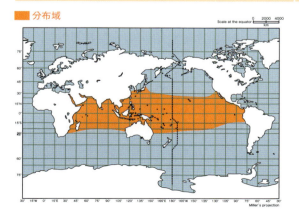

生息域

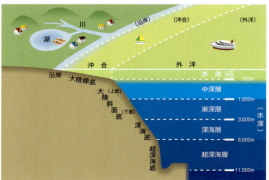

インド洋・西部太平洋

長いしっぽは何のため？ トラフザメ

Stegostoma fasciatum ／テンジクザメ目 トラフザメ科

1）特徴
口は小さく体の前端付近に開く。鼻孔にヒゲがあり、鼻孔と口は溝で連結する。第4・第5鰓孔は近接する。両背鰭は低く小さいが、第一背鰭は第二背鰭より大きい。第一背鰭は腹鰭よりも前にある。臀鰭は第二背鰭より後位で、尾鰭下葉と近接する。尾鰭は長く、全長の半分くらいある。体に隆起線が発達する。体色は成魚では淡褐色〜黄褐色で、暗褐色の小斑点が多数散在する。若魚の体色は成魚とは全く異なり、体の地色が黒褐色で、腹鰭より前には約6条の、腹鰭より後には約22条の黄色帯がある（P.14）。成長に伴い、黄色帯が拡大し、地色の黒褐色部が減少して斑点状になる。

2）分布
世界：西部太平洋、インド洋の熱帯から亜熱帯海域
日本：日本海、南日本

3）生息場所
潮間帯から沿岸域、水深60m位までの砂泥底、珊瑚礁、岩場に生息する。

4）大きさ
全長20〜36cmで産まれ、オスは1.5〜1.8m、メスは約1.7mで成熟し、最大で3.5mになる。

5）行動・その他
夜行性で、夜間は餌を求めて珊瑚礁や岩場を泳ぎ回る。太短い頭部、丸い吻、低い鰭、分厚い皮膚や頑丈な鱗、柔軟な体などを考えると、珊瑚礁や岩の間に潜り込み、餌を探し回るのではないかと考えられる。
尾鰭は太く、体の半分ほどの長さがある。オナガザメの長い尾鰭の役割は明らかになっているが、トラフザメの長い尾鰭の役割についてはまだ解明されていない。
生殖方法は卵生で、長さ17cm、幅8cmほどの大きな卵殻を繊維状の物質で海底に固定するように産卵する。

■ 分布域
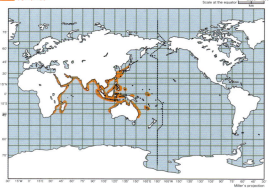

■ 生息域
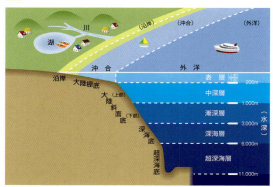

北太平洋

冷たい海はお手のもの ネズミザメ

Lamna ditropis ／ネズミザメ目 ネズミザメ科

1) 特徴
体は大型で筋肉質。吻は短い。鰓孔は大きい。第一背鰭は大きく、胸鰭直後に位置する。第二背鰭と臀鰭は小さく、対在する。尾鰭は下葉が大きく発達し、尾鰭は三日月形。尾柄に強い1隆起線（キール）があり、そのすぐ下にもう一本の小さなキールがある。歯は大きな尖頭状を呈し、切縁は滑らかで、両側に1～2本の小尖頭がある。体背面や鰭は暗灰色。腹面は白いが、ブチ状の暗色斑が散在する。

2) 分布
世界：北太平洋
日本：東北地方以北の太平洋、日本海

3) 生息場所
沖合から外洋域の表層域に生息するが、時に水深300mを超える深さにも潜る。

4) 大きさ
全長65～80cmで産まれ、オスは約1.8mで、メスは約2.2mで成熟し、最大では3mをこえる。

5) 行動・その他
性や大きさによりすみ分けが見られ、太平洋ではオスは北西太平洋、メスは北東太平洋に分布が偏る傾向がある。北緯47度付近を境に、小型の個体はその南側に多く、北側には大型の個体がより多い傾向がある。日本近海のネズミザメは、夏期にはオホーツク海やベーリング海まで北上し、秋～初冬に日本近海まで南下する南北回遊をする。しばしば30～40尾で群れをつくり、サケなどを集団で襲う。寒帯海域に生息するが、筋肉運動などで生じた熱を回収する特殊な血液循環システムをもち、体温を周囲の海水温より8～14度も高く保つことができる。このために冷たい水の中でも活発に泳ぐことができる。
生殖方法は食卵タイプの胎生で、秋に交尾し、3～5月に出産する。子供の数は2～5尾。
サケ、マス、ニシン、イカ類などを食べる。

■ 分布域

■ 生息域
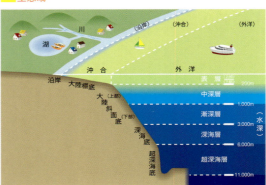

東部太平洋

頭でっかち オタマトラザメ

Cephalurus cephalus ／メジロザメ目 トラザメ科

（背方からの写真）

1）特徴
体はオタマジャクシ状で、頭部が非常に大きいが、胴部や尾部は細い。吻は非常に短く、吻端は円い。口は大きく、口角部に唇褶がある。眼の下縁に瞬皮がある。頭部の中では鰓域が非常に大きく拡大し、噴水孔から第5鰓孔までが頭長の3/4を占める。第一背鰭と腹鰭、第二背鰭と臀鰭はほぼ対在するが、第一背鰭と臀鰭がそれぞれ少し前に始まる。両背鰭は同形同大。胸鰭は小さく、第4鰓孔下付近に始まる。尾鰭は細長く、先端付近に欠刻がある。体の鱗は葉状。体は一様な暗褐色から黒褐色（写真はアルコール標本のため変色している）。

2）分布
世界：東部太平洋（カリフォルニア湾を含むメキシコ沖）
日本：なし

3）生息場所
水深160～930mの大陸棚や大陸斜面に生息する。

4）大きさ
全長約10cmで産まれ、約20cmで成熟し、最大で32cmくらいになる。

5）行動・その他
オタマトラザメの特徴は頭部が非常に大きいことで、とくに鰓域が異常なほど発達している。彼らは溶存酸素の少ない海域に適応しており、そのために鰓域が巨大化している。あまり採集されないので、彼らの生態はほとんど分かっていない。特殊な環境に適応した生活をしているために、サメ類の中でも興味深いサメのひとつである。
ペルーからチリ沖の東太平洋海域には学名が未定のオタマトラザメの一種が知られており、オタマトラザメ属のサメは東部太平洋のごく一部にのみ分布している。
生殖方法は卵黄依存型の胎生である。

■ 分布域

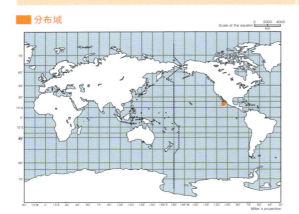

■ 生息域

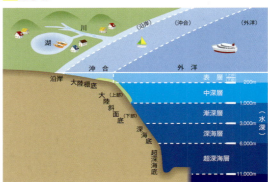

大西洋・北極海
私の体には毒がある ニシオンデンザメ
Somniosus microcephalus ／ツノザメ目 オンデンザメ科

1）特徴
体は太い。第一背鰭は胸鰭へよりも腹鰭にわずかに近い。両背鰭間の距離は吻端から第一鰓孔までの距離とほぼ等しい。両背鰭に棘はない。臀鰭はない。尾鰭は下葉が大きく発達してうちわ状で、先端付近に欠刻がある。両顎歯は単尖頭であるが、上下顎歯は異形で、上顎歯はナイフ状に直立し、下顎歯は幅広で尖頭部が外側に強く傾く。体は全体に黒褐色。

2）分布
世界：大西洋北部、北極海
日本：なし

3）生息場所
大陸棚と少なくとも水深2,200mまでの大陸斜面

4）大きさ
全長40cmで産まれ、2.4〜4.3mで成熟し、最大で6.4mになるという。

5）行動・その他
0.6〜12℃の水域に生息するが、北極海では冬期には浅い湾内の表層域にすみ、水温が上昇するにつれて水深180〜550mの深みに入っていく。本種の眼には寄生性の発光性コペポーダが付いていることが多いが、この寄生虫の発光現象で獲物をおびき寄せたりすると考えられている。
本種は体が巨大で重く、捕らえられてもほとんど暴れることはない。
生殖方法は卵黄依存型の胎生で、10尾ほどの子を産む。
魚類、鳥類、アザラシ類などを襲って食べる。クジラ類などの死体も餌にする。
生肉には毒があるが、日干しなどにすれば食べられる。オンデンザメ属のサメはツノザメ目の中では体が最も大きくなり、中でも本種と北太平洋に分布しているオンデンザメは最大のツノザメの仲間である。

■ 分布域
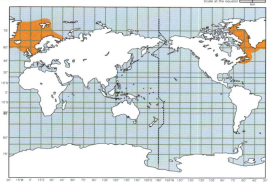

■ 生息域
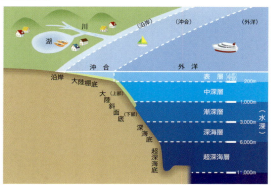

新大陸周辺海域

お父さんはいらないわ ウチワシュモクザメ

Sphyrna tiburo ／メジロザメ目 シュモクザメ科

（背方からの写真）

1）特徴
頭部の張り出しはあまり大きくなく、全体としてシャベル状、またはうちわ状。頭部の前縁は円形、またはやや角張り、その前縁中央には凹みがない。頭部の側方への張り出しの程度は口幅よりも小さい。口より前の長さは頭幅の 2／5 程度しかない。眼の後縁は上顎前端よりもやや前に位置する。第一背鰭は高く、やや鎌状に湾曲し、その起部は胸鰭後端付近、後端は腹鰭よりも少し前にある。第二背鰭と臀鰭は対在するが、第二背鰭はより小さく、その起部は臀鰭よりも後方にある。

2）分布
世界：南北アメリカ大陸の太平洋と大西洋の温熱帯沿岸海域
日本：なし

3）生息場所
水深 80m 以浅の大陸棚や沿岸海域で、砂泥底や珊瑚礁などに生息する。主に水深 10～25m に多いが、時に波打ち際付近にまで来る。

4）大きさ
全長 35～40cm で産まれ、オスは 50～75cm、メスは 80cm くらいで成熟し、最大で 1.5m くらいになる。

5）行動・その他
本種はときに大きな群れをつくる。比較的観察の容易な種類で、半自然環境下で群れの社会構造や行動パターンが詳しく調査されている。彼らは群れの中ではお互いに平和に過ごしているが、外部からの侵入者に対してはやや攻撃的になる。18 の行動パターンを調べた結果、彼らの社会では体の大きさにより優劣が決まっていることが判明している。
生殖方法は胎盤タイプの胎生で、4～16 尾の子供を産む。一定の環境下で、オスの精子を必要としない単為生殖をすることが明らかになった。
甲殻類、二枚貝、タコ類、小魚などを食べる。

■ 分布域

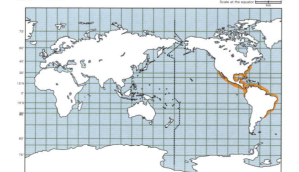

■ 生息域

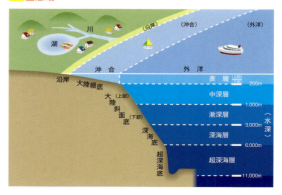

日本近海

名前は恐いが根はやさしい トラザメ

Scyliorhinus torazame ／メジロザメ目 トラザメ科

1) 特徴
吻は短く円い。下顎の口角部には小さな唇褶があるが、上顎には唇褶がない。鼻孔の前鼻弁は小さく、口に達しない。第一背鰭は腹鰭基底後端上に始まり、第二背鰭より大きい。第二背鰭は臀鰭基底後半上に始まり、臀鰭よりも後ろにある。尾鰭は小さく、下葉はわずかに発達し、先端付近に欠刻がある。体には単純な鞍状斑や不規則なブチ状の斑紋や斑点がある。腹面は白っぽい。

2) 分布
世界：台湾、東シナ海、朝鮮半島
日本：北海道南部以南の日本各地

3) 生息場所
浅海底生性で、主に100m以浅の砂泥底、岩場などに生息するが、水深320mからの記録もある。

4) 大きさ
全長7〜9cmで産まれ、オスメス共に約40cmで成熟し、最大で50cmを超える。

5) 行動・その他
季節により浅深移動し、冬季は水深100m内外の沖合に去り、春期に浅海に移動し、夏期から秋期には水深5m以浅にも出現する。
生殖方法は卵生(単卵生)で、一度に2個ずつ産卵する。特定の産卵期はない。産卵は2〜3週間毎に1度ずつほぼ周年続き、ふ化までの期間は7ヶ月から1年程度。卵殻は長さ5〜6cm、幅2cm位で、四隅には長いコイル状の巻きヒゲがある。
エビ・カニ類、環形動物などの無脊椎動物を食べる。
人工環境下で容易に産卵し、卵の飼育も簡単で、水族館では何世代にもわたって飼育されている。

■ 分布域

■ 生息域

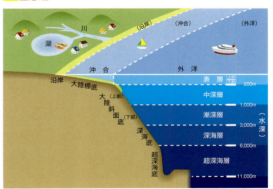

南アフリカ海域

アフリカの美人ザメ ヒョウモントラザメ

Poroderma pantherinum ／メジロザメ目 トラザメ科

1）特徴

吻は短く円い。鼻孔の前鼻弁は3葉に分かれ、その中央のものはヒゲ状に伸長し、口に達する。第一背鰭は腹鰭基底後端上に始まり、第二背鰭よりかなり大きい。第二背鰭は臀鰭基底後半上に始まり、臀鰭よりもやや後ろにある。尾鰭は小さく、下葉はわずかに発達し、先端付近に欠刻がある。体や鰭には一面に黒色の短い線や点からなる円や不規則な多角形の斑紋が密にあり、これらの斑紋は体軸にそって並ぶ。成魚の斑紋は中が抜けているが、幼魚の斑紋は中も同色。腹面は白っぽい。

2）分布

世界：南アフリカ沿岸の大西洋とインド洋
日本：なし

3）生息場所

波打ち際から水深 270m 位までの大陸棚や大陸斜面に生息する。

4）大きさ

オスは全長約 55cm、メスは約 60cm で成熟し、最大で 80cm 位になる。

5）行動・その他

生殖方法は卵生（単卵生）で、一度に2個の卵を産む。夜行性で、小魚、甲殻類、イカ・タコ類などを食べる。体色や体の紋様が非常に美しいサメで、飼育も簡単である。
南アフリカ沿岸域にはウチキトラザメ属、ヒロガシラトラザメ属、ヒゲトラザメ属など体色の美しいトラザメ類が多く分布している。ヒョウモントラザメ（ヒゲトラザメ属）も体の紋様が美しく、水族館で飼育展示がされるようになった。

■ 分布域

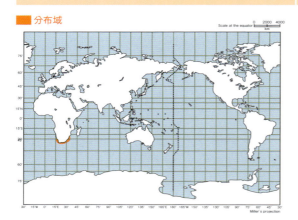

■ 生息域

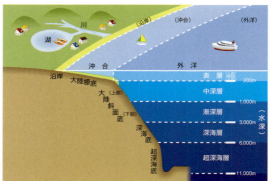

4) 塩分濃度による分布

古生代には淡水に生息するサメも知られていたが、現生のサメ類はすべてが海にすんでいる。しかし、塩分濃度の変化に強く、塩分濃度の低い汽水や、淡水で生活できるサメもいる。

淡水域
川も私の縄張りだ
オオメジロザメ

Carcharhinus leucas /
メジロザメ目 メジロザメ科

1) 特徴
大形のメジロザメの仲間。体は太い。吻は短く、口の前の長さは両鼻孔間の長さより短い。眼は円い。第一背鰭はあまり大きくなく、その起部はほぼ胸鰭内縁上に位置する。第一背鰭と第二背鰭の間には隆起線がない。尾鰭は下葉が長く、典型的なサメ型。尾柄の側面にはキールがない。上顎歯は幅広い三角形状で、縁に鋸歯があり、下顎歯は細長い。体は背面が一様な灰褐色で、各鰭の先端付近は薄黒いが、真っ黒になることはない。

2) 分布
世界：太平洋、インド洋、大西洋の熱帯から亜熱帯の海域、汽水域、大河やその上流の湖などの淡水域。アマゾン川では河口から 4,000km、ミシシッピ川では 2,500km もの上流からも記録されている。
日本：南西諸島海域と沖縄諸島の河川からは小形個体が捕獲されている。

3) 生息場所
沿岸性で、浅海の海底近くを遊泳することが多い。塩分濃度に関係なく、沿岸や河口、港、波打ち際近くなどに出現する。広塩性で塩分濃度 5.3% から淡水まで生息可能。

4) 大きさ
全長 56〜81cm で産まれ、オスは全長 1.6〜2.3m で、メスは全長 1.8〜2.3m で成熟し、全長 3.6m になる。

5) 行動・その他
河口や汽水域などの濁った水域を好むが、海から川をさかのぼり、上流にある湖などにすみつくことがある。淡水域で生活している個体も、子は海に下って産む。
性格は凶暴で、行動は敏捷。南西諸島などでは海水浴場や港などにも進入するので、注意をする必要がある。
生殖方法は胎盤タイプの胎生で、最多で 13 尾ほどの子を産む。
無脊椎動物、軟骨魚類、硬骨魚類、ウミガメ類、海鳥類、イルカ、鯨の死肉などあらゆるものを食べる。

■ 分布域　　■ 生息域

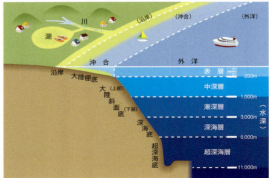

汽水域

甘い水も何のその ドチザメ

Triakis scyllium ／メジロザメ目 ドチザメ科

1）特徴
体は太短い。吻は短く円い。眼は楕円形。口角部の唇褶は大きく、上顎の唇褶がより長い。第一背鰭は胸鰭と腹鰭の間にあり、その後縁はほぼ垂直。第一背鰭と第二背鰭はほぼ同大。臀鰭は第二背鰭よりかなり小さく、その起部は第二背鰭基底中央付近にある。尾鰭下葉はやや突出し、先端付近に欠刻がある。歯は小さなトゲ状で、多くはやや外方に傾いた3尖頭からなる。体は全体に灰色で、暗色の鞍状斑があり、さらに黒い不定形の小斑点が体に散在する。

2）分布
世界：北西太平洋（南シナ海を含む）
日本：北海道南部以南の日本各地

3）生息場所
浅海を好み、おもに内湾や沿岸の砂泥底に生息している。藻場・汽水域などの塩分濃度の低い所にも出現する。

4）大きさ
オスは全長約1mで成熟し、最大で1.5mほどになる。

5）行動・その他
生殖方法は卵黄依存型の胎生で、出産は春から夏に行われ、10～20尾の仔魚を産む。交尾は出産直後に行われる。山形県飛島では、5～7月頃、水深10m内外の岩場に多くのドチザメが集まることが知られている。この時期は本種の出産時期にあたり、また集団の中には妊娠したメスも含まれていることから、この集団行動は出産や交尾など生殖と関連があると考えられている。
小型魚類、甲殻類などの無脊椎動物を食べる。
塩分濃度や水温の変化に強いため、人工環境に慣れやすく、多くの水族館で飼育展示されている。

■ 分布域

■ 生息域

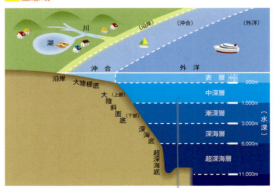

第7章・サメの攻撃

1) シャークアタック

1-1) サメの攻撃と人の攻撃

　水中動物のサメ類と、陸上動物の人間は本来接する機会がない。しかし、現在では人が色々な形で深く海と関わるようになり、その結果、人類とサメ類の間にも、様々な関係ができた。シャークアタックやヒューマンアタックはその1つだ。

　シャークアタックといえば、サメが人間を襲うアタックを考えやすいが、ほかにも釣り針にかかった獲物を横取りしたり（右図）、海底ケーブルや漁具を壊したりするのもシャークアタックだ。

　一方、人がサメに攻撃する最大のヒューマンアタックは漁業で、世界で数百万、数千万尾のサメが毎年漁獲されている。日本では漁獲されたサメの多くは食料や化学製品の原料などになり、有効利用されているが、他国で無駄に廃棄されている部分も無視できない。このシャークアタックとヒューマンアタックを比較してみると、ヒューマンアタックの影響の大きさは地球規模に及び、種を絶滅の淵に追いやり、海洋の生態系を混乱させる勢いだ。

　このように強い人類と比べると、はるかに弱い

シャークアタック（はえ縄のエサをとり、釣り上げられたシロカグラ）

サメ達なのだが、多くの人は「サメ」というと、鋭い歯をむき出しにして襲ってくる巨大なサメを連想する。海釣りでサメが釣れると、無害の小さなサメにさえ驚き、後ずさりすることもある。サメ類はかなり誤解されているのだ。

　ここでは、そのようなサメ類への誤解や不要な恐怖感を解消するため人に対するシャークアタックの真実を述べることにしよう。

1-2) サメはどのくらい危険？

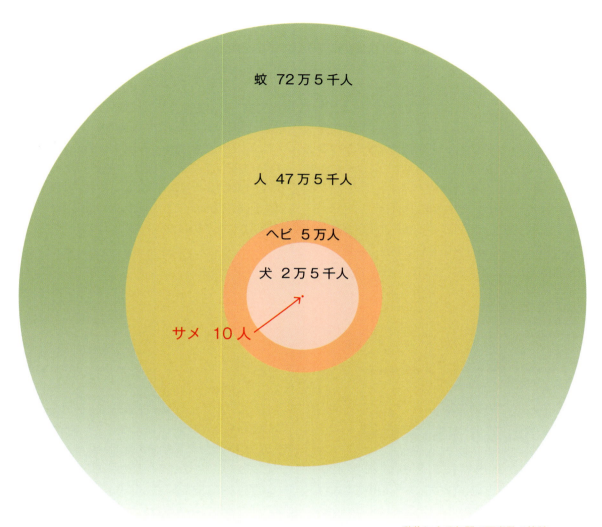

動物による年間の死者数の比較
(gatesnotes.com のデータを改変)

　サメに襲われて、怪我をしたり、死んだ人は何人くらいいるのだろうか。最近 10 年の記録によると、世界でサメにより怪我をした人は 1 年間に 50 ～ 80 人くらい、死んだ人は 1 ～ 13 人ほどだ。しかし、発展途上国ではサメによる被害があまり報告・記録されないため、実際の数はもっと多いだろう。また船が沈んで海上に脱出した人がサメに襲われるなど、ときに大変に不運な被害もある。だが、それでもサメの危険性は非常に小さいと言えるのではないだろうか。

　サメと他の動物との危険度を比べてみよう。上図は年間の動物による死者の概数だ。蚊による死者数は最多で、世界で 72 万 5 千人が死亡しているという。次に多いのは人よる死亡で、戦争、テロ、交通事故などにより 47 万人余が亡くなっている。3 位、4 位はヘビと犬による死亡で、数万人が犠牲になっている。一方、サメによる年間死者数はほぼ 10 人程度で、ワニ、カバ、ライオン、ゾウなどによる死者数よりはるかに少ないのが現実なのだ。

　地球の自然現象とも比較してみよう。国際サメ被害目録 (2016) によると、アメリカでの雷や竜巻による死者数は、サメによる死者数と比べて非常に多く、それぞれ 76 倍、21 倍だったという。

1-3) 増える事故

サメによる事故は大した数ではないが、長期的に見ると数は増加の傾向にある。

その原因の1つは、世界的な人口の増加だ。人が増えれば、それだけ多くの人が海に行き、サメに出会う人の数も多くなる。いわば自然の成り行きだ。

第2の原因は、スキューバダイビングなどのマリンスポーツを楽しむ人の増加だ。サメ事故の統計をみると、確かにダイバー、サーファーなどが襲われる事故が増え続けている。

第3の原因はサメの増加だ。例えば、アメリカでは1990年代初めころからサメの保護運動が盛んになった。フロリダ州でもサメ資源回復のために、1992年からサメのスポーツフィッシングやサメ漁業が禁止され、フロリダ州の沿岸は事実上サメの禁漁区になった。その結果、サメの漁獲量は1／10にまで激減した。ところが、サメによる事故数はサメの漁獲量が減るにつれて増えてきたのだそうだ。

第4の原因として地球の温暖化を考える必要があるだろう。暖かくなれば海に入る人が増え、暖海性のサメはより北方へ分布を広げてくる。

このように人とサメとが出会う機会が増えれば事故も増える。人口が増え、マリンスポーツをする人が増え、サメが増えれば、出会いはさらに増える。事故が増えている原因は、人間側とサメ側の両方にあるのは間違いない。

2) 世界のシャークアタック

2-1) 国際サメ被害目録

サメによる被害は国際サメ被害目録(International Shark Attack File:http://www.flmnh.ufl.edn/fish/Sharks/ISAF)というファイルにまとめられ、サメの種類や事故の分析が行われている。この目録から、世界のシャークアタックの現状をある程度知ることができる。

第2次世界大戦中、戦闘で船が沈められたり、飛行機が海上に不時着したときなどに、軍人がサメに襲われる事件が相次いだ。そのために、アメリカにはサメを追い払う方法などの対策を考えるサメ対策専門委員会ができた。そして、その委員会が集めた資料が国際サメ被害目録の出発点となった。

この目録は現在フロリダ州立大学の自然史博物館で管理され、世界のサメ事故の情報が収集されている。しかし、多くの国ではサメ事故の報告の体制が整っておらず、観光地などでは悪いうわさが立つのを恐れてサメ事故を公にしない所もあるようだ。したがって、この目録には穴もあるのだが、それでも現時点(2016年)では世界で一番信頼できるサメ被害のデータベースである。

2-2) 世界の被害

国際サメ被害目録の中では、"近年ではおそらく年間に70～100件のサメ事故があり、そのうち5～15人くらいの死者が出ているのではないか"と解説されている。しかし、前に述べたように、事故があっても報告されないことも多く、わざわざ「おそらく」という言葉を使わざるを得ないのが実状だ。

サメ被害の情報がきちんと記録されるようになったのは、先進国ですら最近のこと。地域により大きな格差があり、日本では1992年に瀬戸内海で起きたサメ事故以来先述の目録に比較的よ

世界のサメ被害件数（1580〜2015年：全2,843例）

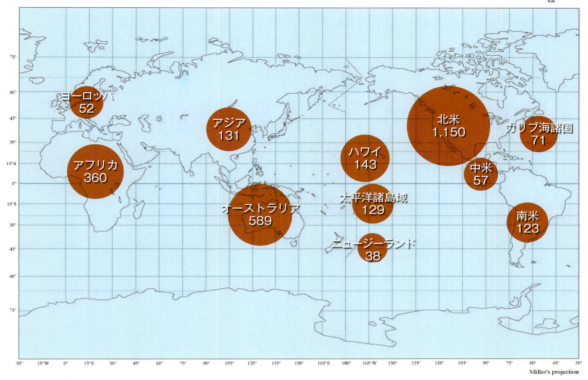

　　く記録されるようになった。
　世界のサメ被害状況が初めて取りまとめられたのは1963年で、その被害リストには一連の被害番号がつけられ、その時点で1,182件のサメ事故が記録されていた。この中には人への被害の他に船への攻撃や疑わしい例なども含まれていた。
　では、最新の国際サメ被害目録（2016年）を見てみよう。この中には1580年から2015年までの436年間の被害記録が取りまとめられている。それによると、自然状態（サメに対して人が何らかのアクションを起こしていない状態）で発生した人の被害は2,843件とされているので、自然状態での事故数が832件だった1963年からの50年余で2,000件以上の事故が起こっていることになる。海域別の被害件数（上図）を見てみると、北アメリカ沿岸が1,150件で最も多く、オーストラリア589件、アフリカ360件、アジア131件と続いている。しかし、この数字がサメ被害の実際を表しているとは思えない。アメリカ合衆国やオーストラリアなどではサメ被害調査が比較的よくなされているが、アフリカ諸国などの開発途上国や地域ではほとんど調査がなく、国際サメ被害目録のネットワークの発生したサメ被害が引っかかってこないからだ。
　比較的詳しい調査が行われている近年の被害はどうだろう。次頁の図は2005年から2015年までの人の被害数をまとめたものである。この11年間には786件の被害があり、そのうちの66件が死亡事故だった。年間の発生数は55〜83件（平均71.5件）、そのうち死亡者は1〜13人（平均6.0人）で、11年間では被害者の8.4%が死亡していることになる。サメによる被害の報告は、現在においても被害者が死亡するなどひどい事故が優先的に報告され、些細なサメ事故は統計に出てこないことが多い。したがって、真の死亡率はもっと低いだろう。

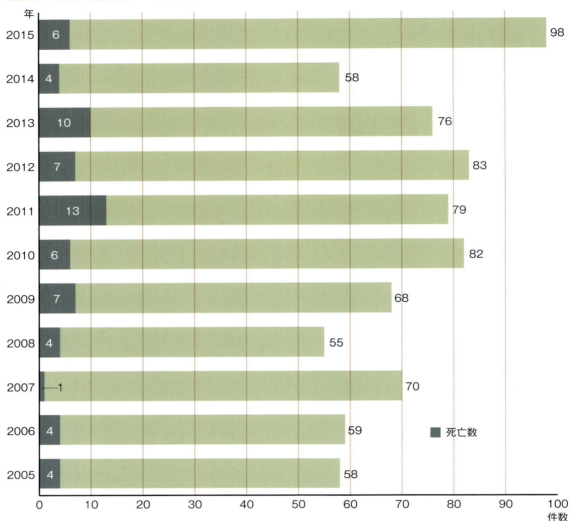

最近のサメ事故の発生状況（11年間の事故数786件，死亡者数66人）

2-3）アジアの被害

　アジアに目を向けると、人の被害総数は1580年から2015年の436年間で131件、そのうち最も数が多いのがイランで23件、次いでインド14件、香港と日本が各13件、フィリピン11件となっている。しかし、私の手元の資料では日本で確実にサメが関与したと考えられる事故は上記の13件の他に17件程知られている（後出）。また、韓国での被害は国際サメ被害目録には1例しか記録がないが、私たちが調査した結果、他に少なくとも6例の死亡事故が発生している。

2-4）被害の実態

　先に述べたように、実際の被害数は想像することも難しいのだが、上図の11年間の国際サメ被害目録に記録された数値を参考に、ちょっと大胆な推測をしてみよう。年平均の事故数（71.5件）をもとに436年間のアタック数を単純計算してみると、31,174件となる。国際サメ被害目録に記録されている数は2,843件なので、目録の数値はこの9.1％にすぎない。正確な数字はともかくとして、大部分の事故が闇に葬られているというわけだ。

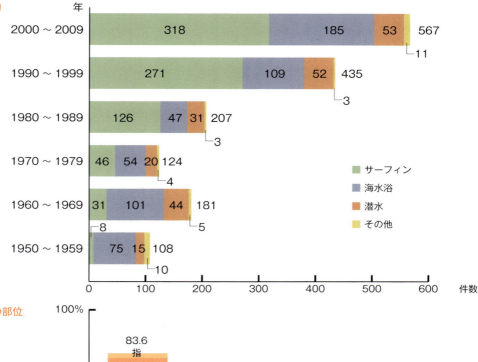

サメ被害者の行動

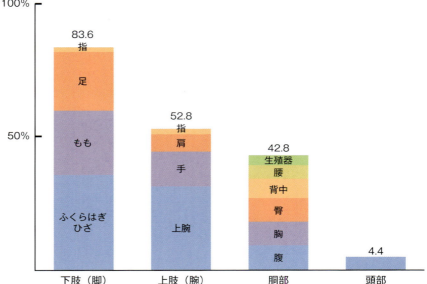

被害をうけた体の部位
（全166例）

　では被害者はどのようなことをしていてサメに襲われたのだろうか（上図上）。1979年以前は海水浴中の事故が最も多かった。サーフィン中の事故は1960年代に増え始め、1980年代にはサメ事故全体の6割を超えるようになった。以後も全体の半分以上を占めている。海水浴中のサメ事故数も、長期的に見ると増える傾向にある。

　潜水中のサメ事故の発生時間は、午前10～12時と14～18時が多く、12～14時、早朝、夜間は少ない。この結果は最も危険な時間帯を示しているのではなく、人間の活動時間帯と対応している。12～14時が少ないのは、昼食や休憩をとっていたと考えられる。夜明けや夕方はサメの摂食活動が活発になるが、この時間帯に事故が少ないのも、海に入る人が少ないためだ。

　また166例のサメ事故で被害を受けた場所を調べた結果、その8割以上が足だった（上図下）。被害者は2ヶ所以上の部位を咬まれることもあり、腕は約半分の人が、胴部は4割ほどの人が負傷している。サメは水面下から水面付近にいる人間を攻撃することが多いため、足先や手などに負傷することが多いわけだ。

3) 日本のシャークアタック

　1963年に公表された初めての世界のサメ被害リストには、自然状態で発生した日本の4件（佐賀県、東京都、和歌山県、岡山県）と疑わしいとされた1件（北海道）の人身事故が掲載されていた。そして最新の国際サメ被害目録（2016年）では13件の被害が登録されている。しかし、そのほかにも未報告のサメ事故があり、現在確認されている日本のサメ事故は30件程度である。被害が出ている場所は伊豆諸島から南西諸島にかけての太平洋や瀬戸内海、有明海などの暖海で、日本海側、東北地方、北海道地方では報告がない（下図）。そのほかにも未確認、未報告の事故があることは明らかだが、詳細は不明である。

日本でのサメ被害分布図

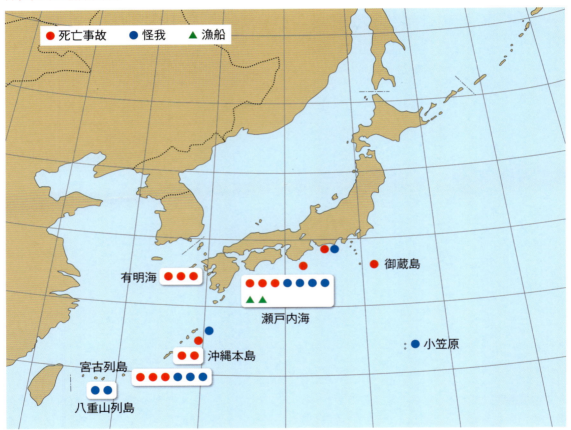

3-1) 恐怖の1992年

　1992年、南日本からはホホジロザメの捕獲や出現のニュースが流れ、瀬戸内海では潜水夫や漁船がたて続けに大きなサメに襲われた。その結果、日本は前代未聞のサメパニックに陥り、漁業や港湾の水中工事は完全にストップ、水産物の流通や物価にも影響が出た（次頁左新聞）。夏には、海水浴場が閉鎖されたり、防護ネットで囲むなどのサメ対策がとられた。

　1992年以降に発生したシャークアタックやその被害状況については、いくつかのサメ事故で詳しく調査することができた。ここでは、愛媛県の2件を取りあげ、具体的な事故状況と犯人の鑑定方法などを紹介することにしよう。

①愛媛県の人身事故

愛媛県松山沖で潜水夫がサメに襲われ、行方が分からなくなったのは1992年3月8日のことだった（下図右新聞）。事故直後に潜水服などの調査が海上保安部により行われ、犯人はサメだったとの結論が出された。

この事故はタイラギ貝漁の最中に発生した。タイラギ貝漁はヘルメット式の潜水服を着て行われ、潜水夫はタイラギ貝を見つけると手カギを打ち込んで、貝を泥から引き抜いて漁獲する。潜水夫に対してはすぐ上の海面にいる支援船からエアーパイプを通じて空気が送られ、他にロープと通信用ケーブルが潜水夫につながっている。潜水夫はマイクを通して船の操船者に様々な指示を送りつつ、連係プレーで漁獲作業が続けられる。

泥に潜っているタイラギ貝を探すためには、潜水夫は体を強く前に傾けて、ヘルメットの前に開いている小さな目視窓から直前の海底を見下ろすことになる。小さなのぞき窓から潜水夫が見ることができる場所は自分の目の前のわずかな海底だけ。大きなサメが近寄ってきても、すぐ横を泳いでいても分からない。こんな状況で事故が起こった。

松山沖の事故を報ずる新聞
（右、愛媛新聞）
瀬戸内のパニックを報ずる新聞
（左、日本経済新聞）

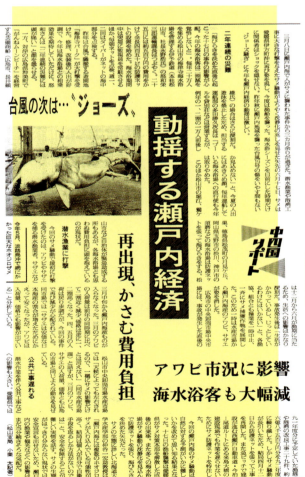

（1）事故の状況

　海面で待機していた支援船の船長は、助けを求める潜水士Aさんの声を聞き、すぐに引き上げようとしたが、何かに引っかかったようで引き上げることができなかった。その時にはロープと通信用ケーブルは切断されており、その後残っていたエアーパイプを引き上げてみると、海底から上がってきたのはヘルメットとズタズタになった潜水服だけで、中にAさんの姿はなかった。

　すぐにAさんの捜索とサメの捕獲作業が大々的に始められたが、一向に成果は上がらなかった。この事故はマスコミが大きく取りあげたため、現場はもちろんのこと、瀬戸内海沿岸域はひどいパニックに陥った。

（2）再調査

　このようなことから再調査を依頼され、残された遺品の検証を行なった。Aさんのお宅に大事に保管されていた潜水具などの遺品からは、一目で攻撃の激しさが見てとれた。

　潜水服は右胴部に大穴が開き、右足部分もなくなっていた（下図A）。肩から右上半身には点々と穴があき、切り傷がたくさんあった。金属製の肩当てには鋭いものでひっかいた細かな平行なスジがあり、何かが貫通した長楕円形の穴も1個確認できた（下図B）。肩当てのゴムにもいくつかの傷があり、その断面には奇妙なスジが入っていた。通信用ケーブルの切断面にも細かな平行のスジが見つかった（下図C）。これらのスジは何かギザギザのあるもので切られたことを示していた。潜水服の傷を1つ1つ開いて調べてみたところ、肩部から白い小さな貝殻の破片のようなものが見つかった（次頁下図D）。それは不思議な形をしていて、三角おにぎりのような出っ張りが2つ並んでいた（次頁下図E）。

　この破片を大学にもちかえり、研究室にある

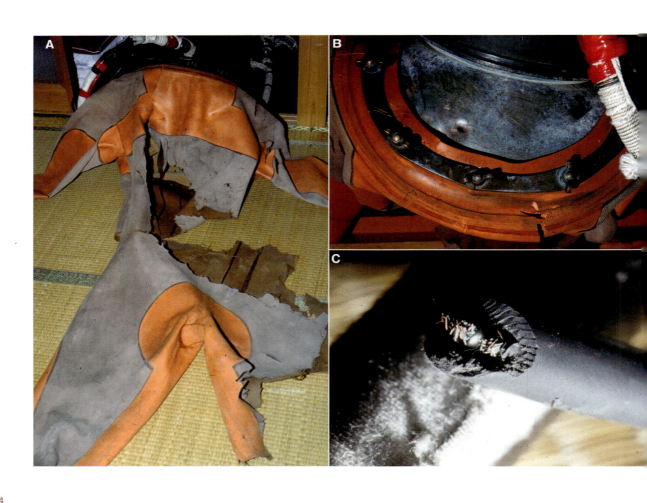

色々なサメ類の顎や歯を引っぱり出して比べてみたところ、サメの歯の鋸歯（右図A）と完全に一致した。奇妙なスジはこれでうまく説明ができる。

（3）犯人探し

歯の痕の調査から、犯人のサメは口幅が約40cm、歯と歯の間隔はかなり離れ、大型の鋸歯をもっていることが明らかになった。そして、厚い金属に穴を開けたり、潜水服をずたずたに引き裂くところから、かなり大きなサメが犯人だったことは容易に想像がついた。こんな条件を満たすサメは十数種類しかない。事故の発生したのは3月初旬、調査の結果、当時の現場付近の海底の水温は12℃弱だったことが明らかになった。これは熱帯性のサメには冷たすぎる。

このようなことから犯人は冷水域にも出現するホホジロザメと断定。その大きさは、口の大きさから全長約5mと推定した。同じ頃に四国や九州の太平洋岸でも大きなホホジロザメが何匹か捕獲されていたので、ホホジロザメが瀬戸内海にまで入り込んでいても不思議はない。

結局、数ヶ月の捜索でも、Aさんや犯人のサメは発見できなかった。しかし、この事件では攻撃した種の特定をすることができ、その後はホホジロザメを念頭においた調査や対策を取ることができるようになったのである。

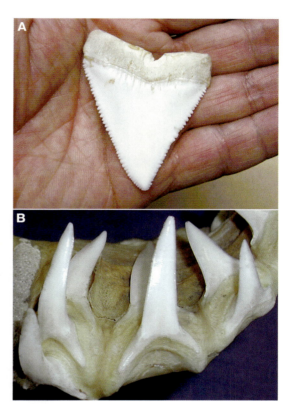

サメの歯と鋸歯
A ホホジロザメ（鋸歯がある）
B アオザメ（鋸歯がない）

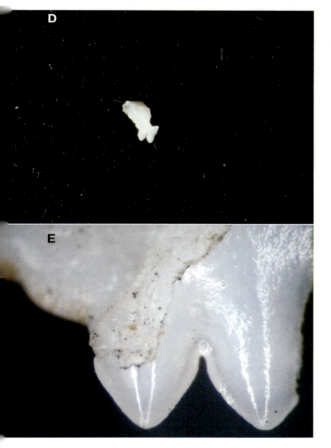

愛媛県松山市の潜水士事故の証拠物件
A 潜水服
B 潜水服の肩当てを貫通した穴
C 通信用ケーブルの切断面
D 潜水服から発見されたサメの歯の破片
E 破片の先端部

②漁船への攻撃

漁船への攻撃があったのは1992年6月17日、愛媛県伊方町沖の伊予灘で、真っ昼間のでき事だった（下新聞）。被害者の漁師Bさんは昼過ぎから木造の船（次頁図A：長さ約 5m，幅 1.3m）に乗ってアジ釣りに出漁し、サメに襲われた。

翌日の産経新聞はその状況を以下のように報道している。

「Bさんは正午過ぎから一人でアジ釣りに出漁。船内で釣りの準備をしていたところ、ドーンという音がして船が左右に揺れたため，辺りを見回すと、体長 5mほどのサメが大きな口を開けて船首右舷にぶつかってきた。サメは口を大きく開けて数回、体当たりを繰り返したが、Bさんは近くにあった長さ約 3mのカイを取り、何度もサメの頭をつついて応戦。Bさんは海水でビショぬれになりながら、ようやくサメを撃退した。Bさんは、"僚船（仲間の船）がぶつかったのかと思い、辺りを見回すとサメが大きな口を開けて船のヘリを乗り越えるように襲ってきた。海に落ちたら餌になると思い、必死にサメ

愛媛県伊方町の事故を報ずる新聞（愛媛新聞）

と戦った。こんな恐ろしいことは初めてで、もう釣りにょういけん"と震える声で話していた」

まるで映画「ジョーズ」のアタックシーンのようだった、らしい。「らしい」というのは、著者が詳しい調査のためにBさんに話を聞こうとしたら、もうあんな恐ろしいことは思い出したくないのでお話しできません、と断られてしまったからだ。フィクション映画に出てくるような恐怖を現実に体験したのだから、その気持ちは充分理解できる。

帰港後、船の調査が行われた。船の右舷には前から後まで長さ5〜15ｃｍのたくさんの切り傷がつき（下図A）、鋭いノミを斜めに打ち込んだような深い咬み跡もあった（下図B）。船底には犯人のサメが残した歯が2本突き刺さっており、鑑定の結果、ホホジロザメの下顎歯であることが判明した（下図C）。歯の大きさや状況証拠から判断すると、この船を襲った犯人も全長5ｍ前後の巨大なホホジロザメだったと結論した。

サメに襲われた愛媛県伊方町の漁船　A右舷舷側　B右舷の一部拡大
C船底から発見されたホホジロザメの歯

4) 危険なサメはどんなサメ？

　2016年春現在、サメ類は約510種知られているが、このほとんどが無害なサメ達で、人やボートを襲ったことが確認されたサメは30種程度だ。襲う可能性があるサメを含めてもせいぜい40種位で、危険なサメはサメの種の全体の1/10もいないのだ。そして、たとえ危険なサメに出会ったとしても、逃げるのはサメの方。先のような不運なケースは稀で、手出しをしたり、不注意なことをしたりしない限りは、サメがいたからといってもあまり恐れることはない。

4-1) 世界の危険ザメ

　国際サメ被害目録（2016）に基づいて、サメによる被害状況をまとめてみた（下図、次頁下図）。人を襲ったことが確認されているサメのうち、最も事故件数が多かったのはホホジロザメだ。1580～2015年の集計では、314件の事故があり、80名（25.5％）が死亡している。第2位はメジロザメ属だが、この中には多くの種が含まれており（内訳は次頁下図参照）、単一種として2番目に事故が多いのはイタチザメ（次頁上図、下）である（事故数111件、死亡数31名）。第3位はオオメジロザメで100件、27名が死亡している。サメ類の被害では、この3種が突出しており、最も危険なサメということができる。

　また、オオメジロザメを含むメジロザメ属のサメ（次項下図）としては12種の名前があげられているが、多くは外見が非常によく似ており、緊急のサメ事故の際にどの程度正確に犯人の種を見きわめることができたのか疑問が残る。しかし、

世界の危険ザメと人への攻撃（自然状態, 1580～2015年）

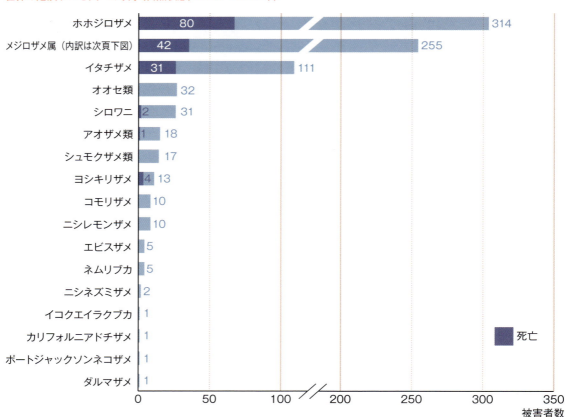

グループとして危険なサメを多く含んでいることは間違いない。

　これらに次いで危険なサメはオオセ類、シロワニなどがあげられている。オオセ類は海底にじっと静止していることが多いため、一見おとなしく見え、人が近づきやすい。また、体の迷彩模様で海底の模様に溶け込んで、オオセの存在に気がつかず踏みつけて、反撃にあった事例が多い。シロワニは夜行性で、昼間は潮の流れの弱い場所で、ゆったり泳ぎながら休んでいる。ダイバーは簡単に近くに行くことができるが、そんな「おとなしそうな」サメが目の前をゆっくり通り過ぎると、ちょっと触ってみたくなるのだろう。手出しをしないことだ。

　この国際サメ被害目録に最近加えられたサメがいる。ダルマザメだ。ダルマザメは大型の魚などにこっそり近づいて、肉を半球状に食いちぎる特殊な行動をするサメとして有名である(詳しくは78頁参照)。マグロやカジキ、アカマンボウなどがダルマザメの通常の被害者なのだが、ハワイで遠泳中の人がダルマザメに襲われたのである。生命に別状はなかったが、円い赤い傷が痛々しかった。

ホホジロザメ(上)とイタチザメ(下)

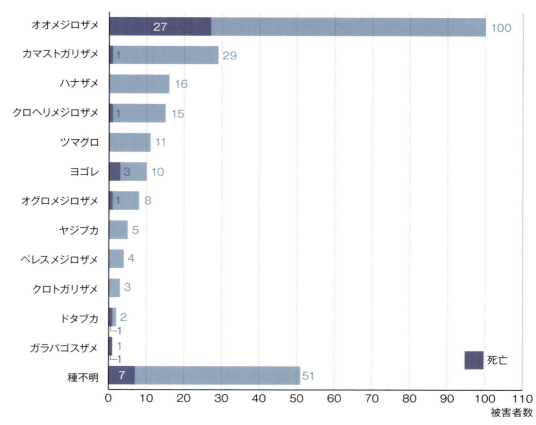

メジロザメ属のサメと人への攻撃(自然状態, 1580〜2015年)

199

4-2) 日本の危険ザメ

人を襲う可能性のあるサメは一般に大型で、世界中に分布するものが多い。しかし、日本近海や北西太平洋にだけ分布する種もあるので、日本近海における危険ザメを右の表にまとめておいた。この表には、人を襲う可能性のあるサメ、触ったり、何らかのアクションを起こしたときに咬みつかれる可能性があるサメも含めてある。

4-3) 危険なサメの見分け方

先にも述べたように危険なサメは全体の1割以下なのだが、一般の人は危険なサメの種とそうではないサメの種を見分けることはできないだろう。ある程度の知識があっても、水中でサメに出会ったときに、現場で種を特定し、危険なサメかどうかを即座に見分けるのは無理だと思った方が良い。

危険なサメを見分ける方法としては、まず「活発に泳ぎ回るサメ」は危険なサメと考えよう。もちろん例外もあるが、遊泳性のサメは魚食性でかつ鋭い歯をもっていることが多い。とくに「大型の」泳ぎ回っているサメは危険なサメと考えたらよい。

「超大型」になるプランクトン食のジンベエザメ（次頁中図）やウバザメ、それにメガマウスザメの3種は性格が穏やかで人を襲う危険なサメではないが、強い力をもっているので、近づくときには注意をする必要がある。

次に「海底でジッとしているサメ」は、泳ぎ回るサメよりは安全なサメだ（次頁下図）。彼らは積極的に人を襲うことはまずないが、人が近づきすぎたり、触ったりすると、嫌がって反撃したり、驚いて咬みついたりすることがある。

絶対に避けるべき危険なサメはホホジロザメ、イタチザメ、メジロザメ類など数種だけ。それ以外の「危険なサメ」は、我々の対応次第で安全ザメにすることができる。我々が適切な行動をすることが一番大切なことなのだ。

日本の危険ザメ

危険

目	科	種
ネズミザメ目	ネズミザメ科	ホホジロザメ
メジロザメ目	メジロザメ科	イタチザメ
		オオメジロザメ

注意が必要

目	科	種
カグラザメ目	カグラザメ科	エビスザメ
ツノザメ目	ダルマザメ科	ダルマザメ
ネズミザメ目	オオワニザメ科	シロワニ
	ネズミザメ科	アオザメ
		バケアオザメ
メジロザメ目	メジロザメ科	クロヘリメジロザメ
		ハナザメ
		ホコサキ
		ホウライザメ
		ツマジロ
		スミツキザメ
		ハビレ
		クロトガリザメ
		カマストガリザメ
		ヨゴレ
		ドタブカ
		ヤジブカ
		レモンザメ
		ヨシキリザメ
	シュモクザメ科	アカシュモクザメ
		シロシュモクザメ
		ヒラシュモクザメ

手出しをするな

目	科	種
ノコギリザメ目	ノコギリザメ科	ノコギリザメ
カスザメ目	カスザメ科	カスザメ
		コロザメ
テンジクザメ目	オオセ科	オオセ
	コモリザメ科	オオテンジクザメ
	トラフザメ科	トラフザメ
	ジンベエザメ科	ジンベエザメ
ネズミザメ目	ウバザメ科	ウバザメ
	メガマウスザメ科	メガマウスザメ
メジロザメ目	メジロザメ科	ネムリブカ

オオメジロザメ

超大型になるジンベエザメ

海底でジッとしているオオセ

5) 危険なサメ

5-1) ホホジロザメ
Carcharodon carcharias ／
ネズミザメ目 ネズミザメ科

1) 特徴
体は大型で筋肉質。吻は尖る。第一背鰭は三角形で大きく、胸鰭直後に位置する。第二背鰭と臀鰭は非常に小さい。尾鰭は下葉が大きく、尾鰭は全体で三日月形状になる。上顎歯は縦に長い三角形で、その縁に鋸歯がある。尾柄に強い隆起線がある。体や鰭は暗色で腹面は白い。

2) 分布
世界：太平洋、インド洋、大西洋の熱帯から寒冷水域、地中海
日本：日本各地の海域

3) 生息場所
沿岸の表層域に生息するが、時に陸棚の海底付近にまで潜行したり、沖合や餌のほ乳類の多い海洋島の周囲などにも生息する。

4) 大きさ
全長1.2〜1.5mで産まれ、オスは全長3.5〜4m、メスは全長4.5〜5mで成熟し、最大では全長7mになる。

5) 行動・その他
通常は単独行動か、2尾程度で行動するが、餌場などでは大きな集団を作って社会構造ができ、おもに体の大きさにより優劣関係ができる。なわばりの有無は不明。欲求不満の状況下では、船に咬みついたり、口をぎこちなく開け閉めする奇異な行動が見られる。特殊な血液循環システムで体温を周囲の海水温より3〜14度も高く保つことができ、冷水中でも活発に活動することができる。

大型の獲物を襲うときには、1〜数回強く噛みついてから獲物を一度離す行動が知られている。その後、再び攻撃を加える場合と立ち去ってしまう場合がある。前者の場合は、獲物との争いでケガを避けるため獲物が失血などで弱るのを待つと説明されているが、異論もある。また、後者の場合は、獲物を誤認した結果であるとも解釈されている。

イカ・タコ類、甲殻類、軟骨魚類、硬骨魚類、海鳥類、ほ乳類などを食べる。全長3m以上になると、大型のほ乳類をより多く捕食するようになる。

ホホジロザメ

分布域

5-2) オオメジロザメとメジロザメ属

① オオメジロザメ
Carcharhinus leucas ／メジロザメ目 メジロザメ科

1) 特徴
大型のメジロザメの仲間。体は太い。吻は短く、口の前の長さは両鼻孔間の長さより短い。眼は円い。第一背鰭はあまり大きくなく、その起部はほぼ胸鰭内縁上に位置する。第一背鰭と第二背鰭の間には隆起線がない。尾鰭は下葉が長く、典型的なサメ型。尾柄の側面にはキールがない。上顎歯は幅広い三角形状で、縁に鋸歯があり、下顎歯は細長い。体は背面が一様な灰褐色で、各鰭の先端付近は薄黒いが、真っ黒になることはない。

2) 分布
世界：太平洋、インド洋、大西洋の熱帯から亜熱帯の海域、汽水域、大河やその上流の湖などの淡水域。アマゾン川では河口から 4,000km、ミシシッピ川では 2,500kmもの上流からも記録されている。
日本：南西諸島海域と沖縄諸島の河川

3) 生息場所
沿岸性で、浅海の海底近くを遊泳することが多い。塩分濃度に関係なく、沿岸や河口、港、波打ち際近くなどに出現する。塩分濃度5.3％から淡水まで生息可能。

4) 大きさ
全長56～81cmで産まれ、オスは全長1.6～2.3mで、メスは全長1.8～2.3mで成熟し、全長3.4mになる。

5) 行動・その他
河口や汽水域などの濁った水域を好むが、海から川をさかのぼり、上流にある湖などに入り込んですみつくことがある。
性格は極めて凶暴で、体は太く筋肉質で、行動は非常に敏捷である。熱帯・亜熱帯海域では沿岸域に多く、海水浴場や港などにも進入する。最も危険なサメの一種で、注意をする必要がある。

生殖方法は胎盤タイプの胎生で、1～13尾の子を産む。淡水域で生活している個体も、子供は海に下って産む。

無脊椎動物、軟骨魚類、硬骨魚類、ウミガメ類、海鳥類、イルカ、鯨の死肉などを食べる。

■ オオメジロザメ

■ 分布域

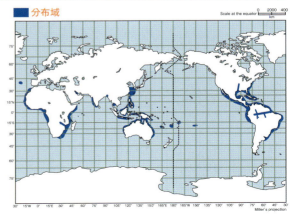

② メジロザメ属 *Carcharhinus* ／メジロザメ目 メジロザメ科

クロトガリザメ
Carcharhinus falciformis

ヤジブカ
Carcharhinus plumbeus

1）特徴

眼は円い。第一背鰭は胸鰭の上後方にあって、大きい。第二背鰭は小さく、高さは第一背鰭の半分以下しかない。臀鰭も小さく、第二背鰭の真下にあり、後縁は切れ込む。上顎の歯は基本的に幅広く三角形状であるが、種により形が異なる。上顎歯の縁には鋸歯がある。下顎歯は細長く、鋸歯縁はほとんど無い。体色は一様な灰色から赤褐色まで様々で、体には強い模様はない。各鰭の先端や縁は白、黒、暗灰色などになり、種の識別の特徴になる。

2）種

世界に34種が知られ、その多くが人に危害を与える可能性がある。メジロザメ属のサメは鰭の位置関係、鰭の形、歯の形、体色などにより分類されるが、水中や現場での分類は困難である。沿岸域ではオオメジロザメ、沖合域ではヨゴレによる被害が多く報告されている。日本からは13種が知られている。

カマストガリザメの頭部

■ 分布域

5-3) イタチザメ
Galeocerdo cuvier ／メジロザメ目 メジロザメ科

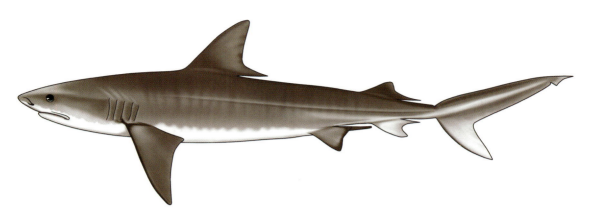

1) 特徴
吻は短く円い。第一背鰭は大きな三角形で、先端は尖る。第一背鰭起部は胸鰭内縁上に位置する。第二背鰭と臀鰭は小さく、ほぼ同大で、臀鰭の後縁は大きく湾入する。尾鰭は下葉が短く、上葉が長い。尾柄の側面には弱いキールがある。両背鰭間には顕著な隆起線がある。両顎歯は厚く頑丈で、尖頭部が外側に傾いて深い切れ込みがあり、縁辺には強い鋸歯が発達する。上下顎歯は同形。体は地色が灰色で、体の背側部には特徴的な暗色の垂直線や斑点があり、大きくなるにつれ薄くなる。

2) 分布
世界：太平洋、インド洋、大西洋の熱帯から亜熱帯海域
日本：青森県以南の日本各地の海域

3) 生息場所
浅海から140m位にすみ、陸からの雨水などで濁った塩分濃度が低い河口や沿岸域や島周りを好み、港や礁湖などにも進入する。

4) 大きさ
全長51〜76cmで産まれ、オスは全長2.3〜2.9mで、メスは全長2.5〜3.5mで成熟する。最大の個体として全長7.4mのメスの報告がある。

5) 行動・その他
性格は極めて凶暴。全長2.3m以上の個体は人間サイズの餌を食べ始めるので、大型個体は非常に危険である。大型個体は明らかに夜行性で、夜間沿岸に近づいて索餌をし、昼間は深みに去る。小型個体は昼間も活動する。ふつうは単独行動をするが、餌を取るときなどは集団になる。
卵黄依存型の胎生で、最大で80尾ほどの子を産む。"鰭をもったゴミ箱"ともいわれ、甲殻類、軟体動物、クラゲ、魚類、ウミガメ、ウミヘビ、海鳥、海産ほ乳類などを食べる。腐肉なども好み、ネズミ、豚、牛、羊、ロバ、犬、ハイエナ、猿、人などの他に、餌にはなりそうもない皮革製品、布、石炭、木片、ビニール袋、缶、車のナンバープレート、金属片なども胃中から発見されている。

イタチザメの頭部

■ 分布域

5-4）シロワニ
Carcharias taurus／ネズミザメ目 オオワニザメ科

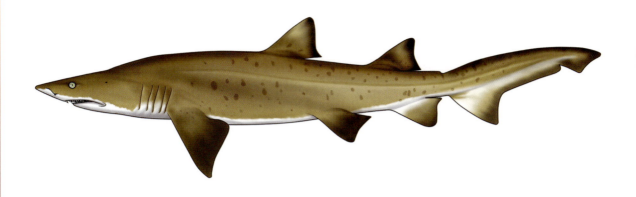

1）特徴
体は太く、吻は短い。第一背鰭、第二背鰭、および臀鰭は大きな三角形状で、ほとんど同大。第一背鰭は胸鰭より腹鰭に近い。臀鰭は第二背鰭よりやや後方にあり、その起部は第二背鰭基底部の下にある。両顎歯は大きくて細長く、その両側に数本の小さな尖頭がある。歯の縁辺は鋸歯がなく、滑らか。体は灰褐色で、シミ状の暗色小斑点が散在する。腹面は白っぽい。

2）分布
世界：西部太平洋、インド洋、大西洋の温熱帯海域、地中海、紅海
日本：南日本、伊豆七島、小笠原諸島の海域

3）生息場所
波打ち際から水深190m位に生息するが、とくに水深15〜25mに多い。内湾、沖合の浅瀬、水中の洞窟、珊瑚礁などにすむ。

4）大きさ
全長95〜105cmで産まれ、オスは1.9mで、メスは2.2mで成熟し、4.3m以上になる。

5）行動・その他
夜行性で、昼間は海底の洞窟などにひそみ、夜間盛んに索餌をする。単独行動をしたり、時に20〜80尾の集団を作り、ある程度の社会構造を形成し、共同で索餌をすることが知られている。性格はおとなしく、昼間はかなり近くまで接近できるが、あまり近づいたり、触ったりすると襲われることがある。交尾時や銛で突いた魚を持っているような場合には攻撃を受けることもある。

生殖方法は食卵タイプの胎生で2尾の子を産む。

硬骨魚類をおもに食べるが、軟骨魚類も重要な餌である。無脊椎動物やほ乳類などを食べることもある。

シロワニの頭部

海底洞窟で休息しているシロワニ

6) サメの攻撃パターンと知覚

6-1) サメの攻撃パターン

　近年の研究によると、サメの攻撃には「咬み逃げ」「衝突咬みつき」「忍び寄り」という3パターンがある。そして、その攻撃パターンによって受ける被害の大きさが違ってくる。

①「咬み逃げ」攻撃

　サメによる攻撃で、被害が一番多いのが、この「咬み逃げ」攻撃。被害者の多くは海水浴客やサーファーだが、軽い咬み傷ですむことが多く、死亡することはめったにない。日本でもこの攻撃例が知られている。

　この攻撃は波打ちぎわ付近などで起きることが多く、サメはひと咬みすると、すぐにいなくなってしまう。サメの姿はほとんど見えない。ひと咬みして逃げるという単純な行動の原因は、サメの判断ミスにあるという。

　波打ちぎわなどのような場所は濁っていて透明度が非常に悪い。いつもの餌だと思って咬みついたものの、「こりゃ間違った」と、咬むのを止めて行ってしまうのではないか、と解釈されている。サメに味見をされ、痛い思いをさせられるとは何とも迷惑な話だ。

②「衝突咬みつき」攻撃

　この攻撃は、波打ち際よりも少し沖合や珊瑚礁域などで起きることが多い。この攻撃の特徴は、攻撃の前にサメが人の周囲を泳ぎ回ったり、体当たりをしてくることだ。サメは食べるという目的で人に接近してくるため、何回か続けて攻撃をうけることも多く、時にひどい事故に発展する。したがって、早くサメに気づき、すぐに船や陸に上がったり、サメの攻撃を避ける対策をとる必要がある。被害者はダイバーや沖合の遊泳者が多い。

③「忍び寄り」攻撃

　この攻撃も、少し沖合や珊瑚礁域などで起きることが多い。サメは姿を見せないまま、突然近づいて咬みつくのがこの攻撃の特徴だ。したがって、事前に対処する方法がない。この攻撃は、サメは食べるという明確な意志で攻撃をしてくるため、何回も執拗に攻撃が繰り返される。被害者の受ける傷は大きく、死に至ることも少なくない。被害者はダイバーやシュノーケラー、沖合いでの遊泳者などである。

　1990年代に発生した前述の愛媛県や愛知県の死亡・行方不明事故はこのタイプの攻撃だったと考えられる。

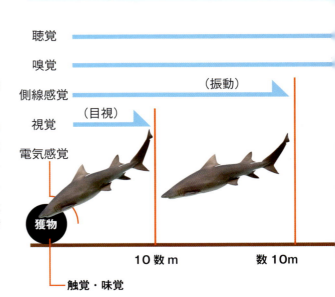

6-2) サメの知覚メカニズム

サメは色々な感覚器官を使って海の中に知覚の網を張り、様々な情報を集めている。その中で彼らにとって最大の関心事は摂餌、つまり獲物に気づき、発見し、食べることだ。彼らの生活時間は大部分がこの摂餌行動に当てられている。

誰でもサメ事故には遭いたくない。サメ事故に遭う可能性は極めて低いのだが、海に入れば近くに危険なサメがいる可能性はゼロではない。だから、万が一のサメ事故を防ぐために、サメがどのように餌に気づき、その場所に近づいてくるか、そのメカニズムを知っておくことも損ではないだろう（下図）。以下にその流れを説明する。

①聴覚	サメは、獲物が暴れている音などを聞いてその存在に気づく。プールの水の中で金属を叩くと、その反対側にいても耳元で叩いているようにハッキリと聞こえるだろう。これは水中では音の通りが大変良い証拠なのだ。音は空中では一秒間に約350mしか伝わらないが、水中ではその4倍、秒速1,400メートルで伝わっていく。しかも音は四方八方に伝わっていくため、どこにいても聞こえてくる。 サメには「美味しい音」と「美味しくない音」がある。「美味しい音」は何かがもがき苦しんでいるような不規則な低い音。サメはその「美味しい音」に向かって泳ぎ始める。
②嗅覚	「音」源が近くなってくると、血や体液の「美味しそうなにおい」が流れてくる。その「におい」に気づくと、猟犬がにおいを頼りにジグザグに走って獲物を見つけるように、サメも方向を確かめながら、「におい」の元に近づいていく。
③側線感覚	もっと近づくと、頭部や体側にある側線で、暴れている「美味しそうな振動」を感じるようになる。
④視覚	更に近づくと「美味しそうな獲物」が目に入ってくる。「獲物」の周りを泳いで、獲物をじっくりと見定める。
⑤電気感覚	水が濁っていたり、「獲物」が泥の中に隠れている場合には、獲物が発する弱い電気を感じとり獲物を探し出す。
⑥触覚	「獲物」をかすめて泳いだり、体当たりして獲物を体で確かめる。
⑦味覚	獲物に咬みついて最終確認をし、食べるか、やめるかを判断する。

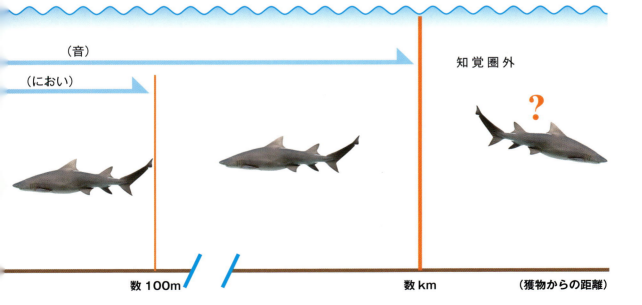

7) サメに襲われないために

サメ事故にあわないように、安全を100パーセント保証する方法はない。しかし、より安全にする方法はある。それには前に述べたサメの攻撃パターンと知覚メカニズムをよく理解し、下に述べる基本原則と注意事項を守ることでその危険性はかなり軽減できるはずだ。

7-1) 事故を避けるための基本原則

①サメに近づかないこと
(危険な場所や危険な時間帯に泳がないこと)

大形のサメがよくいるといわれている場所、最近大きなサメがいた所、急に深くなった所、潮通しの良い所などは危険なサメに出会う確率が高い。薄暗い早朝や夕方はサメが活発になるので、危険性が高い。

②サメを近づけないこと
(サメを集めないこと)

サメの気を引くような「美味しそうな」音や振動やにおいをできるだけ出さず、サメに刺激を与えない。ペットとはしゃいだり、魚が暴れる音は美味しそうな音や振動になる。出血したまま水に入ったり、突いた魚を持っていたり、魚の内臓や魚を洗った水、残飯などを捨てると、そのにおいにサメが集まってくる。サメは明暗視がきくので、サメの視線を引きつけるようなもの、例えばキラキラするネックレスやイヤリング、コントラストの強い水着などは着用しない。

③サメから離れること
(サメを早く発見すること)

サメが近づいてきたら、その場を去るか、すぐ水からでる。視界が悪いとき（例えば夕方から早朝、海が濁っているとき）は、サメの発見が遅くなるので、できるだけ水に入るのを避ける。

④サメを静かにしておくこと
(サメに手出しをしないこと)

海底で休んでいるサメ、動作の鈍そうなサメ、おとなしそうなサメでも決して触ったり、突いたりしない。

7-2) サメが接近してきたら

サーフィンをしているとき

①知らせる
気づいたら速やかに、サメが近くにいることを周囲に知らせること。

②その場を離れる
ボードに乗り、サメに注意を払いながら、最も近い陸や船に向かって素早く移動する。

③立ち向かう
水中に落ちた場合には、サメの動きを見ながらボードで身を守ったり、足でサメを蹴りつけ、立ち向かう姿勢を示すこと。

海水浴をしているとき

①知らせる
気づいたら速やかに、サメが近くにいることを周囲に知らせること。

②その場を離れる
最も近い陸や船に向かって、サメに注意を払いながら、速く慌てずに泳ぐ。

③防衛する
サメが近寄ってきたら、手で足を抱え、体を丸くして防衛姿勢をとる。

④立ち向かう
サメがすぐそばに来た場合は、足で蹴るなどして、決して受け身にならない。

シュノーケリングをしているとき

①知らせる
サメが近くにいることを周囲に知らせる。

②その場を離れる
サメの位置や行動を確認し、注意を向けながら、最も近い陸や船などに向かって泳ぐ。

③防衛する
サメが近寄ってきたら、手で足を抱え、体を丸くして防衛姿勢をとる。

④立ち向かう
サメがすぐそばに来た場合は、足で蹴ったり、手に持っている硬いもので殴りつけたりして、立ち向かう姿勢を示すこと。

スキューバをしているとき

①知らせる
付近にいるバディに、空気ボンベを叩くなどして、サメの存在を知らせる。

②その場を離れる
サメの行動に注意しながら、浮上したり、海底に沿って移動し、水から出る。

③防衛する
付近にある岩や珊瑚などを背にして後方からの攻撃を防止しつつ、前方からの攻撃に備える。付近に岩などがない場合は、バディと背中合わせになり、サメの行動を監視する。

④立ち向かう
サメが近寄ってきたら、水中で大声を出したり空気を出したりして、サメを嚇し、決して受け身にならない。

7-3) サメに攻撃を受けたら

①叩く
鼻先(吻)を、拳や手に持っている硬い物(カメラなど)で叩く。

②抵抗する
サメに咬みつかれたら、敏感な眼やエラの部分を強くつかんだり、叩いたりする。このような抵抗の意志を表すことで、一時的にサメの気勢をそぐことができる可能性がある。

7-4) サメに咬まれたら

①すぐに止血
サメによる咬み傷は深傷になることが多いので、即座に止血を心がける。サメによる死亡事故は、咬み傷による死亡ではなく、失血による死亡が大部分だ。

②病院に行く
医療機関で治療を受ける。サメの咬み傷は複雑で、雑菌による感染なども考えられるので、小さな傷でも必ず医療機関で治療を受けること。

世界のサメリスト

　以下の表は、2016年3月末時点の世界のサメリストである。
　ここでは世界のサメ類として9目34科105属509種を、日本産のサメ類として9目32科64属130種を認めた。しかし、分類学的な混乱や未発表の種があり、さらに未発見の種の存在も想定され、この数は流動的である。
　本書では、水族館などの利用を考え、全属に和名を与え、さらに日本に関連深い種などにも新和名を提唱した。日本産のサメ類はその和名を太字で表示した。英名はおもに Last and Stevens（2009）や Ebert et al.（2013）によるが、英名の世界的な使用を考慮し、一部変更した。

目名	科名	属名	属学名
カグラザメ目 Hexanchiformes	ラブカ科 Chlamydoselachidae	ラブカ属 *Chlamydoselachus*	*Chlamydoselachus* *Chlamydoselachus*
	カグラザメ科 Hexanchidae	エドアブラザメ属 *Heptranchias*	*Heptranchias*
		カグラザメ属 *Hexanchus*	*Hexanchus* *Hexanchus*
		エビスザメ属 *Notorynchus*	*Notorynchus*
キクザメ目 Echinorhiniformes	キクザメ科 Echinorhinidae	キクザメ属 *Echinorhinus*	*Echinorhinus* *Echinorhinus*
ツノザメ目 Squaliformes	ツノザメ科 Squalidae	ヒゲツノザメ属 *Cirrhigaleus*	*Cirrhigaleus* *Cirrhigaleus* *Cirrhigaleus*
		ツノザメ属 *Squalus*	*Squalus* *Squalus* *Squalus* *Squalus* *Squalus* *Squalus* *Squalus* *Squalus* *Squalus* *Squalus* *Squalus* *Squalus* *Squalus* *Squalus* *Squalus* *Squalus* *Squalus* *Squalus* *Squalus* *Squalus*
	アイザメ科 Centrophoridae	アイザメ属 *Centrophorus*	*Centrophorus* *Centrophorus* *Centrophorus* *Centrophorus* *Centrophorus* *Centrophorus* *Centrophorus* *Centrophorus* *Centrophorus* *Centrophorus*
		ヘラツノザメ属 *Deania*	*Deania* *Deania* *Deania* *Deania*
	カラスザメ科 Etmopteridae	トゲカスミザメ属（新称） *Aculeola*	*Aculeola*
		カスミザメ属 *Centroscyllium*	*Centroscyllium* *Centroscyllium*

（和名太字は日本産）

種学名	命名者名	標準和名	英語名
africana	Ebert & Compagno, 2009		African frill shark
anguineus	Garman, 1884	ラブカ	Frill shark
perlo	(Bonnaterre, 1788)	エドアブラザメ	Sharpnose sevengill shark
griseus	(Bonnaterre, 1788)	カグラザメ	Bluntnose sixgill shark
nakamurai	Teng, 1962	シロカグラ	Bigeye sixgill shark
cepedianus	(Péron, 1807)	エビスザメ	Broadnose sevengill shark
brucus	(Bonnaterre, 1788)	キクザメ	Bramble shark
cookei	Pietschmann, 1928	コギクザメ	Prickly shark
asper	(Merrett, 1973)		Roughskin spurdog
australis	White, Last & Stevens, 2007		Australian mandarin dogfish
barbifer	Tanaka, 1912	ヒゲツノザメ	Mandarin dogfish
acanthias	Linnaeus, 1758		Piked dogfish
albifrons	Last, White & Stevens, 2007		East Australian highfin spurdog
altipinnis	Last, White & Stevens, 2007		West Australian highfin spurdog
blainvillei	(Risso, 1827)		Longnose spurdog
brevirostris	Tanaka, 1917	ツマリツノザメ	Japanese shortnose spurdog
bucephalus	Last, Serét & Pogonoski, 2007		Bighead spurdog
chloroculus	Last, White & Motomura, 2007		Greeneye spurdog
crassispinus	Last, Edmunds & Yearsley, 2007		Fatspine spurdog
cubensis	Howell-Rivero, 1936		Cuban dogfish
edmundsi	White, Last & Stevens, 2007		Edmunds' spurdog
formosus	White & Iglesias, 2011	ヒレタカツノザメ	Taiwan spurdog
grahami	White, Last & Stevens, 2007		East Australian longnose spurdog
griffini	Phillipps, 1931		North New Zealand spiny dogfish
hemipinnis	White, Last & Yearsley, 2007		Indonesian shortsnout spurdog
japonicus	Ishikawa, 1908	トガリツノザメ	Japanese spurdog
lalannei	Baranes, 2003		Seychelles spurdog
megalops	(Macleay, 1881)		Shortnose spurdog
melanurus	Fourmanoir & Rivaton, 1979		Blacktail spurdog
mitsukurii	Jordan & Snyder, 1903	フトツノザメ	Shortspine spurdog
montalbani	Whitley, 1931		Philippine spurdog
nasutus	Last, Marshall & White, 2007		West Australian longnose spurdog
notocaudatus	Last, White & Stevens, 2007		Bartail spurdog
rancureli	Fourmanoir & Rivaton, 1979		Cyrano spurdog
raoulensis	Duffy & Last, 2007		Kermadec spiny dogfish
suckleyi	(Girard, 1854)	アブラツノザメ	North Pacific spiny dogfish
atromarginatus	Garman, 1913	アイザメ	Dwarf gulper shark
granulosus	(Bloch & Schneider, 1801)	タロウザメ	Gulper shark
harrissoni	McCulloch, 1915	ハリソンアイザメ	Longnose gulper shark
isodon	(Chu, Meng & Liu, 1981)		Blackfin gulper shark
moluccensis	Bleeker, 1860	オキナワヤジリザメ	Smallfin gulper shark
seychellorum	Baranes, 2003		Seychelles gulper shark
squamosus	(Bonnaterre, 1788)	モミジザメ	Leafscale gulper shark
tessellatus	Garman, 1906	ゲンロクザメ	Mosaic gulper shark
uyato	(Rafinesque, 1810)		Little gulper shark
westraliensis	White, Ebert & Compagno, 2008		West Australian gulper shark
zeehaani	White, Ebert & Compagno, 2008		South Australian dogfish
calcea	(Lowe, 1839)	ヘラツノザメ	Birdbeak dogfish
histricosum	(Garman, 1906)	サガミザメ	Rough longnose dogfish
profundorum	(Smith & Radcliffe, 1912)		Arrowhead dogfish
quadrispinosum	(McCulloch, 1915)		Longsnout dogfish
nigra	de Buen, 1959	トゲカスミザメ	Hooktooth dogfish
excelsum	Shirai & Nakaya, 1990	オオカスミザメ	Highfin dogfish
fabricii	(Reinhardt, 1825)		Black dogfish

目名	科名	属名	属学名
			Centroscyllium
			Centroscyllium
			Centroscyllium
			Centroscyllium
			Centroscyllium
		カラスザメ属 *Etmopterus*	*Etmopterus*
			Etmopterus
			Etmopterus
			Etmopterus
			Etmopterus
			Etmopterus
			Etmopterus
			Etmopterus
			Etmopterus
			Etmopterus
			Etmopterus
			Etmopterus
			Etmopterus
			Etmopterus
			Etmopterus
			Etmopterus
			Etmopterus
			Etmopterus
			Etmopterus
			Etmopterus
			Etmopterus
			Etmopterus
			Etmopterus
			Etmopterus
			Etmopterus
			Etmopterus
			Etmopterus
			Etmopterus
			Etmopterus
			Etmopterus
			Etmopterus
			Etmopterus
			Etmopterus
			Etmopterus
			Etmopterus
		ワニグチツノザメ属 *Trigonognathus*	*Trigonognathus*
	オンデンザメ科 Somniosidae	ユメザメ属 *Centroscymnus*	*Centroscymnus*
			Centroscymnus
		フンナガユメザメ属 *Centroselachus*	*Centroselachus*
		オジロザメ属（新称） *Scymnodalatias*	*Scymnodalatias*
			Scymnodalatias
			Scymnodalatias
			Scymnodalatias
		フトビロウドザメ属（新称） *Scymnodon*	*Scymnodon*
			Scymnodon
			Scymnodon
			Scymnodon
		オンデンザメ属	*Somniosus*

（和名太字は日本産）

種学名	命名者名	標準和名	英語名
granulatum	Günther, 1887		Granular dogfish
kamoharai	Abe, 1966	**ハダカカスミザメ**	Bareskin dogfish
nigrum	Garman, 1899	クロカスミザメ	Combtooth dogfish
ornatum	(Alcock, 1889)		Ornate dogfish
ritteri	Jordan & Fowler, 1903	**カスミザメ**	Whitefin dogfish
benchleyi	Vasquez, Ebert & Long, 2015		Ninja lanternshark
bigelowi	Shirai & Tachikawa, 1993	**リュウキュウカラスザメ**	Blurred smooth lanternshark
brachyurus	Smith & Radcliffe, 1912	**ホソフジクジラ**	Shorttail lanternshark
bullisi	Bigelow & Schroeder, 1957		Lined lanternshark
burgessi	Schaaf-Da Silva and Ebert, 2006		Broadsnout lanternshark
carteri	Springer & Burgess, 1985	カーターカラスザメ	Cylindrical lanternshark
caudistigmus	Last, Burgess & Serét, 2002		Tailspot lanternshark
compagnoi	Fricke & Koch, 1990		Brown lanternshark
decacuspidatus	Chan, 1966		Combtooth lanternshark
dianthus	Last, Burgess & Serét, 2002		Pink lanternshark
dislineatus	Last, Burgess & Serét, 2002		Lined lanternshark
evansi	Last, Burgess & Serét, 2002		Blackmouth lanternshark
fusus	Last, Burgess & Serét, 2002		Pygmy lanternshark
gracilispinis	Krefft, 1968	ホソトゲカラスザメ	Broadband lanternshark
granulosus	(Günther, 1880)	トゲニセカラスザメ	Southern lanternshark
hillianus	(Poey, 1861)	カリブカラスザメ	Caribbean lanternshark
joungi	Knuckey, Ebert & Burgess, 2011		Joung's lanternshark
litvinovi	Parin & Kotlyar, 1990		Smalleye lanternshark
lucifer	Jordan & Snyder, 1902	**フジクジラ**	Blackbelly lanternshark
molleri	(Whitley, 1939)	**ヒレタカフジクジラ**	Slendertail lanternshark
perryi	Springer & Burgess, 1985		Dwarf lanternshark
polli	Bigelow, Schroeder & Springer, 1953		African lanternshark
princeps	Collett, 1904	**フトカラスザメ**	Great lanternshark
pseudosqualiolus	Last, Burgess & Serét, 2002		False lanternshark
pusillus	(Lowe, 1839)	**カラスザメ**	Smooth lanternshark
pycnolepis	Kotlyar, 1990		Densescale lanternshark
robinsi	Schofield & Burgess, 1997		West Indian lanternshark
schultzi	Bigelow, Schroeder & Springer, 1953		Fringefin lanternshark
sculptus	Ebert, Compagno & De Vries, 2011		Sculpted lanternshark
sentosus	Bass, D'Aubrey & Kistnasamy, 1976		Thorny lanternshark
sheikoi	(Dolganov, 1986)	**ハシボソツノザメ**	Rasptooth dogfish
spinax	(Linnaeus, 1758)	クロハラカスミザメ	Velvetbelly lanternshark
splendidus	Yano, 1988	**フトシミフジクジラ**	Splendid lanternshark
unicolor	(Engelhardt, 1912)	ニセカラスザメ	Brown lanternshark
viator	Straube in Straube, Duhamel, Gasco, Kriwet & Schliewen, 2011		Traveller lanternshark
villosus	Gilbert, 1905		Hawaiian lanternshark
virens	Bigelow, Schroeder & Springer, 1953	ヒシカラスザメ	Green lanternshark
kabeyai	Mochizuki & Ohe, 1990	**ワニグチツノザメ**	Viper dogfish
coelolepis	Bocage & Capello, 1864	**マルバラユメザメ**	Portugese dogfish
owstonii	Garman, 1906	**ユメザメ**	Roughskin dogfish
crepidater	(Bocage & Capello, 1864)	**フンナガユメザメ**	Longnose velvet dogfish
albicauda	Taniuchi & Garrick, 1986	**オジロザメ**	Whitetail dogfish
garricki	Kukuev & Konovalenko, 1988		Azores dogfish
oligodon	Kukuev & Konovalenko, 1988		Sparsetooth dogfish
sherwoodi	(Archey, 1921)		Sherwood's dogfish
ichiharai	Yano & Tanaka, 1984	**イチハラビロウドザメ**	Japanese velvet dogfish
macracanthus	(Regan, 1906)		Largespine velvet dogfish
plunketi	(Waite, 1910)	ミナミビロウドザメ	Plunket's dogfish
ringens	Bocage & Capello, 1864	フトビロウドザメ（新称）	Knifetooth dogfish
antarcticus	Whitley, 1939		Southern sleeper shark

目名	科名	属名	属学名
		Somniosus	*Somniosus*
			Somniosus
			Somniosus
			Somniosus
		ビロウドザメ属 *Zameus*	*Zameus*
	オロシザメ科 Oxynotidae	オロシザメ属 *Oxynotus*	*Oxynotus*
			Oxynotus
			Oxynotus
			Oxynotus
			Oxynotus
	ヨロイザメ科 Dalatiidae	ヨロイザメ属 *Dalatias*	*Dalatias*
		アカリコビトザメ属（新称）*Euprotomicroides*	*Euprotomicroides*
		オキコビトザメ属（新称）*Euprotomicrus*	*Euprotomicrus*
		ナガハナコビトザメ属（新称）*Heteroscymnoides*	*Heteroscymnoides*
		ダルマザメ属 *Isistius*	*Isistius*
			Isistius
		フクロザメ属（新称）*Mollisquama*	*Mollisquama*
		ツラナガコビトザメ属 *Squaliolus*	*Squaliolus*
			Squaliolus
ノコギリザメ目 Pristiophoriformes	ノコギリザメ科 Pristiophoridae	ムツエラノコギリザメ属（新称）*Pliotrema*	*Pliotrema*
		ノコギリザメ属 *Pristiophorus*	*Pristiophorus*
			Pristiophorus
			Pristiophorus
			Pristiophorus
			Pristiophorus
			Pristiophorus
カスザメ目 Squatiniformes	カスザメ科 Squatinidae	カスザメ属 *Squatina*	*Squatina*
			Squatina
			Squatina
			Squatina
			Squatina
			Squatina
			Squatina
			Squatina
			Squatina
			Squatina
			Squatina
			Squatina
			Squatina
			Squatina
			Squatina
			Squatina
			Squatina
ネコザメ目 Heterodontiformes	ネコザメ科 Heterodontidae	ネコザメ属 *Heterodontus*	*Heterodontus*
			Heterodontus
			Heterodontus
			Heterodontus
			Heterodontus
			Heterodontus
			Heterodontus
			Heterodontus

(和名太字は日本産)

種学名	命名者名	標準和名	英語名
longus	(Tanaka 1912)	**カエルザメ**	Frog shark
microcephalus	(Bloch & Schneider, 1801)	ニシオンデンザメ	Greenland shark
pacificus	Bigelow & Schroeder, 1944	**オンデンザメ**	Pacific sleeper shark
rostratus	(Risso, 1810)		Little sleeper shark
squamulosus	(Günther, 1877)	**ビロウドザメ**	Velvet dogfish
bruniensis	(Ogilby, 1893)	ミナミオロシザメ	Pricky dogfish
caribbaeus	Cervigón, 1961		Caribbean roughshark
centrina	(Linnaeus, 1758)		Angular roughshark
japonicus	Yano & Murofushi, 1985	**オロシザメ**	Japanese roughshark
paradoxus	Frade, 1929		Sailfin roughshark
licha	(Bonnaterre 1788)	**ヨロイザメ**	Kitefin shark
zantedeschia	Hulley & Penrith, 1966	アカリコビトザメ（新称）	Taillight shark
bispinatus	(Quoy & Gaimard, 1824)	オキコビトザメ	Pygmy shark
marleyi	Fowler, 1934	ナガハナコビトザメ（新称）	Longnose pygmy shark
brasiliensis	(Quoy & Gaimard, 1824)	**ダルマザメ**	Cookie-cutter shark
plutodus	Garrick & Springer, 1964	**コヒレダルマザメ**	Largetooth cookie-cutter shark
parini	Dolganov, 1984	フクロザメ（新称）	Pocket shark
aliae	Teng, 1959	**ツラナガコビトザメ**	Smalleye pygmy shark
laticaudus	Smith & Radcliffe, 1912	**オオメコビトザメ**	Spined pygmy shark
warreni	Regan, 1906	ムツエラノコギリザメ（新称）	Sixgill sawshark
cirratus	(Latham, 1794)	ミナミノコギリザメ	Longnose sawshark
delicatus	Yearsley, Last & White, 2008		Tropical Australian sawshark
japonicus	Günther, 1870	**ノコギリザメ**	Japanese sawshark
lanae	Ebert & Wilms, 2013		Lana's sawshark
nancyae	Ebert & Cailliet, 2011		African dwarf sawshark
nudipinnis	Günther, 1870		Shortnose sawshark
schroederi	Springer & Bullis, 1960	ニシノコギリザメ	Bahamas sawshark
aculeata	Duméril, 1829	トゲカスザメ	Sawback angelshark
africana	Regan, 1908	アフリカカスザメ	African angelshark
albipunctata	Last & White, 2008		East Australian angelshark
argentina	(Marini, 1930)	アルゼンチンカスザメ	Argentine angelshark
armata	(Philippi, 1887)		Chilean angelshark
australis	Regan, 1906	オーストラリアカスザメ	Australian angelshark
caillieti	Walsh, Ebert & Compagno, 2011		Cailliet's angelshark
californica	Ayres, 1859	カリフォルニアカスザメ	Pacific angelshark
dumeril	Lesueur, 1818	カリブカスザメ	Sand devil
formosa	Shen & Ting, 1972	**タイワンコロザメ**	Taiwan angelshark
guggenheim	Marini, 1936	ワモンカスザメ	Hidden angelshark
japonica	Bleeker, 1858	**カスザメ**	Japanese angelshark
legnota	Last & White, 2008		Indonesian angelshark
nebulosa	Regan, 1906	コロザメ	Clouded angelshark
occulta	Vooren & Da Silva, 1991		Hidden angelshark
oculata	Bonaparte, 1840	トゲナシカスザメ	Smoothback angelshark
pseudocellata	Last & White, 2008		West Australian angelshark
squatina	(Linnaeus, 1758)	ホンカスザメ	Angelshark
tergocellata	McCulloch, 1914		Ornate angelshark
tergocellatoides	Chen, 1963		Ocellated angelshark
francisci	(Girard, 1854)	カリフォルニアネコザメ	Horn shark
galeatus	(Günther, 1870)	オデコネコザメ	Crested bullhead shark
japonicus	(Maclay & Macleay, 1884)	**ネコザメ**	Japanese bullhead shark
mexicanus	Taylor & Castro-Aguirre, 1972	メキシコネコザメ	Mexican hornshark
omanensis	Baldwin, 2005		Oman bullhead shark
portusjacksoni	(Meyer, 1793)	ポートジャクソンネコザメ	Port Jackson shark
quoyi	(Fréminville, 1840)	ガラパゴスネコザメ	Galapagos bullhead shark
ramalheira	(Smith, 1949)		Whitespotted bullhead shark

目名	科名	属名	属学名
			Heterodontus
テンジクザメ目 Orectolobiformes	クラカケザメ科 Parascylliidae	クラカケザメ属 *Cirrhoscyllium*	*Cirrhoscyllium*
			Cirrhoscyllium
			Cirrhoscyllium
		ヒゲナシクラカケザメ属（新称） *Parascyllium*	*Parascyllium*
			Parascyllium
			Parascyllium
			Parascyllium
			Parascyllium
			Parascyllium
	ホソメテンジクザメ科 Brachaeluridae	ホソメテンジクザメ属（新称） *Brachaelurus*	*Brachaelurus*
			Brachaelurus
	オオセ科 Orectolobidae	アラフラオオセ属 *Eucrossorhinus*	*Eucrossorhinus*
		オオセ属 *Orectolobus*	*Orectolobus*
			Orectolobus
			Orectolobus
			Orectolobus
			Orectolobus
			Orectolobus
			Orectolobus
			Orectolobus
			Orectolobus
			Orectolobus
		メイサイオオセ属（新称） *Sutorectus*	*Sutorectus*
	テンジクザメ科 Hemiscylliidae	テンジクザメ属 *Chiloscyllium*	*Chiloscyllium*
			Chiloscyllium
			Chiloscyllium
			Chiloscyllium
			Chiloscyllium
			Chiloscyllium
			Chiloscyllium
		モンツキテンジクザメ属 *Hemiscyllium*	*Hemiscyllium*
			Hemiscyllium
			Hemiscyllium
			Hemiscyllium
			Hemiscyllium
			Hemiscyllium
			Hemiscyllium
			Hemiscyllium
			Hemiscyllium
	コモリザメ科 Ginglymostomatidae	コモリザメ属	*Ginglymostoma*
			Ginglymostoma
		オオテンジクザメ属 *Nebrius*	*Nebrius*
		タンビコモリザメ属（新称） *Pseudoginglymostoma*	*Pseudoginglymostoma*
	トラフザメ科 Stegostomatidae	トラフザメ属 *Stegostoma*	*Stegostoma*
	ジンベエザメ科 Rhincodontidae	ジンベエザメ属 *Rhincodon*	*Rhincodon*
ネズミザメ目 Lamniformes	オオワニザメ科 Odontaspididae	シロワニ属 *Carcharias*	*Carcharias*
		オオワニザメ属 *Odontaspis*	*Odontaspis*
			Odontaspis
	ミズワニ科 Pseudocarchariidae	ミズワニ属 *Pseudocarcharias*	*Pseudocarcharias*
	ミツクリザメ科 Mitsukurinidae	ミツクリザメ属 *Mitsukurina*	*Mitsukurina*
	メガマウスザメ科 Megachasmidae	メガマウスザメ属 *Megachasma*	*Megachasma*
	オナガザメ科 Alopiidae Alopiidae	オナガザメ属 *Alopias*	*Alopias*
			Alopias
			Alopias

（和名太字は日本産）

種学名	命名者名	標準和名	英語名
zebra	(Gray, 1831)	**シマネコザメ**	Zebra bullhead shark
expolitum	Smith & Radcliffe, 1913	**ヒゲザメ**	Barbelthroat carpetshark
formosanum	Teng, 1959	タイワンヒゲザメ（新称）	Taiwan saddled carpetshark
japonicum	Kamohara, 1943	**クラカケザメ**	Saddled carpetshark
collare	Ramsay & Ogilby, 1888	ヒゲナシクラカケザメ（新称）	Collared carpetshark
elongatum	Last & Stevens, 2008		Elongate carpetshark
ferrugineum	McCulloch, 1911	サビイロクラカケザメ	Rusty carpetshark
sparsimaculatum	Goto & Last, 2002		Ginger carpetshark
variolatum	(Duméril, 1853)	ネックレスクラカケザメ	Necklace carpetshark
colcloughi	Ogilby, 1908	アオホソメテンジクザメ	Colclough's shark
waddi	(Bloch & Schneider, 1801)	シロボシホソメテンジクザメ	Blind shark
dasypogon	(Bleeker, 1867)	アラフラオオセ	Tasselled wobbegong
floridus	Last & Chidlow, 2008		Floral banded wobbegong
halei	Whitley, 1940		Gulf wobbegong
hutchinsi	Last, Chidlow & Compagno, 2006		West Australian wobbegong
japonicus	Regan, 1906	**オオセ**	Japanese wobbegong
leptolineatus	Last, Pogonoski & White, 2010		Indonesian wobbegong
maculatus	(Bonnaterre, 1788)		Spotted wobbegong
ornatus	(De Vis, 1883)		Ornate wobbegong
parvimaculatus	Last & Chidlow, 2008		Dwarf spotted wobbegong
reticulatus	Last, Pogonoski & White, 2008		Network wobbegong
wardi	Whitley, 1939	マルヒゲオオセ	North Australian wobbegong
tentaculatus	(Peters, 1864)	メイサイオオセ	Cobbler wobbegong
arabicum	Gubanov, 1980		Arabian carpetshark
burmensis	Dingerkus & DeFino, 1983		Burmese bambooshark
caeruleopunctatum	Pellegrin, 1914		Bluespotted bambooshark
griseum	Müller & Henle, 1838	シマザメ	Gray bambooshark
hasselti	Bleeker, 1852		Indonesian bambooshark
indicum	(Gmelin, 1789)		Slender bambooshark
plagiosum	(Bennett, 1830)	テンジクザメ（シロボシテンジク）	Whitespotted bambooshark
punctatum	Müller & Henle, 1838	**イヌザメ**	Brownbanded bambooshark
freycineti	(Quoy & Gaimard, 1824)	インドネシアモンツキテンジクザメ	Indonesian speckled carpetshark
galei	Allen & Erdmann, 2008		Gale's epaulette shark
hallstromi	Whitley, 1967		Papuan epaulette shark
halmahera	Allen, Erdmann & Dudgeon, 2013		Halmahera epaulette shark
henryi	Allen & Erdmann, 2008		Henry's epaulette shark
michaeli	Allen & Dudgeon, 2010		Michael's epaulette shark
ocellatum	(Bonnaterre, 1788)	マモンツキテンジクザメ	Epaulette shark
strahani	Whitley, 1967	ズキンモンツキテンジクザメ	Hooded carpetshark
trispeculare	Richardson, 1843	モンツキテンジクザメ	Speckled carpetshark
cirratum	(Bonnaterre, 1788)	コモリザメ	Nurse shark
unami	Moral-Flores, Ramirez-Antonio, Angulo & Leon, 2015		
ferrugineus	(Lesson, 1830)	**オオテンジクザメ**	Tawny nurse shark
brevicaudatum	(Günther, 1866)	タンビコモリザメ（新称）	Shorttail nurse shark
fasciatum	(Hermann, 1783)	**トラフザメ**	Zebra shark
typus	Smith, 1828	**ジンベエザメ**	Whale shark
taurus	Rafinesque 1810	**シロワニ**	Sandtiger shark
ferox	(Risso, 1810)	**オオワニザメ**	Smalltooth sandtiger shark
noronhai	(Maul, 1955)		Bigeye sandtiger shark
kamoharai	(Matsubara, 1936)	**ミズワニ**	Crocodile shark
owstoni	Jordan, 1898	**ミツクリザメ**	Goblin shark
pelagios	Taylor, Compagno & Struhsaker, 1983	**メガマウスザメ**	Megamouth shark
pelagicus	Nakamura, 1935	**ニタリ**	Pelagic thresher
superciliosus	(Lowe, 1841)	**ハチワレ**	Bigeye thresher
vulpinus	(Bonnaterre, 1788)	**マオナガ**	Thresher shark

目名	科名	属名	属学名
	ウバザメ科 Cetorhinidae	ウバザメ属 Cetorhinus	Cetorhinus
	ネズミザメ科 Lamnidae	ホホジロザメ属 Carcharodon	Carcharodon
		アオザメ属 *Isurus*	*Isurus*
			Isurus
		ネズミザメ属 *Lamna*	*Lamna*
			Lamna
メジロザメ目 Carcharhiniformes	トラザメ科 Scyliorhinidae	ヘラザメ属 *Apristurus*	*Apristurus*
			Apristurus
			Apristurus
			Apristurus
			Apristurus
			Apristurus
			Apristurus
			Apristurus
			Apristurus
			Apristurus
			Apristurus
			Apristurus
			Apristurus
			Apristurus
			Apristurus
			Apristurus
			Apristurus
			Apristurus
			Apristurus
			Apristurus
			Apristurus
			Apristurus
			Apristurus
			Apristurus
			Apristurus
			Apristurus
			Apristurus
			Apristurus
			Apristurus
		ミナミトラザメ属（新称） *Asymbolus*	*Asymbolus*
			Asymbolus
			Asymbolus
			Asymbolus
			Asymbolus
			Asymbolus
			Asymbolus
			Asymbolus
			Asymbolus

（和名太字は日本産）

種学名	命名者名	標準和名	英語名
maximus	(Gunnerus, 1765)	**ウバザメ**	Basking shark
carcharias	(Linnaeus, 1758)	**ホホジロザメ**	Great white shark
oxyrinchus	Rafinesque, 1810	**アオザメ**	Shortfin mako
paucus	Guitart Manday, 1966	**バケアオザメ**	Longfin mako
ditropis	Hubbs & Follett, 1947	**ネズミザメ**	Salmon shark
nasus	(Bonnaterre, 1788)	ニシネズミザメ	Porbeagle shark
albisoma	Nakaya & Serét, 1999		White-bodied catshark
ampliceps	Sasahara, Sato & Nakaya, 2008		Roughskin catshark
aphyodes	Nakaya & Stehmann, 1998		White-ghost catshark
australis	Sato, Nakaya & Yorozu, 2008		Pinocchio catshark
breviventralis	Kawauchi, Weigmann & Nakaya, 2014		Shorbelly catshark
brunneus	(Gilbert, 1892)		Brown catshark
bucephalus	White, Last & Pogonoski, 2008		Bighead catshark
canutus	Springer & Heemstra, 1979		Hoary catshark
exsanguis	Sato, Nakaya & Stewart, 1999		Flaccid catshark
fedorovi	Dolganov, 1985	アラメヘラザメ	Stout catshark
garricki	Sato, Stewart & Nakaya, 2013		Garrick catshark
gibbosus	Meng, Chu & Li, 1985	ナンカイヘラザメ（新称）	Humpback catshark
herklotsi	(Fowler, 1934)	ヤリヘラザメ	Longfin catshark
indicus	(Brauer, 1906)		Smallbelly catshark
internatus	Deng, Xiong & Zhan, 1988		Shortnose demon catshark
investigatoris	(Misra, 1962)		Broadnose catshark
japonicus	Nakaya, 1975	**ニホンヘラザメ**	Japanese catshark
kampae	Taylor, 1972	カンパヘラザメ	Longnose catshark
laurussonii	(Saemundsson, 1922)		Iceland catshark
longicephalus	Nakaya, 1975	**テングヘラザメ**	Longhead catshark
macrorhynchus	(Tanaka, 1909)	**ナガヘラザメ**	Flathead catshark
macrostomus	Meng, Chu & Li, 1985	リュウキュウヘラザメ（新称）	Broadmouth catshark
manis	(Springer, 1979)		Ghost catshark
melanoasper	Iglesias, Nakaya & Stehmann, 2004		Fleshynose catshark
microps	(Gilchrist, 1922)		Smalleye catshark
micropterygeus	Meng, Chu & Li, 1986		Smalldorsal catshark
nakayai	Iglesias, 2012		Milkeye catshark
nasutus	de Buen, 1959	チリヘラザメ	Largenose catshark
parvipinnis	Springer & Heemstra, 1979	カリブヘラザメ	Smallfin catshark
pinguis	Deng, Xiong & Zhan, 1983	フトヘラザメ（新称）	Fat catshark
platyrhynchus	(Tanaka, 1909)	**ヘラザメ**	Spatulasnout catshark
profundorum	(Goode & Bean, 1896)	アキヘラザメ	Deepwater catshark
riveri	Bigelow & Schroeder, 1944	ヒメヘラザメ	Broadgill catshark
saldanha	(Barnard, 1925)		Saldanha catshark
sibogae	(Weber, 1913)		Pale catshark
sinensis	Chu & Hu, 1981	シナヘラザメ（新称）	South China catshark
spongiceps	(Gilbert, 1895)		Spongehead catshark
stenseni	(Springer, 1979)		Panama ghost catshark
analis	(Ogilby, 1895)	コクテンミナミトラザメ（新称）	Grey spotted catshark
funebris	Compagno, Stevens & Last, 1999		Blotched catshark
galacticus	Serét & Last, 2008		Starry catshark
occiduus	Last, Gomon & Gledhill, 1999		West Australian spotted catshark
pallidus	Last, Gomon & Gledhill, 1999		Pale spotted catshark
parvus	Compagno, Stevens & Last, 1999		Dwarf catshark
rubiginosus	Last, Gomon & Gledhill, 1999		Orange spotted catshark
submaculatus	Compagno, Stevens & Last, 1999		Variegated catshark
vincenti	(Zietz, 1908)	ハクテンミナミトラザメ（新称）	Gulf catshark

目名	科名	属名	属学名
		サンゴトラザメ属 *Atelomycterus*	*Atelomycterus*
			Atelomycterus
			Atelomycterus
			Atelomycterus
			Atelomycterus
			Atelomycterus
		コバナサンゴトラザメ属（新称） *Aulohalaelurus*	*Aulohalaelurus*
			Aulohalaelurus
		ミナミナガサキトラザメ属（新称） *Bythaelurus*	*Bythaelurus*
			Bythaelurus
			Bythaelurus
			Bythaelurus
			Bythaelurus
			Bythaelurus
			Bythaelurus
			Bythaelurus
			Bythaelurus
		ナヌカザメ属 *Cephaloscyllium*	*Cephaloscyllium*
			Cephaloscyllium
			Cephaloscyllium
			Cephaloscyllium
			Cephaloscyllium
			Cephaloscyllium
			Cephaloscyllium
			Cephaloscyllium
			Cephaloscyllium
			Cephaloscyllium
			Cephaloscyllium
			Cephaloscyllium
			Cephaloscyllium
			Cephaloscyllium
			Cephaloscyllium
		オタマトラザメ属（新称） *Cephalurus*	*Cephalurus*
		ザラヤモリザメ属（新称） *Figaro*	*Figaro*
			Figaro
		ヤモリザメ属 *Galeus*	*Galeus*
			Galeus
			Galeus
			Galeus
			Galeus
			Galeus
			Galeus
			Galeus
			Galeus
			Galeus
			Galeus
			Galeus
			Galeus
			Galeus

（和名太字は日本産）

種学名	命名者名	標準和名	英語名
baliensis	White, Last & Dharmadi, 2005		Bali catshark
erdmanni	Fahmi & White, 2015		Spotted-belly catshark
fasciatus	Compagno & Stevens, 1993		Banded sand catshark
macleayi	Whitley, 1939	コクテンサンゴトラザメ（新称）	Australian marbled catshark
marmoratus	(Bennett, 1830)	サンゴトラザメ	Coral catshark
marnkalha	Jacobsen & Bennett, 2007		East Australian banded catshark
kanakorum	Serét, 1990	コバナサンゴトラザメ（新称）	New Caledonia catshark
labiosus	(Waite, 1905)		Blackspotted catshark
canescens	(Günther, 1878)		Dusky catshark
clevai	(Serét, 1987)		Broadhead catshark
dawsoni	(Springer, 1971)	ミナミナガサキトラザメ	New Zealand catshark
giddingsi	McCosker, Long & Baldwin, 2012		Galapagos catshark
hispidus	(Alcock, 1891)		Bristly catshark
immaculatus	(Chu & Meng, 1982)		Spotless catshark
incanus	Last & Stevens, 2008		Dusky catshark
lutarius	(Springer & D'Aubrey, 1972)		Mud catshark
naylori	Evert & Clerkin, 2015		Duscy snout catshark
tenuicephalus	Kaschner, Weigmann & Thiel, 2015		Narrowhead catshark
albipinnum	Last, Motomura & White, 2008		Whitefin swellshark
cooki	Last, Serét & White, 2008		Cook's swellshark
fasciatum	Chan, 1966		Reticulate swellshark
formosanum	Teng, 1962	ホシナヌカザメ	Star-spotted swellshark
hiscosellum	White & Ebert, 2008		Australian reticulate swellshark
isabellum	(Bonnaterre, 1788)	ニュージーランドナヌカザメ	Draughtboard shark
laticeps	(Duméril, 1853)		Australian swellshark
pictum	Last, Serét & White, 2008		Painted swellshark
sarawakensis	Yano, Ahmad & Gambang, 2005	サラワクナヌカザメ（新称）	Sarawak pygmy swellshark
signourum	Last, Serét & White, 2008		Flagtail swellshark
silasi	(Talwar, 1974)		Indian swellshark
speccum	Last, Serét & White, 2008		Speckled swellshark
stevensi	Clark & Randall, 2011		Steven's swellshark
sufflans	(Regan, 1921)		Balloon shark
umbratile	Jordan & Fowler, 1903	**ナヌカザメ**	Japanese swellshark
variegatum	Last & White, 2008		Saddled swellshark
ventriosum	(Garman, 1880)	アメリカナヌカザメ	Swellshark
zebrum	Last & White, 2008		Narrowbar swellshark
cephalus	(Gilbert, 1892)	オタマトラザメ	Lollipop catshark
boardmani	(Whitley, 1928)	ザラヤモリザメ（新称）	Australian sawtail catshark
striatus	Gledhill, Last & White, 2008		North Australian sawtail catshark
antillensis	Springer, 1979		Antilles catshark
arae	(Nichols, 1927)		Roughtail catshark
atlanticus	(Vaillant, 1888)		Atlantic sawtail catshark
cadenati	Springer, 1966		Longfin sawtail catshark
eastmani	(Jordan & Snyder, 1904)	ヤモリザメ	Gecko catshark
gracilis	Compagno & Stevens, 1993		Slender sawtail catshark
longirostris	Tachikawa & Taniuchi, 1987	ハシナガヤモリザメ	Longnose sawtail catshark
melastomus	Rafinesque, 1810	クログチヤモリザメ	Blackmouth catshark
mincaronei	Soto, 2001		Southern sawtail catshark
murinus	(Collett, 1904)		Mouse catshark
nipponensis	Nakaya, 1975	ニホンヤモリザメ	Broadfin sawtail catshark
piperatus	Springer & Wagner, 1966		Peppered catshark
polli	Cadenat, 1959		African sawtail catshark
priapus	Serét & Last, 2008		Phallic catshark
sauteri	(Jordan & Richardson, 1909)	タイワンヤモリザメ	Blacktip sawtail catshark
schultzi	Springer, 1979		Dwarf sawtail catshark

目名	科名	属名	属学名
			Galeus
		ナガサキトラザメ属 *Halaelurus*	*Halaelurus*
			Halaelurus
			Halaelurus
			Halaelurus
			Halaelurus
			Halaelurus
			Halaelurus
		ウチキトラザメ属（新称） *Haploblepharus*	*Haploblepharus*
			Haploblepharus
			Haploblepharus
			Haploblepharus
		ヒロガシラトラザメ属（新称） *Holohalaelurus*	*Holohalaelurus*
			Holohalaelurus
			Holohalaelurus
			Holohalaelurus
			Holohalaelurus
		イモリザメ属 *Parmaturus*	*Parmaturus*
			Parmaturus
			Parmaturus
			Parmaturus
			Parmaturus
			Parmaturus
			Parmaturus
			Parmaturus
		ペンタンカス属 *Pentanchus*	*Pentanchus*
		ヒゲトラザメ属（新称） *Poroderma*	*Poroderma*
			Poroderma
		クラカケトラザメ属 *Schroederichthys*	*Schroederichthys*
			Schroederichthys
			Schroederichthys
			Schroederichthys
			Schroederichthys
		トラザメ属 *Scyliorhinus*	*Scyliorhinus*
			Scyliorhinus
			Scyliorhinus
			Scyliorhinus
			Scyliorhinus
			Scyliorhinus
			Scyliorhinus
			Scyliorhinus
			Scyliorhinus
			Scyliorhinus
			Scyliorhinus
			Scyliorhinus
			Scyliorhinus
			Scyliorhinus
			Scyliorhinus
	タイワンザメ科 Proscylliidae	マダラドチザメ属（新称）*Ctenacis*	*Ctenacis*
		オナガドチザメ属 *Eridacnis*	*Eridacnis*
			Eridacnis
			Eridacnis

（和名太字は日本産）

種学名	命名者名	標準和名	英語名
springeri	Konstantinou & Cozzi, 1998		Springer's sawtail catshark
boesemani	Springer & D'Aubrey, 1972		Speckled catshark
buergeri	(Müller & Henle, 1838)	**ナガサキトラザメ**	Nagasaki catshark
lineatus	Bass, D'Aubrey & Kistnasamy, 1975		Lined catshark
maculosus	White, Last & Stevens, 2007		Indonesian speckled catshark
natalensis	(Regan, 1904)		Tiger catshark
quagga	(Alcock, 1899)		Quagga catshark
sellus	White, Last & Stevens, 2007		Australian speckled catshark
edwardsii	(Voigt, 1832)	モヨウウチキトラザメ	Puffadder shyshark
fuscus	Smith, 1950	チャイロウチキトラザメ	Brown shyshark
kistnasamyi	Human & Compagno, 2006		
pictus	(Müller & Henle, 1838)		Dark shyshark
favus	Human, 2006		
grennian	Human, 2006		
melanostigma	(Norman, 1939)		Crying izak catshark
punctatus	(Gilchrist & Thompson, 1914)		Small-spotted izak catshark
regani	(Gilchrist, 1922)	ヒロガシラトラザメ	Izak catshark
albimarginatus	Serét & Last, 2007		Whitetip catshark
albipenis	Serét & Last, 2007		White-clasper catshark
bigus	Serét & Last, 2007		Short-tail catshark
campechiensis	Springer, 1979		Campeche catshark
lanatus	Serét & Last, 2007		Velvet catshark
macmillani	Hardy, 1985		New Zealand filetail catshark
melanobranchius	(Chan, 1966)	**シンカイイモリザメ（新称）**	Blackgill catshark
pilosus	Garman, 1906	**イモリザメ**	Salamander catshark
xaniurus	(Gilbert, 1892)		Filetail catshark
profundicolus	Smith & Radcliffe, 1912	**ペンタンカス**	Onefin catshark
africanum	(Gmelin, 1789)	タテスジトラザメ	Striped catshark
pantherinum	(Smith, 1838)	ヒョウモントラザメ	Leopard catshark
bivius	(Smith, 1838)	パタゴニアトラザメ（新称）	Narrowmouth catshark
chilensis	(Guichenot, 1848)		Redspotted catshark
maculatus	Springer, 1966		Narrowtail catshark
saurisqualus	Soto, 2001		Lizard catshark
tenuis	Springer, 1966	クラカケトラザメ	Slender catshark
besnardi	Springer & Sadowsky, 1970		Polkadot catshark
boa	Goode & Bean, 1896	ゴマフトラザメ	Boa catshark
canicula	(Linnaeus, 1758)	ハナカケトラザメ	Smallspotted catshark
cabofriensis	Soares, Gomes & de Carvalhl, 2016		
capensis	(Smith, 1838)		Yellowspotted catshark
cervigoni	Maurin & Bonnet, 1970		West African catshark
comoroensis	Compagno, 1989		Comoro catshark
garmani	(Fowler, 1934)		Brownspotted catshark
haeckelii	(Ribeiro, 1907)		Freckled catshark
hesperius	Springer, 1966		Whitesaddled catshark
meadi	Springer, 1966		Blotched catshark
retifer	(Garman, 1881)	クサリトラザメ	Chain catshark
stellaris	(Linnaeus, 1758)	ヨーロッパトラザメ	Nursehound
tokubee	Shirai, Hagiwara & Nakaya, 1992	**イズハナトラザメ**	Izu catshark
torazame	(Tanaka, 1908)	**トラザメ**	Cloudy catshark
torrei	Howell-Rivero, 1936		Dwarf catshark
ugoi	Soares, Gadig & Gomes, 2015		Dark freckled catshark
fehlmanni	(Springer, 1968)	マダラドチザメ（新称）	Harlequin catshark
barbouri	(Bigelow & Schroeder, 1944)		Cuban ribbontail catshark
radcliffei	Smith, 1913	オナガドチザメ	Pygmy ribbontail catshark
sinuans	(Smith, 1957)		African ribbontail catshark

目名	科名	属名	属学名
		タイワンザメ属 *Proscyllium*	*Proscyllium*
			Proscyllium
			Proscyllium
	チヒロザメ科 Pseudotriakidae	トガリドチザメ属 *Gollum*	*Gollum*
			Gollum
		ヒメチヒロザメ属（新称） *Planonasus*	*Planonasus*
		チヒロザメ属 *Pseudotriakis*	*Pseudotriakis*
	アフリカドチザメ科（新称） Leptochariidae	アフリカドチザメ属（新称） *Leptocharias*	*Leptocharias*
	ドチザメ科 Triakidae	ヒゲドチザメ属（新称） *Furgaleus*	*Furgaleus*
		イコクエイラクブカ属 *Galeorhinus*	*Galeorhinus*
		セビロドチザメ属（新称） *Gogolia*	*Gogolia*
		エイラクブカ属 *Hemitriakis*	*Hemitriakis*
			Hemitriakis
			Hemitriakis
			Hemitriakis
			Hemitriakis
			Hemitriakis
		ツマグロエイラクブカ属 *Hypogaleus*	*Hypogaleus*
		ホカケドチザメ属（新称） *Iago*	*Iago*
			Iago
			Iago
		ホシザメ属 *Mustelus*	*Mustelus*
			Mustelus
			Mustelus
			Mustelus
			Mustelus
			Mustelus
			Mustelus
			Mustelus
			Mustelus
			Mustelus
			Mustelus
			Mustelus
			Mustelus
			Mustelus
			Mustelus
			Mustelus
			Mustelus
			Mustelus
			Mustelus
			Mustelus
			Mustelus
			Mustelus
			Mustelus
			Mustelus
		タレハナドチザメ属（新称） *Scylliogaleus*	*Scylliogaleus*
		ドチザメ属 *Triakis*	*Triakis*
			Triakis
			Triakis
			Triakis
			Triakis
	ヒレトガリザメ科	カギハトガリザメ属（新称） *Chaenogaleus*	*Chaenogaleus*

（和名太字は日本産）

種学名	命名者名	標準和名	英語名
habereri	Hilgendorf, 1904	**タイワンザメ**	Graceful catshark
magnificum	Last & Vongpanich, 2004		
venustum	(Tanaka, 1913)	**ヒョウザメ**	Finespotted graceful catshark
attenuatus	(Garrick, 1954)	トガリドチザメ	Slender smoothhound
suluensis	Last & Gaudiano, 2011		Sulu gollumshark
parini	Weigmann, Stehmann & Thiel, 2013	ヒメチヒロザメ（新称）	Dwarf false catshark
microdon	Capello, 1868	**チヒロザメ**	False catshark
smithii	(Müller & Henle, 1939)	アフリカドチザメ（新称）	Barbeled houndshark
macki	(Whitley, 1943)	ヒゲドチザメ	Whiskery shark
galeus	(Linnaeus, 1758)	イコクエイラクブカ	Tope shark
filewoodi	Compagno, 1973	セビロドチザメ（新称）	Sailback houndshark
abdita	Compagno & Stevens, 1993		Deepwater sicklefin houndshark
complicofasciata	Takahashi & Nakaya, 2004	イレズミエイラクブカ	Ocellate topeshark
falcata	Compagno & Stevens, 1993		Sicklefin houndshark
indroyonoi	White, Compagno & Dharmadi, 2009		Indonesian houndshark
japanica	(Müller & Henle, 1939)	**エイラクブカ**	Japanese topeshark
leucoperiptera	Herre, 1923		Whitefin topeshark
hyugaensis	(Miyosi, 1939)	**ツマグロエイラクブカ**	Blacktip topeshark
garricki	Fourmanoir, 1979	ホカケドチザメ（新称）	Longnose houndshark
mangalorensis	(Cubelio, Remya R & Kurup, 2011)		Mangalore houndshark
omanensis	(Norman, 1939)		Bigeye houndshark
albipinnis	Castro-Aguirre, Atuna-Mendiola, Gonzáz-Acosta & De la Cruz-Agüero, 2005		
antarcticus	Günther, 1870	ハグキホシザメ	Gummy shark
asterias	Cloquet, 1821		Starry smoothhound
californicus	Gill, 1864		Gray smoothhound
canis	(Mitchell, 1815)	イヌホシザメ	Dusky smoothhound
dorsalis	Gill, 1864		Sharpnose smoothhound
fasciatus	(Garman, 1913)	シマホシザメ	Striped smoothhound
griseus	Pietschemann, 1908	**シロザメ**	Spotless smoothhound
henlei	(Gill, 1863)		Brown smoothhound
higmani	Springer & Lowe, 1963	キツネホシザメ	Smalleye smoothhound
lenticulatus	Phillipps, 1932	ニュージーランドホシザメ	Spotted estuary smoothhound
lunulatus	Jordan & Gilbert, 1883		Sicklefin smoothhound
manazo	Bleeker, 1854	**ホシザメ**	Starspotted smoothhound
mento	Cope, 1877		Speckled smoothhound
minicanis	Heemstra, 1997		Venezuelan dwarf smoothhound
mosis	Hemprich & Ehrenberg, 1899		Arabian smoothhound
mustelus	(Linnaeus, 1758)		Smoothhound
norrisi	Springer, 1940		Narrowfin smoothhound
palumbes	Smith, 1957		Whitespot smoothhound
punctulatus	Risso, 1826		Blackspot smoothhound
ravidus	White & Last, 2006		Grey gummy shark
schmitti	Springer, 1940	シュミットホシザメ	Narrownose smoothhound
sinusmexicanus	Heemstra, 1997		Gulf of Mexico smoothhound
stevensi	White & Last, 2008		West Australian spotted gummy shark
walkeri	White & Last, 2008		East Australian spotted gummy shark
whitneyi	Chirichigno, 1973	セダカホシザメ	Humpback smoothhound
widodoi	White & Last, 2006		Whitefin smoothhound
quecketti	Boulenger, 1902	タレハナドチザメ（新称）	Flapnose houndshark
acutipinna	Kato, 1968		Sharpfin houndshark
maculata	Kner & Steindachner, 1866		Spotted houndshark
megalopterus	(Smith, 1849)		Spotted gully shark
scyllium	Müller & Henle, 1839	**ドチザメ**	Banded houndshark
semifasciata	Girard, 1854	カリフォルニアドチザメ	Leopard shark
macrostoma	(Bleeker, 1852)	カギハトガリザメ（新称）	Hooktooth shark

目名	科名	属名	属学名
	Hemigaleidae	ヒレトガリザメ属 *Hemigaleus*	*Hemigaleus*
			Hemigaleus
		カマヒレザメ属 *Hemipristis*	*Hemipristis*
		テンイバラザメ属（新称） *Paragaleus*	*Paragaleus*
			Paragaleus
			Paragaleus
			Paragaleus
	メジロザメ科 Carcharhinidae	メジロザメ属 *Carcharhinus*	*Carcharhinus*
			Carcharhinus
			Carcharhinus
			Carcharhinus
			Carcharhinus
			Carcharhinus
			Carcharhinus
			Carcharhinus
			Carcharhinus
			Carcharhinus
			Carcharhinus
			Carcharhinus
			Carcharhinus
			Carcharhinus
			Carcharhinus
			Carcharhinus
			Carcharhinus
			Carcharhinus
			Carcharhinus
			Carcharhinus
			Carcharhinus
			Carcharhinus
			Carcharhinus
			Carcharhinus
			Carcharhinus
			Carcharhinus
			Carcharhinus
			Carcharhinus
			Carcharhinus
		イタチザメ属 *Galeocerdo*	*Galeocerdo*
		ガンジスメジロザメ属 *Glyphis*	*Glyphis*
			Glyphis
			Glyphis
		ツバクロザメ属 *Isogomphodon*	*Isogomphodon*
		オオヒレメジロザメ属（新称） *Lamiopsis*	*Lamiopsis*
			Lamiopsis
		トガリメザメ属 *Loxodon*	*Loxodon*
		ハナジロメジロザメ属（新称） *Nasolamia*	*Nasolamia*
		レモンザメ属 *Negaprion*	*Negaprion*
			Negaprion
		ヨシキリザメ属 *Prionace*	*Prionace*
		ヒラガシラ属	*Rhizoprionodon*

（和名太字は日本産）

種学名	命名者名	標準和名	英語名
australiensis	White, Last & Compagno, 2005	オーストラリアヒレトガリザメ（新称）	Australian weasel shark
microstoma	Bleeker, 1852	ヒレトガリザメ	Sicklefin weasel shark
elongata	(Klunzinger, 1871)	カマヒレザメ	Snaggletooth shark
leucolomatus	Compagno & Smale, 1985		Whitetip weasel shark
pectoralis	(Garman, 1906)		Atlantic weasel shark
randalli	Compagno, Krupp & Carpenter, 1996		Slender weasel shark
tengi	(Chen, 1963)	**テンイバラザメ**	Straighttooth weasel shark
acronotus	(Poey, 1860)	ハナグロザメ	Blacknose shark
albimarginatus	(Ruppell, 1837)	**ツマジロ**	Silvertip shark
altimus	(Springer, 1950)	**ハビレ**	Bignose shark
amblyrhynchoides	(Whitley, 1934)		Graceful shark
amblyrhynchos	(Bleeker, 1856)	オグロメジロザメ	Grey reef shark
amboinensis	(Müller & Henle, 1839)	タイワンヤジブカ	Pigeye shark
borneensis	(Bleeker, 1859)	ボルネオメジロザメ	Borneo shark
brachyurus	(Günther, 1870)	クロヘリメジロザメ	Bronze whaler
brevipinna	(Müller & Henle, 1839)	ハナザメ	Spinner shark
cautus	(Whitley, 1945)		Nervous shark
cerdale	Gilbert, 1898		Pacific smalltail shark
coatesi	(Whitley, 1939)		Coates's shark
dussumieri	(Valenciennes, 1839)		Whitecheek shark
falciformis	(Müller & Henle, 1839)	クロトガリザメ	Silky shark
fitzroyensis	(Whitley, 1943)		Creek whaler
galapagensis	(Snodgrass & Heller, 1905)	ガラパゴスザメ	Galapagos shark
hemiodon	(Valenciennes, 1839)	インドメジロザメ	Pondicherry shark
humani	White & Weigmann, 2014		Human's whaler shark
isodon	(Valenciennes, 1839)		Finetooth shark
leiodon	Garrick, 1985		Smoothtooth blacktip
leucas	(Valenciennes, 1839)	**オオメジロザメ**	Bull shark
limbatus	(Valenciennes, 1839)	**カマストガリザメ**	Blacktip shark
longimanus	(Poey, 1861)	**ヨゴレ**	Oceanic whitetip shark
macloti	(Müller & Henle, 1839)	**ホコサキ**	Hardnose shark
melanopterus	(Quoy & Gaimard, 1824)	ツマグロ	Blacktip reef shark
obscurus	(Lesueur, 1818)	**ドタブカ**	Dusky shark
perezi	(Poey, 1876)	ペレスメジロザメ	Caribbean reef shark
plumbeus	(Nardo, 1827)	**ヤジブカ（メジロザメ）**	Sandbar shark
porosus	(Ranzani, 1839)		Smalltail shark
sealei	(Pietschmann, 1916)		Blackspot shark
signatus	(Poey, 1868)	ナガハナメジロザメ	Night shark
sorrah	(Valenciennes, 1839)	**ホウライザメ**	Spottail shark
tilsoni	(Whitley, 1950)		Australian blacktip shark
tjutjot	(Bleeker, 1852)	**スミツキザメ**	Indonesian whaler shark
cuvier	(P_ron & Lesueur, 1822)	**イタチザメ**	Tiger shark
gangeticus	(Müller & Henle, 1839)	ガンジスメジロザメ	Ganges shark
garricki	Compagno, White & Last, 2008	ギャリックガンジスメジロザメ（新称）	North Australian river shark
glyphis	(Müller & Henle, 1839)		Speartooth shark
oxyrhynchus	(Müller & Henle, 1839)	ツバクロザメ	Daggernose shark
temmincki	(Müller & Henle, 1839)	オオヒレメジロザメ（新称）	Broadfin shark
tephrodes	(Fowler, 1905)		Borneo broadfin shark
macrorhinus	Müller & Henle, 1839	**トガリメザメ**	Sliteye shark
velox	(Gilbert, 1898)	ハナジロメジロザメ（新称）	Whitenose shark
acutidens	(Ruppell, 1837)	**レモンザメ**	Sharptooth lemon shark
brevirostris	(Poey, 1868)	ニシレモンザメ	Lemon shark
glauca	(Linnaeus, 1758)	**ヨシキリザメ**	Blue shark
acutus	(Ruppell, 1837)	**ヒラガシラ**	Milk shark

目名	科名	属名	属学名
		Rhizoprionodon	*Rhizoprionodon*
			Rhizoprionodon
			Rhizoprionodon
			Rhizoprionodon
			Rhizoprionodon
			Rhizoprionodon
		トガリアンコウザメ属	*Scoliodon*
		Scoliodon	*Scoliodon*
		ネムリブカ属 *Triaenodon*	*Triaenodon*
	シュモクザメ科 Sphyrnidae	インドシュモクザメ属 *Eusphyra*	*Eusphyra*
		シュモクザメ属	*Sphyrna*
		Sphyrna	*Sphyrna*
			Sphyrna
			Sphyrna
			Sphyrna
			Sphyrna
			Sphyrna
			Sphyrna

（和名太字は日本産）

種学名	命名者名	標準和名	英語名
lalandei	(Valenciennes, 1839)	ブラジルヒラガシラ	Brazilian sharpnose shark
longurio	(Jordan & Gilbert, 1882)		Pacific sharpnose shark
oligolinx	Springer, 1964	アンコウザメ	Gray sharpnose shark
porosus	(Poey, 1861)	カリブヒラガシラ	Caribbean sharpnose shark
taylori	(Ogilby, 1915)		Australian sharpnose shark
terraenovae	(Richardson, 1836)	ニューファウンドランドヒラガシラ	Atlantic sharpnose shark
laticaudus	Müller & Henle, 1838	**トガリアンコウザメ**	Spadenose shark
macrorhynchos	(Bleeker, 1852)	**ボルネオトガリアンコウザメ（新称）**	
obesus	(Ruppell, 1837)	**ネムリブカ**	Whitetip reef shark
blochii	(Cuvier, 1817)	インドシュモクザメ	Winghead shark
corona	Springer, 1940		Mallethead shark
gilberti	Quattro, Driggers, Grady, Ulrich & Roberts, 2013		
lewini	(Griffith & Smith, 1834)	**アカシュモクザメ**	Scalloped hammerhead
media	Springer, 1940		Scoophead shark
mokarran	(Ruppell, 1837)	**ヒラシュモクザメ**	Great hammerhead
tiburo	(Linnaeus, 1758)	ウチワシュモクザメ	Bonnethead shark
tudes	(Valenciennes, 1822)	ナミシュモクザメ	Smalleye hammerhead
zygaena	(Linnaeus, 1758)	**シロシュモクザメ**	Smooth hammerhead

和名索引

ア
アオザメ	*Isurus oxyrinchus*	38, 112
アオホソメテンジクザメ	*Brachaelurus colcloughi*	31
アカシュモクザメ	*Sphyrna lewini*	114
アカリコビトザメ	*Euprotomicroides zantedeschia*	26
アブラツノザメ	*Squalus suckleyi*	152
アフリカドチザメ	*Leptocharias smithii*	47
アラフラオオセ	*Eucrossorhinus dasypogon*	31
イコクエイラクブカ	*Galeorhinus galeus*	48
イタチザメ	*Galeocerdo cuvier*	52, 205
イモリザメ	*Parmaturus pilosus*	43
インドシュモクザメ	*Eusphyra blochii*	56
ウチワシュモクザメ	*Sphyrna tiburo*	146, 180
ウバザメ	*Cetorhinus maximus*	37, 151
エイラクブカ	*Hemitriakis japanica*	48
エドアブラザメ	*Heptranchias perlo*	18
エビスザメ	*Notorynchus cepedianus*	19, 116
オーストラリアヒレトガリザメ	*Hemigaleus australiensis*	51
オオセ	*Orectolobus japonicus*	32
オオテンジクザメ	*Nebrius ferrugineus*	33, 117
オオヒレメジロザメ	*Lamiopsis temmincki*	53
オオメコビトザメ	*Squaliolus laticaudus*	27
オオメジロザメ	*Carcharhinus leucas*	183, 203
オオワニザメ	*Odontaspis ferox*	35
オキコビトザメ	*Euprotomicrus bispinatus*	26, 167
オジロザメ	*Scymnodalatias albicauda*	23, 174
オタマトラザメ	*Cephalurus cephalus*	41, 178
オナガドチザメ	*Eridacnis radcliffei*	45
オンデンザメ	*Somniosus pacificus*	153

カ
カエルザメ	*Somniosus longus*	24
カギハトガリザメ	*Chaenogaleus macrostoma*	50
カスザメ	*Squatina japonica*	29
カスミザメ	*Centroscyllium ritteri*	22
カマヒレザメ	*Hemipristis elongata*	51
カラスザメ	*Etmopterus pusillus*	22
ギャリックガンジスメジロザメ	*Glyphis garricki*	52
クロヘリメジロザメ	*Carcharhinus brachyurus*	163
コギクザメ	*Echinorhinus cookei*	19
コクテンサンゴトラザメ	*Atelomycterus macleayi*	40
コクテンミナミトラザメ	*Asymbolus analis*	39
コバナサンゴトラザメ	*Aulohalaelurus kanakorum*	40
コヒレダルマザメ	*Isistius plutodus*	27
コモリザメ	*Ginglymostoma cirratum*	33

サ
ザラヤモリザメ	*Figaro boardmani*	41
シロカグラ	*Hexanchus nakamurai*	19
シロシュモクザメ	*Sphyrna zygaena*	56
シロボシテンジク	*Chiloscyllium plagiosum*	32
シロワニ	*Carcharias taurus*	35, 206
ジンベエザメ	*Rhincodon typus*	34, 140, 164
セビロドチザメ	*Gogolia filewoodi*	48

タ
タイワンザメ	*Proscyllium habereri*	45
タイワンヒゲザメ	*Cirrhoscyllium formosanum*	30
ダルマザメ	*Isistius brasiliensis*	78
タレハナドチザメ	*Scylliogaleus quecketti*	50
タロウザメ	*Centrophorus granulosus*	21
タンビコモリザメ	*Pseudoginglymostoma brevicaudatum*	34
チヒロザメ	*Pseudotriakis microdon*	46
ツバクロザメ	*Isogomphodon oxyrhynchus*	53
ツマグロ	*Carcharhinus melanopterus*	150
ツマグロエイラクブカ	*Hypogaleus hyugaensis*	49
ツマジロ	*Carcharhinus albimarginatus*	52
テンイバラザメ	*Paragaleus tengi*	51
テングヘラザメ	*Apristurus longicephalus*	143

	トガリアンコウザメ	*Scoliodon laticaudus*	55		フトカラスザメ	*Etmopterus princeps*	162
	トガリツノザメ	*Squalus japonicus*	20		フンナガユメザメ	*Centroselachus crepidater*	23
	トガリドチザメ	*Gollum attenuatus*	46		ヘラツノザメ	*Deania calcea*	21
	トガリメザメ	*Loxodon macrorhinus*	53		ペンタンカス	*Pentanchus profundicolus*	43
	トゲカスミザメ	*Aculeola nigra*	21		ホカケドチザメ	*Iago garricki*	49
	ドチザメ	*Triakis scyllium*	50, 184		ホシザメ	*Mustelus manazo*	49, 158
	トラザメ	*Scyliorhinus torazame*	44, 181		ホホジロザメ	*Carcharodon carcharias*	38, 136, 202
	トラフザメ	*Stegostoma fasciatum*	34, 176	マ	マオナガ	*Alopias vulpinus*	37, 82
ナ	ナガサキトラザメ	*Halaelurus buergeri*	42		マダラドチザメ	*Ctenacis fehlmanni*	45
	ナガハナコビトザメ	*Heteroscymnoides marleyi*	26		マモンツキテンジクザメ	*Hemiscyllium ocellatum*	33, 115
	ナガヘラザメ	*Apristurus macrorhynchus*	39		ミズワニ	*Pseudocarcharias kamoharai*	36, 165
	ナヌカザメ	*Cephaloscyllium umbratile*	41, 159		ミツクリザメ	*Mitsukurina owstoni*	36
	ニシオンデンザメ	*Somniosus microcephalus*	179		ミナミオロシザメ	*Oxynotus bruniensis*	25
	ニタリ	*Alopias pelagicus*	175		ミナミナガサキトラザメ	*Bythaelurus dawsoni*	40
	ニホンヤモリザメ	*Galeus nipponensis*	42, 160		ミナミビロウドザメ	*Scymnodon plunketi*	24
	ネコザメ	*Heterodontus japonicus*	29		ムツエラノコギリザメ	*Pliotrema warreni*	28
	ネズミザメ	*Lamna ditropis*	38, 177		メイサイオオセ	*Sutorectus tentaculatus*	32
	ネムリブカ	*Triaenodon obesus*	55, 157		メガマウスザメ	*Megachasma pelagios*	37, 87
	ノコギリザメ	*Pristiophorus japonicus*	28		メジロザメ属	*Carcharhinus*	204
ハ	パタゴニアトラザメ	*Schroederichthys bivius*	44		モミジザメ	*Centrophorus squamosus*	161
	ハチワレ	*Alopias superciliosus*	166		モヨウウチキトラザメ	*Haploblepharus edwardsii*	42
	ハナジロメジロザメ	*Nasolamia velox*	54	ヤ	ユメザメ	*Centroscymnus owstoni*	23, 118
	ヒゲツノザメ	*Cirrhigaleus barbifer*	20		ヨゴレ	*Carcharhinus longimanus*	113
	ヒゲドチザメ	*Furgaleus macki*	47		ヨシキリザメ	*Prionace glauca*	54, 173
	ヒゲナシクラカケザメ	*Parascyllium collare*	30		ヨロイザメ	*Dalatias licha*	25
	ヒメチヒロザメ	*Planonasus parini*	46	ラ	ラブカ	*Chlamydoselachus anguineus*	18
	ヒョウモントラザメ	*Poroderma pantherinum*	44, 182		レモンザメ	*Negaprion acutidens*	54
	ヒラガシラ	*Rhizoprionodon acutus*	55	ワ	ワニグチツノザメ	*Trigonognathus kabeyai*	22
	ビロウドザメ	*Zameus squamulosus*	24				
	ヒロガシラトラザメ	*Holohalaelurus regani*	43				
	フクロザメ	*Mollisquama parini*	27				

学名索引

A	*Aculeola nigra*	トゲカスミザメ	21
	Alopias pelagicus	ニタリ	175
	Alopias superciliosus	ハチワレ	166
	Alopias vulpinus	マオナガ	37, 82
	Apristurus longicephalus	テングヘラザメ	143
	Apristurus macrorhynchus	ナガヘラザメ	39
	Asymbolus analis	コクテンミナミトラザメ	39
	Atelomycterus macleayi	コクテンサンゴトラザメ	40
	Aulohalaelurus kanakorum	コバナサンゴトラザメ	40
B	*Brachaelurus colcloughi*	アオホソメテンジクザメ	31
	Bythaelurus dawsoni	ミナミナガサキトラザメ	40
C	*Carcharhinus*	メジロザメ属	204
	Carcharhinus leucas	オオメジロザメ	183, 203
	Carcharhinus albimarginatus	ツマジロ	52
	Carcharhinus brachyurus	クロヘリメジロザメ	163
	Carcharhinus longimanus	ヨゴレ	113
	Carcharhinus melanopterus	ツマグロ	150
	Carcharias taurus	シロワニ	35, 206
	Carcharodon carcharias	ホホジロザメ	38, 136, 202
	Centrophorus granulosus	タロウザメ	21
	Centrophorus squamosus	モミジザメ	161
	Centroscyllium ritteri	カスミザメ	22
	Centroscymnus owstoni	ユメザメ	23, 118
	Centroselachus crepidater	フンナガユメザメ	23
	Cephaloscyllium umbratile	ナヌカザメ	41, 159
	Cephalurus cephalus	オタマトラザメ	41, 178
	Cetorhinus maximus	ウバザメ	37, 151
	Chaenogaleus macrostoma	カギハトガリザメ	50
	Chiloscyllium plagiosum	シロボシテンジク	32
	Chlamydoselachus anguineus	ラブカ	18
	Cirrhigaleus barbifer	ヒゲツノザメ	20
	Cirrhoscyllium formosanum	タイワンヒゲザメ	30
	Ctenacis fehlmanni	マダラドチザメ	45
D	*Dalatias licha*	ヨロイザメ	25
	Deania calcea	ヘラツノザメ	21
E	*Echinorhinus cookei*	コギクザメ	19
	Eridacnis radcliffei	オナガドチザメ	45
	Etmopterus princeps	フトカラスザメ	162
	Etmopterus pusillus	カラスザメ	22
	Eucrossorhinus dasypogon	アラフラオオセ	31
	Euprotomicroides zantedeschia	アカリコビトザメ	26
	Euprotomicrus bispinatus	オキコビトザメ	26, 167
	Eusphyra blochii	インドシュモクザメ	56
F	*Figaro boardmani*	ザラヤモリザメ	41
	Furgaleus macki	ヒゲドチザメ	47
G	*Galeocerdo cuvier*	イタチザメ	52, 205
	Galeorhinus galeus	イコクエイラクブカ	48
	Galeus nipponensis	ニホンヤモリザメ	42, 160
	Ginglymostoma cirratum	コモリザメ	33
	Glyphis garricki	ギャリックガンジスメジロザメ	52
	Gogolia filewoodi	セビロドチザメ	48
	Gollum attenuatus	トガリドチザメ	46
H	*Halaelurus buergeri*	ナガサキトラザメ	42
	Haploblepharus edwardsii	モヨウウチキトラザメ	42
	Hemigaleus australiensis	オーストラリアヒレトガリザメ	51
	Hemipristis elongata	カマヒレザメ	51
	Hemiscyllium ocellatum	マモンツキテンジクザメ	33, 115
	Hemitriakis japanica	エイラクブカ	48
	Heptranchias perlo	エドアブラザメ	18
	Heterodontus japonicus	ネコザメ	29
	Heteroscymnoides marleyi	ナガハナコビトザメ	26
	Hexanchus nakamurai	シロカグラ	19

	Holohalaelurus regaini	ヒロガシラトラザメ	43	
	Hypogaleus hyugaensis	ツマグロエイラクブカ	49	
I	*Iago garricki*	ホカケドチザメ	49	
	Isistius brasiliensis	ダルマザメ	78	
	Isistius plutodus	コヒレダルマザメ	27	
	Isogomphodon oxyrhynchus	ツバクロザメ	53	
	Isurus oxyrinchus	アオザメ	38,112	
L	*Lamiopsis temmincki*	オオヒレメジロザメ	53	
	Lamna ditropis	ネズミザメ	38,177	
	Leptocharias smithii	アフリカドチザメ	47	
	Loxodon macrorhinus	トガリメザメ	53	
M	*Megachasma pelagios*	メガマウスザメ	37, 87	
	Mitsukurina owstoni	ミツクリザメ	36	
	Mollisquama parini	フクロザメ	27	
	Mustelus manazo	ホシザメ	49,158	
N	*Nasolamia velox*	ハナジロメジロザメ	54	
	Nebrius ferrugineus	オオテンジクザメ	33,117	
	Negaprion acutidens	レモンザメ	54	
	Notorynchus cepedianus	エビスザメ	19,116	
O	*Odontaspis ferox*	オオワニザメ	35	
	Orectolobus japonicus	オオセ	32	
	Oxynotus bruniensis	ミナミオロシザメ	25	
P	*Paragaleus tengi*	テンイバラザメ	51	
	Parascyllium collare	ヒゲナシクラカケザメ	30	
	Parmaturus pilosus	イモリザメ	43	
	Pentanchus profundicolus	ペンタンヵス	43	
	Planonasus parini	ヒメチヒロザメ	46	
	Pliotrema warreni	ムツエラノコギリザメ	28	
	Poroderma pantherinum	ヒョウモントラザメ	44,182	
	Prionace glauca	ヨシキリザメ	54,173	
	Pristiophorus japonicus	ノコギリザメ	28	

	Proscyllium habereri	タイワンザメ	45	
	Pseudocarcharias kamoharai	ミズワニ	36,165	
	Pseudoginglymostoma brevicaudatum	タンビコモリザメ	34	
	Pseudotriakis microdon	チヒロザメ	46	
R	*Rhincodon typus*	ジンベエザメ	34,140,164	
	Rhizoprionodon acutus	ヒラガシラ	55	
S	*Schroederichthys bivius*	パタゴニアトラザメ	44	
	Scoliodon laticaudus	トガリアンコウザメ	55	
	Scyliorhinus torazame	トラザメ	44,181	
	Scylliogaleus quecketti	タレハナドチザメ	50	
	Scymnodalatias ablicauda	オジロザメ	23,174	
	Scymnodon plunketi	ミナミビロウドザメ	24	
	Somniosus longus	カエルザメ	24	
	Somniosus microcephalus	ニシオンデンザメ	179	
	Somniosus pacificus	オンデンザメ	153	
	Sphyrna lewini	アカシュモクザメ	114	
	Sphyrna tiburo	ウチワシュモクザメ	146,180	
	Sphyrna zygaena	シロシュモクザメ	56	
	Squaliolus laticaudus	オオメコビトザメ	27	
	Squalus japonicus	トガリツノザメ	20	
	Squalus suckleyi	アブラツノザメ	152	
	Squatina japonica	カスザメ	29	
	Stegostoma fasciatum	トラフザメ	34,176	
	Sutorectus tentaculatus	メイサイオオセ	32	
T	*Triaenodon obesus*	ネムリブカ	55,157	
	Triakis scyllium	ドチザメ	50,184	
	Trigonognathus kabeyai	ワニグチツノザメ	22	
Z	*Zameus squamulosus*	ビロウドザメ	24	

用語索引

あ
アミノ酸	61	
内リンパ管	63	
遠心力	77	

か
角質鰭条	58,102,105,106
「咬み逃げ」攻撃	208
管器	63
慣性の法則	77
桿体	62
基底軟骨	58,106
奇網	59,65
鋸歯	72,76,195
肩帯	58,97,105
口蓋方形軟骨	58
孔器	63
交尾器	106,122,131,132,134,135,143,144,145
国際サメ被害目録	187,188,189,190,192,198,199

さ
鰓弓	58
鰓耙	90,93
視覚中枢	60
子宮	121,122,124,125,126,127,128,136,137,140,146
子宮ミルク	126,128,130
耳石器官	63
「忍び寄り」攻撃	208
雌雄異体	60
十二指腸	59
受卵口	122
瞬皮	9
瞬膜	9,10,62
上顎挙筋	59,88,90

（た続き）
「衝突咬みつき」攻撃	208
食道	59
食卵	127,128,130,136
唇褶	9
新生板鰓類	97,105
心臓	59,65
浸透圧	66
錐体	62
精巣	66,122,143,145
性転換	60
舌顎軟骨	69
舌弓	58
総排出腔	9,59,66,106,122,131,134
側線管	63

た
体外受精	120
胎生	120,122,124,125,126,127,128,129,130,136,140
体側筋	59,65
体内受精	60,106,120,122,143,147
胎盤	128,129,130,146
タペータム	62
単為生殖	121,147
担鰭軟骨	97,105
単卵生	123,124,130
中枢神経	60
中性浮力	59
直腸腺	59,66,122
貯精嚢	122
椎体	58,97
抵抗	96,98,99,101,111

な
ディンプル	99
脳	60
背大動脈	65
半規管	63
光受容細胞	62
輻射軟骨	58,97,105,106
複卵生	124,130
噴水孔	8,11
噴門胃	59,66
ヘソの緒	128,129,141
母体依存型	127,128,129,130

ま
末梢神経	60
味蕾	64
無顎類	96
メッケル氏軟骨	58

や
幽門胃	59
輸精管	122
輸卵管	122,123,124,127,144,145
腰帯	58,106

ら
らせん弁	59
卵黄依存型	124,125,126,127,128,130,141
卵殻腺	122,124,144,147
卵生	120,122,123,124,130
卵巣	122,124,143,144
ロレンチーニ瓶	64,71

写真の借用先一覧

借用させて頂いた写真は以下の通りである。写真の版権はそれぞれの方々、または各研究機関に所属している。

- Alvheim Oddgeir (Institute of Marine Research, Norway)：
  ムツエラノコギリザメ P.28 上、カマヒレザメ P.51 中
- Peter R. Last (CSIRO Marine and Atmospheric Research, Australia)：
  オキコビトザメ P.26 中、アオホソメテンジクザメ P.31 上、
  ヒゲナシクラカケザメ P.30 下、アラフラオオセ P.31 下、
  メイサイオオセ P.32 中、コクテンミナミトラザメ P.39 下、
  ザラヤモリザメ P.41 下、ヒゲドチザメ P.47 下、
  ツマグロエイラクブカ P.49 上、ホカケドチザメ P.49 中、
  オーストラリアヒレトガリザメ P.51 上、
  ギャリックガンジスメジロザメ P.52 下、
  オキコビトザメ P.167
- Jose I. Castro (NOAA/Mote Marine Laboratory, USA)：
  コモリザメ P.17 中、P.33 中、ツバクロザメ P.53 上
- Clive Roberts (Museum of NZ Te Papa Tongarewa, New Zealand)：
  イコクエイラクブカ P.48 上
- Shoou-Jeng Joung (National Taiwan Ocean University, Taiwan)：
  ジンベエザメ P.140、P.141 上
- Lee Po-Feng：
  メガマウスザメ P.88 下
- Samuel P. Iglésias (Museum national d'Histoire naturelle, France)：
  A. melanoasper P.99 DE、
  テングヘラザメ P.143、P.144、P.145
- Bernard Séret (Museum national d'Histoire naturelle, France)：
  コバナサンゴトラザメ P.40 中
- Matthias F.W. Stehmann
  (ICHTHYS, Ichthyological Research Laboratory, Germany)：
  アカリコビトザメ P.26 上、ナガハナコビトザメ P.26 下
- Simon Weigmann (Elasmobranch Research Laboratory, Germany)：
  ヒメチヒロザメ P.46 中
- James D. Watt (シービックスジャパン)：
  ニシレモンザメ P.186
- Dan Burton (シービックスジャパン)：
  ウバザメ p.91 右下
- 遠藤広光 (高知大学)：
  ドチザメ P.50 中、P.184
- 金高卓二 (アクアワールド茨城県大洗水族館)：
  タンビコモリザメ P.34 上
- 小藤一弥 (アクアワールド茨城県大洗水族館)：
  コクテンサンゴトラザメ P.40 上、モヨウチキトラザメ P.42 下、
  ヒョウモントラザメ P.44 上、P.182
- 西田清徳 (大阪・海遊館)：
  マモンツキテンジクザメ P.115 下
  ジンベエザメ P.34 下、P.164
- 北谷佳万 (大阪・海遊館)：
  オナガザメ釣り P.82 ABC、ニタリの尾鰭行動 P.84 ABC
- 小林明弘：
  サケ P.120 上
- 後藤友明 (岩手県水産技術センター)：
  マモンツキテンジクザメ P.115 下
- 佐藤圭一 (沖縄美ら海水族館)：
  オオワニザメ P.35 下、ホホジロザメとイタチザメ P.199
- 篠原現人 (国立科学博物館)：
  フンナガユメザメ P.23 中
- 柳沢牧央 (沖縄美ら海水族館)：
  オオテンジクザメ P.134 上
- 戸田　実 (沖縄美ら海水族館)：
  ホホジロザメ P.127 下、P.136 ABC
- 古田正美 (元鳥羽水族館)：
  ワニグチツノザメ P.22 下
- 若林郁夫 (鳥羽水族館)：
  ホホジロザメ P.138 上

・山口敦子(長崎大学):

　　ホシザメ P.127 上、シロザメ P.129 中

・望月賢二(元千葉県立中央博物館):

　　ホホジロザメ P.38 上

・中村宏治(日本水中映像):

　　ヨシキリザメ P.4, P.6、ホホジロザメ P.202、シロワニ P.207

・いおワールド・かごしま水族館:

　　クロヘリメジロザメ　P.163

・海の中道海洋生態科学館・マリンワールド海の中道:

　　メガマウスザメ P.10 中 D、P.12 中 A、P.87 上、P.88 上、P.91 上 A

・愛媛県水産課:

　　漁船 P.197 ABC

・大分マリーンパレス水族館・うみたまご:

　　ジンベエザメ P.142 上下

■図の引用先
図は以下の著書・論文から引用・改変し、使用した。

・Compagno (1990)：
　サメの頭蓋骨と上顎骨 P.89 A-D
・Compagno Dando and Fowler (2005)：
　耳の模式図 63 ページ上、
　側線の模式図 P.63 下、ロレンチーニ瓶 P.64 上
・Garman (1913)：
　胸鰭骨格 P.58 A、
　現生ザメの頭蓋骨と顎骨 P.69 右下 AB、
　胸鰭骨格・伸長型 P.105 上 B
・Goto and Nishida (2001)：
　ジンベエザメの頭蓋骨と上顎骨 P.89 E
・Iglésias, Sellos and Nakaya (2005)：
　おちんちんの成長 P.144 下
・Kemp (1999)：
　鱗の模式図 P.13 上
・Liem et al. (2001)：
　脳体重関係 P.60 中、
　心臓の模式図 P.65 上、ナメクジウオ P.96 上
・Moss (1984)：
　現生ザメの頭蓋骨と顎骨 P.69 右下 C
・Nakaya (1975)：
　胸鰭骨格・限定型 P.105 上 A
・Nakaya, Matsumoto and Suda (2008)：
　メガマウスの食事法 P.92 P.93
・Piveteau (1969)：
　パレオクロッソリヌス P.97 下 A、
　パレオスピナクス P.97 下 B
・Schaeffer (1967)：
　古生代のサメ P.68 下 AB、
　古生代のサメの歯 P.69 左 A-F、
　古代ザメの頭蓋骨と顎骨 P.69 右上 AB、
　古代ザメの顎の動き P.69 右中、古代ザメの口の位置 P.70 左上、
　古代ザメと現生ザメの頭蓋骨と顎骨 P.70 左下、
　クラドセラキ P.96 下、ヒボーダス P.97 上
・Shirai and Nakaya (1992)：
　ダルマザメとオオメコビトザメの頭骨 P.79 右下 AB
・Springer and Gold (1989)：
　眼の模式図 P.62 上、サメ類の生殖系 P.122 AB
・Tester (1963)：味蕾の模式図 P.64 下
・岩井 (2005)：
　脳模式図 P.60 下
・平野 (1978)：
　浸透圧比較図 P.66 上

■ おもな参考文献と引用論文

Aleev, Y.G. 1969
　　　Function and gross morphology in fish (Translated from Russian).
　　　　　Academy of Sciences of the USSR, Moscow. 268 pp.
Amaoka, K., K. Matsuura, T. Inada, M. Takeda, H. Hatanaka and K. Okada (eds.) 1990
　　　Fishes collected by the R/V Shinkai Maru around New Zealand.
　　　　　Japan Marine Fishery Resources Research Center, Tokyo. 410 pp.
Amaoka, K., K. Nakaya, H. Araya and T. Yasui (eds.) 1983
　　　Fishes from the north-eastern sea of Japan and the Okhotsk Sea off Hokkaido.
　　　　　Japan Fisheries Resource Conservation Association, Tokyo. 371 pp.
Carrier, J.C., J.A. Musick and M.R. Heithaus (eds.) 2004
　　　Biology of sharks and their relatives.
　　　　　CRC Press, New York. 596 pp.
Castro, J.I. 2011
　　　The sharks of North America.
　　　　　Oxford University Press, New York. 613 pp.
Castro, J.I., K. Sato and A.B. Bodine. 2016
　　　A novel mode of embryonic nutrition in the tiger shark, Galeocerdo cuvier.
　　　　　Marine Biology Research, Doi: 10.1080/17451000.2015.1099677
Compagno, L.J.V. 1984
　　　FAO species catalogue. Vol.4, Part 1 and 2. Sharks of the world.
　　　　　Food and Agriculture Organization of the United Nations, FAO Fisheries Synopsis no. 125, 4:1-655.
Compagno, L.J.V. 1988
　　　Sharks of the order Carcharhiniformes.
　　　　　Princeton University Press, New Jersey. 486 pp.
Compagno, L.J.V. 1990
　　　Relationships of the megamouth shark, *Megachasma pelagios* (Lamniformes: Megachasmidae), with comments on its feeding habits.
　　　　　p. 357-379. In: Pratt, L.P.,Jr., S.H.Gruber and T. Taniuchi (eds). Elasmobranchs as living resources; advances in the biology, ecology, systematics,
　　　　　and the status of the fisheries. NOAA Technical Report NMFS, 90:1-518.
Compagno, L.J.V. 2001
　　　Sharks of the world. Volume 2. Bullhead, mackeerel and carpet sharks (Heterodontiformes, Lamniformes and Orectolobiformes).
　　　　　Food and Agriculture Organization of the United Nations, FAO Species Catalogue for Fishery Purposes, 1(2):1-269.
Compagno, L.J.V., M. Dando and S. Fowler. 2005
　　　Sharks of the world.
　　　　　Princeton University Press. Princeton. 368 pp.
de Carvalho, M.R., D.A. Ebert, H.C. Ho and W.T. White (eds). 2013
　　　Systematics and biodiversity of sharks, rays, and chimaeras (Chondrichthyes) of Taiwan.
　　　　　Zootaxa 3752. Magnolia Press, Auckland, New Zeland. 386 pp.
Ebert, D.A. 2003
　　　Sharks, rays, and chimaeras of California.
　　　　　University of California Press, Los Angeles. 284 pp.
Ebert, D., S. Fowler and L.J.V Compagno. 2013
　　　Sharks of the world.
　　　　　Wild Nature Press, Plymouth. 528 pp.
フェッラーリ、A. A. 2001
　　　サメガイドブック
　　　　　ＴＢＳブリタニカ、東京. 256 pp.（監修　谷内透）
Garman, S. 1913
　　　The Plagiostomia.
　　　　　Memoirs of Museum of Comparative Anatomy, Harvard College, 36:1-515.
Gilber, P.W. (ed.) 1963
　　　Shark and survival.
　　　　　Heath and Co., Boston. 578 pp.
Gilbert, P.W., R.F. Mathewson and D.P. Rall (eds.) 1967
　　　Sharks, skates, and rays.
　　　　　John Hopkins Press, Baltimore. 624pp.
Goto, T. 2001
　　　Comparative anatomy, phylogeny and cladistic classification of the order Orectolobiformes (Chondrichthyes, Elasmobranchii).
　　　　　Memoir of Graduate School of Fisheries Sciences, Hokkaido University, 48:1-100.
Goto, T. and K. Nishida. 1999
　　　Internal morphology and fuction of paired fins in the epaulette shark.
　　　　　Ichthyological Research, 46: 281-287.
Goto, T. and K. Nishida. 2001
　　　Internal morphology and phylogeny of whale sharks.
　　　　　p. 27-35. In: Nakabo, T., Y. Machida, K. Yamaoka and K. Nishida. Fishes of the Kuroshio Current, Japan. Osaka Aquarium Kaiyukan, Osaka. 300 pp.
Hamlett, W.C. (ed.) 1999
　　　Sharks, skates and rays.
　　　　　Johns Hopkins Press, Baltimore. 515pp.
Hamlett, W.C. (ed.) 2005
　　　Reproductive biology and phylogeny of Chondrichthyes.
　　　　　Science Publishers, Enfield. 562 pp.
Hedges, S.B. and S. Kumar (eds.) 2009
　　　The timetree of life.
　　　　　Oxford University Press, New York. 551 pp.
Helfman, G. and G.H. Burgess. 2014
　　　Sharks. The animal answer guide.
　　　　　Johns Hopkins University Press, Baltimore. 249 pp.
Helfman, G.S., B.B. Collette and D.E. Facy. 1997
　　　The difersity of fishes.
　　　　　Blackwell Science, Mass., U.S.A. 528 pp.
平野哲也 .1978
　　　板鰓類の浸透圧調節について
　　　　　海洋科学 10(3):158-164.

Hubbs, C.L., T. Iwai and K. Matsubara. 1967
 External and internal characters, horizontal and vertical distribution, luminescence, and food of the dwarf pelagic shark, *Euprotomicrus bispinatus*.
 Bulletin of Scripps Institution of Oceanography, 10:1-64.
Iglésias, S.P., K. Nakaya and M. Stehmann. 2004
 Apristurus melanoasper, a new species of deep-water catshark from the North Atlantic (Chondrichthyes; Carcharhiniformes; Scyliorhinidae).
 Cybium, 28:345-356.
Iglésias, S.P., Sellos, D.Y. and K. Nakaya. 2005
 Discovery of a normal hermaphoroditic chondrichthyan species: *Apristurus longicephalus*.
 Journal of Fish Biology, 66:417-428.
岩井　保. 2005
 魚学入門.
 恒星社厚生閣, 東京. 219 pp.
Kemp, N.E. 1999
 Integumentary system and teeth.
 p. 43-68. In: Hamlett, W.C. (ed). Sharks, Skates and Rays. Johns Hopkins Press, Baltimore.515pp.
Klimley, A.P. and D.G. Ainley (eds). 1996
 Great white sharks.
 Academic Press, New York. 517 pp.
Last, P.R. and J.D. Stevens. 2009
 Sharks and rays of Australia
 Harvard University Press, Cambridge. 550pp.
Last, P.R., W.T. White and J.J. Pogonoski (eds). 2010
 Descriptions of new sharks and rays from Borneo.
 CSIRO Marine and Atmospheric Research Paper, (32):1-165.
Liem, K.F., W.E. Bemis, W.F. Walker, Jr., and L. Grande. 2001
 Functional anatomy of the vertebrates.
 Harcourt College Publishers, Fort Worth. 703 pp.
Moss, S.A. 1984
 Sharks.
 Prentice-Hall, New Jersey. 246 pp.
Moy-Thomas, J.A. 1971
 Palaeozoic fishes.
 Chapman and Hall, London. 259 pp.
Nakaya, K. 1975
 Taxonomy, comparative anatomy and phylogeny of Japanese catsharks, Scyliorhinidae.
 Memoirs of Faculty of Fisheries, Hokkaido University, 23:1-94.
仲谷一宏. 2003
 サメのおちんちんはふたつ.
 築地書館, 東京. 231 pp.
仲谷一宏. 2007
 サメの世界.
 データハウス, 東京. 86 pp.
仲谷一宏. 2015
 世界の美しいサメ図鑑.
 宝島社, 東京 155 pp.
Nakaya, K., R. Matsumoto and K. Suda. 2008
 Feeding strategy of the megamouth shark *Megachasma pelagios* (Lamniformes: Megachasmidae).
 Journal of Fish Biology, 73:17-34.
Nakaya, K. and S. Tanaka (eds). 2009
 Fascinations and diversity of elasmobranch fishes.
 Kaiyo Monthly, 52:1-158.
Nakaya, K., M. Yabe, H.Imamura, M. Romero Camarena and M. Yoshida (eds). 2009
 Deep-sea fishes of Peru.
 Japan Deep Sea Trawlers Association, Tokyo/ Instituto del Mar el Peru, Lima. 355 pp.
Nelson, D.R., J.N. McKibben, W.R. Strong, Jr., C.G. Lowe, J.A. Sisneros, D.M. Schroeder and R.J. Lavenberg. 1997
 An acoustic tracking of a megamouth shark, *Megachasma pelagios*: a crepuscular vertical migratory.
 Environmental Biology of Fishes, 49:389-399.
Nelson, J.S. 2006
 Fishes of the world.
 John Wiley & Sons, Hoboken. 601 pp.
Nishida, K. 1990
 Phylogeny of the suborder Myliobatidoidei.
 Memoirs of Faculty of Fisheries, Hokkaido University, 37:1-108.
Okamura, O., K. Amaoka and F. Mitani (eds). 1982
 Fishes of the Kyushu-Palau Ridge and Tosa Bay.
 Japan Fisheries Resource Conservation Association, Tokyo. 435 pp.
Okamura, O., K. Amaoka, M. Takeda, K. Yano, K.Okada and S. Chikuni (eds). 1995
 Fishes collected by the R/V Shinkai Maru around Greenland.
 Japan Marine Fishery Resources Research Center, Tokyo. 304 pp.
Okamura, O. and T. Kitajima (eds). 1984
 Fishes of the Okinawa Trough and the adjacent waters. I.
 Japan Fisheries Resource Conservation Association, Tokyo. 414 pp.
Pepperell, J.G. 1922
 Sharks: biology and fisheries.
 CSIRO Australia. 349 pp.
Piveteau, J. 1969
 Traite de paleontologie. Tome IV.
 Masson et C, Paris. 790pp.
Pratt, L.P.,Jr., S.H.Gruber and T. Taniuchi (eds). 1990
 Elasmobranchs as living resources; advances in the biology, ecology, systematics, and the status of the fisheries.
 NOAA Technical Report NMFS, 90:1-518.

Scheaffer, B. 1967
 Comments on elasmobranch evolution.
 p.3-35. In: Gilbert, P.W., R.F. Mathewson and D.P. Rall (eds). Sharks, Skates and Rays. John Hopkins Press, Baltimore. 624pp.

千石正一・疋田勉・松井正文・仲谷一宏（編）．1996
 日本動物大百科　5．両生類・は虫類・軟骨魚類．
 平凡社，東京．189pp.

Séret, B. and J.-Y. Sire. 1999
 Proceedings of 5th Indo-Pacific Fish Conference (Noumea, 3-8 November 1997).
 Societe Francaise d'Ichtyologie and Institut de Recherche pour le Developpement.. 888 pp.

Shirai, S. 1992
 Squalean phylogeny, a new framework of "squaloid" sharks and related taxa.
 Hokkaido University Press, Sapporo. 151 pp.

Shirai, S. and K. Nakaya. 1992
 Functional morphology of feeding apparatus of the cookie-cutter shark, *Isistius brasiliensis* (Elasmobranchii, Dalatiinae).
 Zoological Science, 9:811-821.

Springer, V.G. and J.P. Gold. 1989
 Sharks in question.
 Smithsonian Institution Press, Washington, D.C. 187 pp.

スプリンガー，V.G.・J.P. ゴールド．1992
 サメ・ウオッチング．
 平凡社，東京．273 pp.（監修・訳　仲谷一宏）

水産庁．2005
 国際漁業資源の現況．
 水産庁水産総合研究センター，東京．467 pp.

谷内　透．1997
 サメの自然史．
 東京大学出版会，東京．270 pp.

Tester, A.C. 1963
 Olfaction, gustation, and the common chemical sense in sharks.
 p.255-282. In: Gilber,P.W. (ed). Sharks and Survival. Heath and Co., Boston. 578 pp.

Tricas, T.C. and S.H. Gruber (eds). 2001
 The behavior and sensory biology of elasmobranch fishes: an anthology in memory of Donald Richard Nelson.
 Kluwer Academic Publishers, Boston. 319 pp.

Weigmann, S., M.F.W. Stehmann and R. Thiel. 2013
 Planonasus parini n.g. and n.sp., a new genus and species of false cat sharks (Carcharhiniformes, Pseudotriakidae) from the deep northwestern Indian Ocean off Socotra Island.
 Zootaxa, 3609(2):163-181.

Weigmann, S. 2016
 Annotated checklist of the living sharks, batoids and chimaeras (Chondrichthyes) of the world, with a focus on biogeographical diversity.
 Journal of Fish Biology, doi:10.1111/jfb.12874

Yano, K., J.F. Morrissey, Y. Yabumoto and K. Nakaya (eds). 1997
 Biology of the megamouth shark.
 Tokai University Press, Tokyo. 203 pp.

謝辞

本書の執筆にあたって、以下の多くの方々、研究機関、水族館などから、サメに関する情報、写真、標本の提供など様々な協力を頂いた。

・内田詮三、戸田実、佐藤圭一、柳沢牧央、松本瑠偉、富田武照氏（沖縄美ら海水族館）；高田浩二氏（福山大学）；西田清徳、北谷佳万氏（大阪・海遊館）；古田正美氏（元鳥羽水族館）；若林郁夫氏（鳥羽水族館）；荒井一利氏（鴨川シーワールド）；望月賢二氏（元千葉県立中央博物館）；小藤一弥、金高卓二氏（アクアワールド茨城県大洗水族館）；篠原現人氏（国立科学博物館）；瀬能宏氏（神奈川県立生命の星・地球博物館）；鈴木伸明氏（水産庁・南西海区水産研究所）；中野秀樹氏（水産庁・遠洋水産研究所）；後藤友明氏（岩手大学）；木村ジョンソン氏、堤清樹氏（元東京都水産試験場）；遠藤広光氏（高知大学）；山口敦子氏（長崎大学）；結城仁夫、高野克彦氏（NHK）；帰山雅秀、ジョン R. バウアー、須田健太、川内惇郎氏（北海道大学）；高木省吾氏（北海道大学練習船・おしょろ丸）；阿部拓三氏（宮城県南三陸町自然環境活用センター）；中村宏治氏（日本水中映像）；清水敏也氏（気仙沼産業センター）；千葉敏朗氏（元気仙沼市役所）；小林明弘氏（札幌市）；田向常城氏（青森市）；問可柾善氏（高知県土佐清水市）；長谷川久志氏（静岡県焼津市）；手嶌久雄氏（千葉県富津市）

・Alvheim Oddgeir (Institute of Marine Research, Norway); Jose I. Castro (Mote Marine Laboratory, USA); David A. Ebert (Moss Landing Marine Laboratories, USA); Peter R. Last、John D. Stevens, Alastair Graham (CSIRO Marine and Atmospheric Research, Australia); Matthias F.W. Stehmann (ICHTHYS, Ichthyological Research Laboratory, Germany); Simon Weigmann (Elasmobranch Research Laboratory, Germany); Clive Roberts, Andrew Stewart and Carl Struthers (Museum of New Zealand Te Papa Tongarewa, New Zealand); Bernard Séret, Samuel P. Iglésias (National Museum of Natural History, France); Kwang-Tsao Shao (Biodiversity Research Center, Academia Sinica, Taiwan); 故陳哲聰（元国立高雄海洋科技大学、台湾）；Shoou-Jeng Joung (National Taiwan Ocean University, Taiwan); Lee Po-Feng (Taiwan)；何宣慶（台湾国立海洋生物博物館）

・おたる水族館、気仙沼シャークミュージアム、アクアワールド茨城県大洗水族館、鴨川シーワールド、葛西臨海水族園、下田海中水族館、鳥羽水族館、大阪・海遊館、しものせき水族館・海響館、マリーンワールド海の中道、大分マリーンパレス水族館・うみたまご、いおワールド・かごしま水族館、沖縄美ら海水族館、愛媛県水産課

また、第1章のカラー魚体イラストは北海道大学の山本雄士君が、第3章の行動イラストは同大学の大野明宏君が作成した。本書の各所に挿入したユーモラスなサメの線画は堀田楓士君（現北海道むかわ町立穂別中学校）が4才位のときに描いていた作品で、母・美香さんの協力で借用させていただいた。

北海道大学大学院水産科学研究院の今村央教授、矢部衛特任教授、北海道大学総合博物館の河合俊郎助教には、北海道大学に保管されている標本類の調査、機器の使用など様々な便宜の供与をいただき、また、魚類体系学研究室の学生諸君には色々な協力を得た。なお、本書の出版は尼岡邦夫氏の提案により実現したものである。

本書の刊行にあたっては、ブックマン社の木谷仁哉前社長のご理解と、小宮亜里編集長、編集の藤本淳子さん、初版時に編集を担当した山口美生さん、デザイナーの渡邊正さんから有益な助言や提案を頂いた。

最後に、妻の仲谷久美子、娘のウォルド仲谷美帆、仲谷美波には励ましと様々な援助を受けた。

記して、ここに心から感謝を申し上げる。

2016年3月　仲谷一宏

おわりに

　この改訂版では、まず目レベルの取り扱いを変更するのが妥当と判断し、全編を通して目レベルの再編をした。各種の生物学的な記述、摂餌法や生殖に関する話題などには新情報を取り込んだ。昨年は茨城県沿岸にサメが現れ、海水浴場が閉鎖されるなどのちょっとしたサメ騒ぎがあったが、そのことも考え、シャークアタックに関する情報や対処法をより充実させた。世界のサメも、初版からの5年間に、新しい属が創設され、新種が27種類も発表され、あるものはシノニム（異名）として分類学の表舞台から消え去った。

　このようにサメの科学も日進月歩で、毎日のように新たな情報がもたらされる。このような中、日本のサメ研究者は高齢化し、あるものは第一線を退き、サメ研究者が減少しつつある。若いサメ研究者の成長と活躍が待ち望まれているのが現状である。

　自然界にはまだ分からないことが山ほどある。研究をして1つのことを明らかにすると、その先にいくつもの新しいナゾや疑問が横たわっていることに気づかされる。海の王者、サメの世界も同様である。本書で述べたことはサメの世界の氷山の一角、多くの事実はまだナゾとして水面下に残されている。若い人々には、そんなサメの神秘やナゾの解明にも挑戦をしてもらいたいものである。

　Be ambitious, boys and girls!　　　　　　　　　北海道大学　仲谷一宏

シャークミュージアムへ、行こう！

館内の様子。中央の巨大アゴをくぐると、中はダイブトークシアターになっている

ここは宮城県気仙沼市にある、日本で唯一の常設サメ博物館です。気仙沼はサメの水揚げ日本一の"サメの街"。シャークミュージアムはそんな街にぴったりです。2011年の東日本大震災で被災し一時は閉館していましたが、2014年にリニューアルオープン。より科学的な展示内容で、生まれ変わりました。圧巻は世界の全属のサメを見ることができる大壁でしょう。この壁の前に立つと、目の前に様々なサメが広がり、サメの世界に浸ることができます。サメの姿・形、摂餌、遊泳、生殖などの解説パネル、大きなジンベエザメの模型にプロジェクションマッピングで泳ぎ出てくるサメたち……。著名な女性サメ研究者ユージニー・クラークさんが、愛するサメを解説してくれるダイブトークシアターなどもあります。ここでしか見ることのできないものも多数あり、サメ学を楽しく学べます。

上：世界のサメ大集合／下：ジンベエザメのプロジェクションマッピング

気仙沼シャークミュージアム
気仙沼「海の市」内

〒988-0037　宮城県気仙沼市魚市場前7-13
TEL 0226-24-5755　FAX 0226-22-9292

営業時間　9:00～17:00
定休日　不定休（※事前にご確認ください）
入場料　大人(中学生以上)500円　小学生 200円
　　　　小学生未満無料　団体割引あり

著者略歴

仲谷 一宏
なかや かずひろ

1945年生まれ。北海道大学名誉教授。
北海道大学院水産科学研究科博士課程修了。
水産学博士。
日本板鰓類(サメ・エイ類)研究会会長。
気仙沼シャークミュージアム名誉館長。
メール：nakaya@fish.hokudai.ac.jp

主な著書
『世界の美しいサメ図鑑』(宝島社)
『サメの世界』(データハウス)
『日本産動物大百科・軟骨魚類』(平凡社)
『サメのおちんちんはふたつ』(築地書館)
『サメ・ウォッチング』(平凡社)
『Biology of the Megamouth Shark』(東海大学出版局)
『北海道の全魚類図鑑』(北海道新聞社)

サメ −海の王者たち− 改訂版

2016年07月21日　初版第1刷発行

著者	仲谷一宏
ブックデザイン	渡邊正
イラスト	山本雄士
	大野明宏
	堀田楓士
DTP	株式会社明昌堂
	メディアアート
編集	山口美生
	藤本淳子
発行者	田中幹男
発行所	株式会社ブックマン社

〒101-0065 東京都千代田区西神田 3-3-5
TEL 03-3237-7777
FAX 03-5226-9599
http://www.bookman.co.jp

印刷・製本　凸版印刷株式会社

PRINRED IN JAPAN
乱丁・落丁本はお取替えいたします。
本書の一部あるいは全部を無断で複写複製および転載することは、
法律で認められた場合を除き、著作権の侵害となります。
定価はカバーに表示してあります。

SHARKS-King of the Ocean-
Kazuhiro Nakaya
2016Published by BOOKMAN-SHA Co.Ltd.
3-3-5 Nishikanda,Chiyoda-ku,Tokyo,Japan

©Kazuhiro Nakaya/BOOKMAN-SHA 2016
ISBN978-4-89308-861-1

African frill shark/Frill shark/Sharpnose sevengill shark/Bluntnose sixgill shark/Bigeye sixgill shark/Mandarin dogfish/Piked dogfish/East Australian highfin spurdog/West Australian dogfish/Edmunds' spurdog/East Australian longnose spurdog/North New Zealand spiny dogfish spurdog/Shortspine spurdog/Philippine spurdog/West Australian longnose spurdog/Bartail gulper shark/Gulper shark/Longnose gulper shark/Blackfin gulper shark/Lowfin gulper shark gulper shark/West Australian gulper shark/South American dogfish/Birdbeak dogfish/Roughskin dogfish/Granular dogfish/Bareskin dogfish/Combtooth dogfish/Ornate dogfish/Whitefin lanternshark/Tailspot lanternshark/Combtooth lanternshark/Pink lanternshark/Lined lanternshark/Caribbean lanternshark/Jewel lanternshark/Smalleye lanternshark/Blackbelly lanternshark/False lanternshark/Smooth lanternshark/Densescale lanternshark/West Indian lanternshark/Brown lanternshark/Hawaiian lanternshark/Green lanternshark/Rasptooth dogfish/Flatnose dogfish/Whitetail dogfish/Azores dogfish/Coarsetooth dogfish/Sherwood shark/Little sleeper shark/Japanese velvet dogfish/Velvet dogfish/Pricky dogfish/Caribbean shark/Pygmy shark/Longnose pygmy shark/Cookie-cutter shark/South China cookie-cutter shark sawshark/Longnose sawshark/Tropical Australian sawshark/Japanese sawshark/Shortnose angelshark/Argentine angelshark/Australian angelshark/Milliet's angelshark/Pacific angelshark/Mexican angelshark/Clouded angelshark/Smoothback angelshark/West Australian shark/Crested bullhead shark/Japanese bullhead shark/Mexican hornshark/Oman bullhead shark/Barbelthroat carpetshark/Taiwan saddled carpetshark/Saddled carpetshark carpetshark/Colclough's shark/Blind shark/Tasselled wobbegong/Floral banded wobbegong wobbegong/Ornate wobbegong/Dwarf spotted wobbegong/Network wobbegong/Northern bambooshark/Indonesian bambooshark/Slender bambooshark/Whitespotted bambooshark shark/Hooded carpetshark/Speckled carpetshark/Nurse shark/Tawny nurse shark/Shortfin shark/Crocodile shark/Goblin shark/Megamouth shark/Pelagic thresher/Bigeye thresher/Thresher shark/White-bodied catshark/Roughskin catshark/White ghost catshark/Pinocchio catshark catshark/Longfin catshark/Smallbelly catshark/Shortnose demon catshark/Broadnose catshark/Broadmouth catshark/Ghost catshark/Fleshynose catshark/Smalleye catshark/Smalldorsal shark/Broadgill catshark/Saldanha catshark/Pale catshark/South China catshark/Spongehead Australian spotted catshark/Pale spotted catshark/Dwarf catshark/Orange spotted catshark catshark/Coral catshark/East Australian banded catshark/New Caledonia catshark/Blackspotted catshark/Mud catshark/Whitefin swellshark/Circleblack pygmy swellshark/Cook's swellshark/Spotted swellshark/Leopard spotted swellshark/Painted swellshark/Sarawak swellshark/Japanese swellshark/Saddled swellshark/Swellshark/Narrowbar swellshark/Lollipop catshark/Atlantic sawtail catshark/Longfin sawtail catshark/Gecko catshark/Slender sawtail catshark/Broadfin sawtail catshark/Flapnose catshark/African sawtail catshark/Blacktip catshark/Lined catshark/Indonesian speckled catshark/Tiger catshark/Quagga catshark catshark/Small-spotted izak catshark/Izak catshark/Whitetip catshark/White-clasper catshark catshark/Salamander catshark/Filetail catshark/Onefin catshark/Striped catshark/Leopard catshark/Polkadot catshark/Boa catshark/Smallspotted catshark/Yellowspotted catshark catshark/Blotched catshark/Chain catshark/Nursehound/Izu catshark/Cloudy catshark/Dwarf catshark/Graceful catshark/Finespotted graceful catshark/Slender smoothhound/False catshark/houndshark/Ocellate topeshark/Sickelfin houndshark/Indonesian houndshark/Japanese topeshark/Starry smoothhound/Gray smoothhound/Dusky smoothhound/Sharpnose smoothhound/Estuary smoothhound/Shortfin smoothhound/Starspotted smoothhound/Mangalore smoothhound/Smoothhound/Narrowfin smoothhound/Whitespot smoothhound/Blackspot Australian spotted gummy shark/East Australian spotted gummy shark/Humpback smoothhound/Bully shark/Banded houndshark/Leopard shark/Hooktooth shark/Australian weasel shark/Sicklefin shark/Straighttooth weasel shark/Blacknose shark/Silvertip shark/Bignose shark/Graceful shark smalltail shark/Whitecheek shark/Silky shark/Creek whaler/Galapagos shark/Pondicherry shark/Blacktip reef shark/Dusky shark/Caribbean reef shark/Sandbar shark/Smalltail shark shark/Ganges shark/North Australian river shark/Speartooth shark/Irrawaddy river shark/Lemon shark/Lemon shark/Blue shark/Milk shark/Brazilian sharpnose shark/Pacific sharpnose shark/Spadenose shark/Whitetip reef shark/Winghead shark/Mallethead shark